U0845901

世界银行贷款师范教育发展项目改革课题

高师教育课程系列教材

课题总负责
教材总主编 董 操

新编心理学

（修订版）

董 操 宋尚桂 王本法 主 编
毛 明 佟月华 陈艳华 副主编

教育科学出版社
·北 京·

责任编辑　李　杨
责任校对　张　珍
责任印制　曲凤玲

图书在版编目(CIP)数据

新编心理学/董操等主编.—2版(修订版).—北京：教育科学出版社,2000.1(2013.8重印)
世界银行贷款师范教育发展项目改革课题
高师教育课程系列教材
ISBN 978-7-5041-1532-4

Ⅰ.新…　Ⅱ.董…　Ⅲ.心理学-高等师范教育-教材　Ⅳ.B84

中国版本图书馆CIP数据核字(2007)第011208号

出版发行　教育科学出版社

社　址	北京·朝阳区安慧北里安园甲9号	市场部电话	010-64989009
邮　编	100101	编辑部电话	010-64981246
传　真	010-64891796	网　址	http://www.esph.com.cn

经　销	各地新华书店		
印　刷	保定市中画美凯印刷有限公司		
开　本	140毫米×203毫米　32开		
印　张	10.75	版　次	2000年1月第2版
字　数	247千	印　次	2013年8月第14次印刷
定　价	16.80元	印　数	40 001—43 000册

如有印装质量问题，请到所购图书销售部门联系调换。

前　言

本书是世界银行贷款师范教育发展项目："高师教育学、心理学、学科教育学课程改革研究"课题的后续成果之一。

由董操教授主持承担的世界银行贷款师范教育发展项目："高师教育学、心理学、学科教育学课程改革研究"课题于1993年8月正式立项。该课题的主要任务是：对现行的高师教育课程教材进行改革，研究和编写具有时代特色、全面吸收当代最新研究成果、反映90年代中学生身心发展特点的新教材。经过4年多的研究工作，制定、编写、出版了13部高师教育课程的教学大纲和教材，课题工作现已全部结束，并于1998年元月顺利通过了国家教委师范司组织的专家鉴定。1999年3月又获得了教育部办公厅颁发的"世界银行贷款师范教育发展项目改革课题"优秀成果三等奖。

心理学作为高师教育类课程的基础学科，是高师"师范性"特点的重要保证学科之一。课题对这一子课题给予了高度重视，组织精干力量对该子课题进行了攻关，先后出版了《心理学》（山东大学出版社，1993年版）和《新编心理学》（教育科学出版社，1995年版）两个版本的心理学教材。本书就是在这两个心理学版本教材的基础上，经过对比实验和研究编纂而成的。与以上两个版本的教材相比，本书具有以下两个方面的特点：一是吸收了以上两个版本教材的优点，并尽可能地避免了以上两个版本教材的一些缺点；二是突出了师范生学习心理学之于师范生自身的自我教育价值。自我教育是一种独特的、富有挑战意义的教育方式，个人既是教育者，又是受教育者。自我教育充分体现了个体的能动性和积极性，它是人们应答知识经济时代各种未知挑战的最佳方式。一个人只有学会了自我教育，才能够日益丰富自己、发展自己、完善自己，才能够使自己的个性或人格日趋丰满，才能够适应竞争日趋激烈的未来世界并为之作出自己应有的贡献。心理学有着丰富的自我教育价值，心理学所揭示的各种心理现象和心理规律，对于人尤其是未来的人民教师了解自己、教育自己有着重要的指导作用。学好心理学，对于从事太阳底下所需知识最多专业的未来教师的成长，有着极为重要的自我教育价值。遗憾的是多年来，我们在编写心理学教材尤其是公共课心理学教材时，往往仅仅注意了心理学教材之于未来教师了解未来学生的工具性价值，而忽视了心理学之于未来教师的自我教育价值。试想如果一个教师仅仅把心理学知识像"二传手"一样不经个人消化吸收地传达给学生，他的学生怎么能够信服，怎么能够消化吸收！此次教材的修订，我们全面注重了对心理学的自我教育价值的追求。

《新编心理学》修订之时，传来了党中央、国务院召开改革开放以来第三次全国教育工作会议的喜讯，这次会议通过并颁布了《中共中央、国务院关于深化教育改革全面推进素质教育的决定》，号召全党、全社会深化教育改革、全面推进素质教育，这标志着我国教育改革和发展进入了一个崭新的阶段。我们倍受鼓舞，深感我们的教育大有希望、我们的祖国大有希望。

在历史行将跨入21世纪之际，面对科学技术迅猛发展，知识经济初见端倪，国际竞争日趋激烈，民族素质和创新能力越来越成为一个国家综合国力的重要标准的今天，作为提高民族素质和培养创新能力的根本途径的教育，从来没有像今天这样与国家的安危、民族的命运息息相关。可以说，哪个国家掌握了21世纪的教育，哪个国家就能在未来的国际竞争中居于不败之地。在此形势下，党中央和国务院所作出的深化教育改革全面推进素质教育的决定，为我们国家和民族构建21世纪充满生机和活力的具有中国特色的社会主义教育体系，全面掌握21世纪的教育指明了前进的航向。

素质教育是提高全民族素质和培训创新能力的根本途径，而心理教育则是素质教育的核心。所谓心理教育就是以心理知识的传授为契机，以心理能力的培养为目的的教育。学会学习、学会做事、学会做人、学会创新、学会自我教育无一不与心理教育有关，在一定意义上我们完全可以说人的一生是心理的一生，一个人身心是否健康，生活能否幸福，事业可否成功，关键取决于人的心理素质如何。目前，世界上许多国家已经在中小学开设了心理学方面的课程，旨在对学生进行心理素质的教育。但遗憾的是我们国家在这一方面还刚刚起步，我们还缺乏大量的能够实施心理教育的师资。在这种情况下，我们师范院校的学生就义不容辞地担当起了这方面的责任，而他们最初的心理学知识就是从公共课心理学得来的，所以心理学教材的好坏就直接影响了他们的心理教育水平，进而影响了我们国家未来的心理教育和素质教育。正是出于这样的责任感和义务感，我们对《新编心理学》一书进行了全面的修改。当然，限于时间仓促和水平有限，我们的修改还会有不尽完善之处，我们日后还会为此作出我们的不懈努力。

由于宋尚桂目前仍在国外研究学习，本书是在王本法的主持下完成的。具体分工如下：第一章、第五章一、二节、第八章三节，宋尚桂；第二章一节、第三章、第四章，王本法；第二章二、三节，第六章、第七章、第八章二节，佟月华；第五章三、四节、第八章一节，毛明；第二章五节，陈艳华；第二章四节，郑宇红；王本法对第一章、第二章做了修改，毛明对第八章做了修改，陈艳华对第六章做了修改。最后由董操教授统稿、定稿。

济南大学教育心理教研室的全体教师在《心理学》和《新编心理学》两个版本教材的对比教学过程中付出了辛勤的劳动，并对本书的编写提出了许多宝贵的意见。

本书在修订过程中得到了国家教育部师范司、山东省教委、济南大学、山东师大和曲阜师大等单位有关部门和领导的大力支持；并得到了李国榕、苏富忠、张承芬、张全信、宋广文、杨善堂教授和陈永胜研究员的悉心指点；在此特表衷心感谢。

本书在修订过程中参阅了国内外大量的心理学教材、专著和论文资料。在此谨向它们的作者们表示衷心的感谢。心理学教材的编写决不是一次就能够完成的工作，它是一个动态的过程，伴随着心理学的不断发展，心理学的教材也应不断向更好、更新、更完善方向发展。心理学教材永远只有更好而没有最好，我们将不断关注心理学发展的最新动态，恰当地把握好心理学教材对其科学目标和价值目标的追求，做出更新、更好的心理学教材来。殷盼广大同仁和读者能对本书提出宝贵的意见和建议，以使我们共同的心愿能够不断实现。

目　录

第一章 导 论

第一节 心理学与心理学课程

一、心理学是研究心理现象的科学

初次听说心理学的人，大都对心理学抱有一种神秘感，以为学了心理学就可以推知别人心里正在想什么了。这是对心理学的一种误解，是不了解心理学的研究对象所致。

心理学是一门以人类和动物的心理现象为研究对象的科学，但并非所有的心理现象都是心理学的研究范畴。一般说来，心理现象都包含有心理内容和心理形式两个方面。心理内容是指来源于现实并为每个人所意识到的各种映象本身，而心理形式是指这种映象存在的方式及其组织和结构。例如，我们看到的东西、记住的事情、思考的问题等都是心理的内容，而看、记、思考则属于心理的形式。事实上，心理内容和心理形式是密切联系统一为一个整体的，没有内容就无所谓形式，没有形式内容就无法表现，当然，两者同时也各有其独立的意义。正如逻辑学不研究思想的内容而专门研究思维的形式一样，心理学有时虽然不得不涉及到一些心理的内容，但主要还是从发生和发展的角度研究心理活动的形式及其发展变化规律。

心理学之所以着重研究心理形式的原因主要有以下几个方面：第一，心理内容是外界事物反映在脑中的映象，外界事物多种多样，心理内容有时比外界事物更加纷繁复杂。研究心理有多少内容，就得研究外界有多少事物，这是无法穷尽的，也是难以做到的。第二，心理内容千变万化，情随境迁，因人而异，带有相当大的情境性和主观性。作为特殊工作者的需要，在有限范围内运用一些心理方法去推测别人的思想情绪状况是必要的，也是可能的。但作为一门科学，如果专门去揣摸所有人每时每刻都在想什么，不仅难以办到，而且所取得的材料也会缺乏规律性的意义。第三，科学研究的重要方法就是分析和概括。心理学暂时撇开浩繁的心理内容而专门研究心理形式，本身就是一种分析和概括，如此才有可能揭示心理活动的规律。

在心理学界，心理学主要是研究心理形式而非心理内容已经是约定俗成的，所以在很多心理学书籍中，心理现象也就主要是指心理形式而非心理内容了，很多教科书并不对心理现象进行明确的划分，而直接以心理现象专指心理形式也是同样的道理。

心理现象同自然现象和生物现象一样是客观事物的活动形式，但它比一般自然现象和生物现象更复杂。人作为自然实体具有自然及生物属性，同时，人作为社会实体又具有社会属性。人本身的心理活动还具有主观能动性，人不仅能够接受外界的影响，而且还能主动地认识自然、改造自然。因此，人的心理现象是在一定自然因素、社会因素及人自身的主观努力的共同作用下产生并不断发展的。心理现象的这些特点决定了心理现象同一般自然现象、生物现象相比要复杂得多，这给研究心理现象带来了许多困难。但是，心理现象又是客观存在的，是有规律可循的，这些规律可以为人们所认识。我们今天学习的心理学就是对心理现象和规律的研究认识成果的概括和总结。

作为科学的心理学不同于人们日常生活的零散经验，它是人类在长期的社会实践中经过理论探索、实验研究、总结积累所获得的知识的结晶，它有特定的研究对象、理论体系和研究方法，能够在理论指导下不断发现新规律，并指导人们的社会实践活动。因此，我们说心理学是研究心理现象产生、发展和变化规律的科学。

二、心理学的研究内容

心理现象由许多具体的心理活动构成，这些具体的心理活动就是心理学的研究内容。通常，人们把心理现象分成二个既有联系，又有区别的方面：心理过程和个性心理。这两个方面又可以进一步分成若干具体的心理活动形式。

（一）心理过程

心理过程是指人的心理活动发生发展的过程，由认识过程、情感过程和意志过程构成。认识过程包括感觉、知觉、记忆、思维和想像。感觉和知觉是认识过程的基础。在日常生活中，我们通过感觉器官看见物体的颜色、听到声音、闻到气味等都是感觉。感觉是我们对直接作用于感觉器官的事物的个别属性的反映。单纯的感觉在生活中是极少见的，我们所认识的大多是事物的整体属性，如一个苹果、一把椅子，这种对直接作用于感觉器官的事物的整体属性的反映就是知觉。通常，感觉和知觉是同时进行的，所以统称为感知。感知只是对事物的外在特征进行反映，人脑在感知基础上还能运用已有的知识和经验概括地、间接地反映事物的内在特征和规律，这种过程称为思维。对已有的感知过的事物形象，人脑可以重新加工，形成新的形象，这种过程称为想像。如画家的创造就是一种想像过程。人的各种活动，包括认识活动在内都与一定的需要有关，通过活动来满足一定的需要。如通过学习来满足求知的需要。活动的结果总是会引起一定的态度和相应的体验。如果需要得以满足，那么这项活动就会使我们感到高兴、愉快、满意；

如果需要没有满足,则会使人感到气愤、懊丧、不满。这种人对客观事物所持的态度体验称为情感。

人们在认识事物的过程中，根据实际要求确定活动目的，制定活动计划，克服困难去完成计划，以达到预期目的的心理过程称为意志过程。意志是人的心理、意识能动性的具体表现。

认识、情感、意志是心理过程的三个方面,这三者之间有着密切的联系。认识是引起情感、确定活动目的的基础;情感是推动认识活动的内在动力;意志又是制约和影响认识、情感的重要因素。认识、情感、意志三者是统一进行的过程,统称为心理过程。

（二）个性心理

心理学除了要了解人的心理过程的一般特点和规律之外，还要研究每个人所特有的心理特点。心理过程是在具体的个体身上表现出来的。由于个体的遗传素质、所处的社会环境、生活条件、所受教育及个人的主观努力不同，人与人之间在心理活动上存在着差别，即所谓个性心理的差异。这种个性差异包括两个方面：个性倾向性和个性心理特征。前者主要包括需要、动机、兴趣、理想、信念、世界观等，后者主要包括能力、气质和性格。

心理现象的各个方面都不是孤立的,而是彼此相互联系的。个性心理是通过心理过程在实践中逐步发展起来并体现在心理过程中,没有心理过程就无从产生个性心理;已经形成的个性心理又制约着心理过程,影响着心理过程的发展。可以概括地讲,既没有不带个性特征的心理过程,也没有脱离心理过程的个性特征,二者是同一现象的两个方面,它们有机地组成人的完整的心理活动。

三、心理学的任务和分支

（一）心理学的任务

心理学的基本任务是揭露心理现象的本质及其发生、发展的规律，应用心理学理论为社会实践服务。心理学的任务具体包括以下几个方面。

1．研究心理过程和个性心理的产生、发展和变化规律以及运用这些规律去认识和解释社会和个人的具体心理现象。

2．研究在各种具体的实践活动中人的心理活动特征和规律，探讨如何利用心理学规律提高实践活动的效率。

3．研究如何发挥人的潜能，充分调动人的主观能动性，预防和矫正各种心理偏常和心理疾患，维护心理健康。

研究心理素质的构成，阐明提高心理素质的策略。

（二）心理学的分支

心理学的研究内容涉及人类生活的各个方面，凡是有人的地方就有人的心理现象，而特定的心理现象就需要特定的心理学分支去对其加以研究。所以，随着人类活动领域的扩大，随着社会分工的越来越细，心理学的分支越来越多。据有的学者统计，心理学的分支学科目前已有一百多个。总的说来，这些分支学科可以分为两类，一类是基本理论研究分支，旨在在深度上对心理学的基本理论问题进行更为深入细致的研究；另一类是应用心理学分支，旨在在广度上研究各个社会领域内的心理规律。

心理学基本理论研究的主干是普通心理学，它是心理学的基础学科。普通心理学的研究对象是一般正常成人的各种心理现象。它的主要任务是归纳心理学各个方面的研究成果，阐明心理现象中最基本的事实和普遍规律，它是其他心理学分支学科的基础，也是理论研究的核心。

在普通心理学范围内，根据具体的研究内容，可以分为感知觉心理学、记忆心理学、思维心理学、情感心理学、意志心理学和个性心理学等。

心理学基本理论研究分支主要有以下几种。

发展心理学：研究个体的心理发展规律，从出生，经童年、少年、青年、成年直至老年各个发展阶段的心理特点及发展变化规律。发展心理学又可分为婴幼儿心理学、儿童心理学、青年心理学、成年心理学和老年心理学。

比较心理学：研究不同种类的动物心理的发生、发展规律，并和人的心理进行比较，探索心理现象的演化发展规律。动物心理学是其中的重要组成部分。也有人将动物心理学直接称为比较心理学，并将其视为发展心理学的分支，因为动物心理学同儿童心理学一样，都是试图探索心理现象的产生、发展规律。前者是从动物演变的角度去探索，后者则从人类个体成熟发展的角度去探索，它们对了解人类意识形成的实质都具有重要的理论意义。

生理心理学：研究心理现象的生理机制，即在大脑中产生的心理活动的物质过程。主要研究对象集中在神经系统的结构、功能；内分泌系统的作用；感知、本能、动机、情绪、睡眠、记忆、思维等心理活动和行为的生理机制。生理心理学的研究涉及生物遗传学、生理学、解剖学、医药学、化学、物理学等许多学科，研究方法涉及许多比较复杂的技术领域，如脑外科手术、电生理技术等。

变态心理学：研究各类心理过程障碍及行为异常的各种表现、发生、发展、变化的原因和规律。变态心理学的主要研究课题包括探索、理解和预防人类的心理异常，如行为异常的实质；如何区分正常与异常行为；行为异常的分类和表现特点等。

缺陷心理学：研究心理和生理有缺陷的人，特别是盲、聋、哑、智力低下者的心理活动特点和规律；研究如何采取措施帮助残疾人参加正常的社会活动与生产劳动。

实验心理学：用自然科学的方法研究心理现象的心理学分支。人们运用实验方法研究感知、记忆、思维、情绪、人格等问题，试图用科学的、定量的方法和手段认识人类心理活动的规律。实验心理学既是心理学的重要分支，又是其他心理学分支的基础。

随着心理学应用领域的扩大，心理学的应用分支日益增多。

下面我们只对其中几种主要的应用分支作一介绍。

社会心理学：心理学的重要分支，研究社会心理现象的产生、发展和变化规律。其具体研究内容包括，群体共同的心理现象，如从众、模仿、暗示、舆论、感染、风气等；个人在群体影响下所产生的各种心理现象，如社会需要、社会动机、社会知觉、态度、顺从、威望、侵犯及个体社会化过程中的心理特点等。社会心理学是一门应用性很强的学科，其任务是认识和解决各种社会问题并促进对社会过程管理的最优化。

教育心理学：研究学校教育过程中各种心理现象变化和发展的规律。教育心理学是心理学在教育领域的应用分支，其主要内容包括：学生心理发展特征与教育的问题；学习活动与教学活动的心理规律；学生品德心理的形成和发展问题；学生健康体质和审美心理的形成与发展问题；学生心理卫生与教育的问题；学生个别差异与智力开发问题；现代教育技术学与个别化教学；学习成绩评定；教师心理等。其中学习心理学是教育心理学的核心。

管理心理学：又称组织心理学或组织管理心理学。研究一定组织中人的心理和行为规律及特点。管理心理学把心理学的原理、方法运用到组织管理中，通过研究组织中的人的心理和行为规律来控制和预测组织中人的行为，以调动人的积极性，充分发挥人的潜能，提高组织活动效率，增强组织的功能。管理心理学的研究内容包括：（1）个体心理，研究个体的效率和行为规律，主要是需要、动机和态度对个体行为的影响；（2）群体心理，研究群体凝聚力、士气、团体意识、群体冲突、团体决策、竞争与合作等；（3）领导行为，研究不同领导方式、风格及其效果，影响领导效果的因素（如个人素质等），应用于领导选拔和培训的各种领导理论和方法；（4）组织行为，研究组织的形成、结构、组织变革和发展等问题。

医学心理学：研究心理因素对人的健康状况及对疾病的发

生、发展和变化相互作用。医学心理学的研究内容有：(1) 研究临床各种疾病的发生、发展和变化过程中心理因素的作用规律；(2) 研究心理因素特别是情绪因素对身体及各器官生理功能的影响；(3) 研究人的个性心理特征在疾病产生及康复过程中的作用；(4) 研究如何通过人的高级心理机能来控制和调节自身的生理机能，达到健身、防病的目的。

商业心理学：研究商品销售过程中，商品经营者与购买者心理现象的产生、发展及其规律。商业心理学的研究内容有：(1) 消费心理，包括消费者对商品的认识过程、购买行为中产生的情感过程、购买商品的意志过程、购买动机、消费者个性特征与购买行为的关系等；(2) 商业人员（如采购员、售货员）心理活动特点与商业活动的相互影响；(3) 商品属性与消费者的心理关系，如商品包装、商品命名、商品价格、商品广告等；(4) 市场心理，即市场供求关系与消费心理、商业网点与消费心理、商店环境（如招牌、橱窗、店容等）与消费心理等；(5) 服务心理，包括销售服务与心理及劳动性服务与心理两部分；(6) 商业活动中的组织管理心理。

除以上介绍的几种分支以外，心理学的分支还包括运动心理学、劳动心理学、司法心理学、军事心理学、文艺心理学、咨询心理学等。在这些分支学科的基础上又形成了众多的交叉学科，如教育社会心理学、犯罪教育心理学等等。

如前所述，由于心理现象既具有自然属性，又具有社会属性，因此，心理学既要研究心理活动的生理机制，又要研究在社会环境中心理活动的规律。心理学的这一特点决定了它是一门同时具备自然科学和社会科学属性的交叉学科。

四、师范生学习心理学的意义

心理学是高等师范院校的一门重要的必修课，它与教育学、学科教育学、班主任工作技能、教师职业技能等共同构成师范院校的师范性课程，是师范院校师范性的重要体现。师范生通过学习心理学系统地掌握心理学的基本理论和基本技能，既可以为自我教育、自我完善服务，又可以了解青少年心理活动规律及教育活动中的心理规律，为将来更好地胜任中学教育工作打下良好的基础。具体来讲，师范生学习心理学具有以下几方面的意义。

1. 学习心理学的知识，有助于师范生进行自我教育。

教育者必须进行自我教育，这已经成为教育界的共识。师范生作为在校求学的学生，正处在个人身心发展的重要时期，师范生的健康成长离不开他个人的自我教育。而心理学恰恰是关于人类自身的科学，它的作用的一个重要方面就是它对人的自我教育的价值。

师范院校开设心理学课程的一个重要目的就是要使其学生成为未来合格的人民教师，明了学生心理形成、发展和变化的规律。然而，师范院校学生不可能像“二传手”一样把心理学的知识不经消化地传达给学生。师范生要想真正运用心理学知识为自己未来的教学服务，就必须先将心理学的知识内化为自己的东西。因为，教师要想教育学生有高尚的学习动机、健全的情感、顽强的意志、完美的人格、正确的自我意识、科学的学习方法等等，那么他自己必须先有这些品质，否则，他的教育就会流于教条，起不到应起的作用。所以，我们说在谈学习心理学的意义时，必须先来论述心理学对于学习者的自我教育意义。

首先，学习心理学知识有助于我们确立科学的、正确的世界观和人生观。心理现象是人世间最复杂的现象之一，心理学科学地揭示了人的心理的实质，探讨了大脑反映客观世界的各种形式，并揭示了心理发生、发展和变化的规律。这有利于我们正确的认识各种心理现象，有利于我们科学的、正确的看待人生，同样也有利于我们正确地对待算命、相面、求神拜佛等迷信活动。

事实上，算命和相面之类的迷信活动也的确在心理学史上出现过，面相学和颅相学就曾被作为科学研究过，然而虚假的东西终究为历史所淘汰，现代心理学的发展业已证明了这些伪科学的荒谬性，并将他们逐出了科学之林。

其次，学习心理学的知识有助于我们更好地了解自己，进而使我们能够有的放矢的发展自己、教育自己、完善自己。心理学是关于人类自身的科学。心理学所揭示的各种心理过程的形成和发展规律，心理学论述的关于需要、动机、兴趣等各种个性倾向性的理论，心理学所阐明的关于气质、能力和性格的论断等，都会对人的自我教育和自我完善起到启发和指导作用。

再次，学习心理学的知识可以使我们学习一些学习的策略、与人相处的策略、心理调节的策略等等，从而更好地增强自己的学习效果、改进自己的人际关系和提高自己的心理健康水平。

总之,心理学的知识有利于学习者综合素质,尤其是心理素质的提高。一个人,只有自己首先运用心理学知识进行自我教育,他才能更好地把心理学的知识运用到自己的工作中去。一个只有心理学知识,而不能把心理学知识运用于自己生活中的人,是缺乏心理精神的人。而缺乏心理精神的人是不能够把心理学的知识更有效地传达给别人的,因为教育者如果自己都不信奉自己所传授的知识,那他是很难让受教育者来信奉他所传授的知识的。

2. 学习心理学的知识，有助于我们掌握各种心理现象形成和发展的规律，了解青少年心理活动的特点，利用心理学的应用技能，提高教育和教学工作的质量。

心理学揭示了各种心理过程和个性心理的活动规律及青少年心理活动的发展规律，这些规律是教师从事教育、教学工作的重要依据。师范生学习这些心理学知识有助于提高教学工作的针对性，避免盲目性和主观性。同时，师范生可以从心理学课中学习掌握各种心理测量、心理诊断、心理咨询和心理调控等多种具体技能技巧，这些技能可以广泛地用于对个别或团体学生进行心理干预，帮助学生消除心理障碍，消除消极心理，提高心理健康水平。

3. 学习心理学的知识，可以为学习其他师范性课程打好基础

心理学是其他各门师范性课程的基础。教育活动其实质是一种师生双方的交往活动，是一种以心理活动为主的人际作用过程。因此，心理学的基本理论是教育理论的基础，任何教育教学研究都不能忽视研究对象的心理活动特点，从这个意义上讲，学好心理学是学好教育学及学科教育学等其他师范性课程的前提。

第二节　心理学的研究方法

心理学不同于一般的生理现象，更不同于一般的自然现象。因此，心理学的研究必须遵循一定的方法论原则，采用特定的研究方法。

一、心理学的研究原则

（一）客观性原则

客观性原则是一切科学研究都应遵循的一条基本原则。在心理学研究中，其涵义是对任何心理现象都必须按照它的本来面目予以揭示，不能附加任何主观臆测和歪曲。人的心理是一种主观活动，但同时又是一种客观存在，一切心理活动都是由各种内外部刺激引起的，并且总是伴随着一定的生理变化。人的心理活动无论多么复杂，都会在其行动或神经活动中反映出来。因此，人的心理是能够进行客观研究的。坚持客观性原则就是要在心理学研究中采用客观的方法，如实地对心理现象进行观察、分析、解

释。探明各种心理现象的发生、发展、变化的真正规律。

（二）发展性原则

心理现象总是处在不断发展的过程中。一方面，心理学研究必须考虑个体的年龄及相应的心理发展阶段，以及在各个心理发展阶段中的心理活动特点，在研究工作中充分考虑心理发展变化的可能性及其影响。另一方面，个体的某些心理活动会随着环境的变化而发生变化。心理学研究必须考虑这种变化，既要看到现在，又要了解过去，展望未来。这一原则对于指导学生心理的研究具有特别重要的意义。

（三）教育性原则

教育性原则是针对研究教育过程中学生的心理提出的。这一原则要求，心理学研究必须有利于实现教育目的，有利于促进学生身心健康发展，有利于教学质量的提高。在研究过程中不能损害学生身心发展，给学生带来心理创伤。在课题选择、方案设计、实际进行研究等各个环节都要遵循这个原则，把研究工作与教育工作协调起来。

（四）系统性原则

系统性原则要求心理学研究必须充分考虑各种心理现象及各种环境因素之间的联系，用全面的、系统的、联系的观点研究问题，把人的心理作为一个复杂的有机的整体进行探讨。既要对心理现象进行分析，找出各种具体因素的特点，更要对心理现象进行综合，找出某一心理现象的各种制约因素之间的联系，从整体上把握心理现象的规律。

二、心理学的研究方法

心理学是一门年轻的学科，心理学的研究对象比其他学科的研究对象更加复杂，因而心理学的研究方法也远比其他学科复杂。伴随着心理学研究方法的完善，心理学必将越来越走向成熟。因而，掌握心理学的研究方法，有助于更好地理解心理学的基本原理，有助于把心理学知识应用于解决实际问题，从而促进心理学研究的深入。心理学研究的基本方法有以下几种。

（一）观察法

观察法又称自然观察法，它是在日常生活条件下，直接观察并记录个体的某种心理活动的外部表现或行为变化，从而对个体的心理进行研究的方法。观察法是最基本的研究方法，较多地用于研究儿童心理发展和教育过程中的心理现象。在学校教育、教学活动中，教师运用观察法可以观察学生行为、了解学生心理活动特点。观察法可以单独使用，也可结合其他方法使用。其优点是研究目的明确，使用方便，能够在被研究者不知晓的情况下进行观察研究，因而能够较好地保证研究工作的客观性。其缺点是观察对象难以控制，了解的信息不系统。不易定量精确分析，费时费力，难以深入了解个体的内部心理活动。

运用观察法进行研究时应注意以下几点：1. 每次观察不宜太广泛，应集中观察一二种行为或心理活动；2. 事先要有明确的观察目的；3. 观察时应随时记录，可利用录音、录像等手段；4. 每次观察时间不宜太长，对同一类行为可采用重复观察形式。

（二）实验法

实验法是通过控制某种环境或创设某种条件使被研究者产生某种心理现象并对此进行研究的方法。其主要特点是严格控制可能影响心理活动的各种因素，主动引起心理活动，对结果进行定量分析，反复验证。

实验法又分为实验室实验法和自然实验法。

实验室实验法是在特设的实验室借助专门的仪器设备进行心理实验的方法。实验者事先要选择好一定数量的被试，并告之以参加实验的做法和步骤，然后在实验环境中考察被试心理或行为反应的变化，利用仪器设备将这些变化准确地记录下来，最后分析实验结果，得出实验结论。实验室实验法的优点是可以严格控制各种影响因素，确保实验观察不受外界干扰，因而广泛用于研究动物心理、心理的生理机制等问题。对于认识过程，如感知觉、记忆等的研究也很有效，其结果不仅精确，而且可以反复验证。这一方法的缺陷在于被试在严格控制的人为情境中的表现与自然情境中的表现往往有较大的差异。被试的主观因素，如情绪、动机往往会对实验产生影响，而这些影响目前仍无法有效地加以控制，从而影响了实验结果的可靠性。因此，实验室实验法在研究情感、意志、个性等问题时有较大的局限性。

自然实验法，是指在自然情境下，按照研究目的控制某些条件，主动引起心理现象进行研究的方法。自然实验法兼有观察法和实验法的优点，排除了实验室实验法明显的人为影响，也克服了观察法的被动性，因而广泛地用于儿童心理学、教育心理学和社会心理学的研究中。

在教育过程和研究工作中运用自然实验法的一般程序是：1. 确定研究目的，制定研究方案；2. 进行初测，了解研究对象当前的心理特点，如学习动机水平等；3. 选择和设定实验组、控制组，使几组学生在智力、学业、品行等方面保持相同水平；4. 施加影响，对某一组或某几组学生施加特殊影响（实验组），而对另一组或另几组学生不施加这种影响（控制组）；5. 进行复测，在一段时间之后，了解这些学生心理或行为水平发生的变化；6. 对比分析，根据实验组与控制组的不同变化情况，分析并确定导致心理变化的原因。

（三）心理测验法

心理测验法是指用专门的测量工具在较短的时间内，对个人或团体的某种心理品质进行测量和评价的方法。心理测量按其目的可分为智力测验、人格测验、成就测验、兴趣测验等；按材料性质可分为文字测验和非文字测验；按施测方式可分为个体测验和团体测验等。测验法的优点是可以在较短的时间内对个体或团体的某一心理品质进行较为精确的测定。由于采用标准化测量手段，因而可以方便地对测量结果进行评价，如智力测验的结果可以立刻转化为智力评价结果，从而获得较为客观的测量结果。当然，心理测验也有其缺点和局限性。由于人的心理活动受到各种复杂因素的影响，心理测量工具的制定受到一定社会文化、历史、语言等因素的制约，同时，心理测量也是一种间接了解心理活动的方式，其结果较易受到测量者与被试主观动机、态度等因素的干扰，因此心理测量的结果并非完全可靠，许多心理品质若单纯用这种方法去研究还是远远不够的。

（四）个案法

个案法是对个体进行直接研究的方法。它可以对一个人的心理发展过程进行较系统较全面的研究。个案法注重个体资料的收集，如个体的家庭情况、社会地位、受教育水平、职业类型和等级、工作成就及智力发展水平等。通过综合分析，探讨个体的心理活动特点及导致心理发展变化的原因。个案法是儿童心理学、教育心理学和医学心理学常用的研究方法。

（五）调查法

调查法是根据事先拟定的调查提纲直接访问被试或其他有关人员，将访问的结果作统计处理或文字总结，进行分析的研究方法。

调查法可分为谈话法和问卷法两种。谈话法是通过调查者与被试者之间的相互交谈，了解被试者某种心理活动特点的方法。问卷法是采用特别的调查问卷，由被试回答问卷上的问题，通过分析这些问题的答案来研究被试的某些心理活动特点的方法。

（六）教育经验总结法

教育经验总结法是指教育工作者通过总结教育工作经验来研究学生的心理活动特点和规律的方法。这一方法的优点是可以在较长的时间内对学生进行全面、细致的研究，所获得的结果更具代表性，因而对教育实践具有重要的指导意义。其缺点是容易受到主观意愿的干扰，研究缺乏精确性和规范性，研究结果往往难以进行定量处理。

除了以上几种研究方法外，心理学还有许多其他的研究方法，如作品分析法、数理统计法等。

第三节　心理的实质

人的心理活动是怎样产生的？它的生理机制是什么？心理活动与客观世界的关系是怎样的？对于这些基本问题，从古到今人们提出了许多观点，试图解释人的心理的实质。有人认为心理是超越物质而存在的灵魂；有人认为心理是与生理平行的独立的活动；有人认为心理是对客观现实的机械的反映……这诸多种认识都未能揭示出心理的本质。现代心理学在辩证唯物主义观点的指导下科学地揭示了人的心理的实质，认为人的心理是人脑对客观现实的反映。这一命题包括“心理是人脑的机能”和“心理是客观现实的反映”两部分，科学地回答了上述心理学的基本问题，澄清了各种唯心主义、机械唯物主义的错误认识。

一、心理是脑的机能

（一）脑是心理的器官

人类经过长期的探索，最终认识到脑是心理产生的器官，心理是脑的产物，是外部活动在头脑中的反映。现代科学从三个方面论证了这一结论。首先，从生物进化过程看，低等动物最初出现的感觉、知觉取决于动物的神经网和头部神经结的形成和发展。灵长类动物的脑是动物发展的最高水平，灵长类动物的心理活动水平是动物中最高的，开始具有初步的思维能力。在人类的社会实践中人脑得到了高度发展，较之动物脑在结构和功能上都有了质的飞跃。在此基础上形成了人类特有的心理活动的最高形式——意识。这表明，心理活动水平取决于脑的发展水平。其次，从个体的生长发育过程看，个体的心理活动水平与其脑发育水平密切相关。婴幼儿的心理活动尚处在较低水平，他们还不能进行复杂的思维活动。随着年龄的增长，脑发育日趋成熟，个体的心理活动水平也逐渐提高。脑发育成熟之后，个体的心理活动水平也基本上达到成人的水平。再次，从临床医学和心理实验上看，脑损伤是导致心理失常或丧失的重要原因，如大脑皮层受到伤害往往会引起失明、失聪、失语、丧失记忆等心理失常。动物的生理实验表明，切除动物的部分脑组织会影响其某一心理活动的正常进行。由此可见，脑是心理的器官，心理是人脑的功能。

（二）神经系统的结构和功能

脑是心理的器官，但脑并不能独立地产生心理活动。人的心理活动有赖于整个神经系统的作用，人脑只是其中的主要组成部分。

1. 中枢神经系统和周围神经系统

神经系统主要由大量神经元组成。神经元又称神经细胞，是组成神经系统的基本单元。神经元由细胞体、轴突和树突三部分组成。一个神经元只有一个轴突，树突可有多个，其功能是接受外来刺激。神经元通过树突接受外来信息，由细胞体对信息进行处理，再由轴突传出。在外界一定刺激的作用下，神经元一般会产生兴奋反应，使自身从静态转入动态或由弱动态转入强动态。这种兴奋可由一个神经元传递到另一个神经元，这种现象称为神经冲动的传导。神经元的轴突与其他神经元的接触点称为突触。神经元之间的信息传递是通过许许多多的突触进行的。

人的神经系统由中枢神经系统和周围神经系统组成。

神经系统
- 中枢神经系统
  - 脑：脑干、间脑、小脑、大脑
  - 脊髓
- 周围神经系统
  - 脑神经：12 对
  - 脊神经：31 对

中枢神经系统包括脑（脑干、间脑、小脑、大脑）和脊髓（图 1-1）。

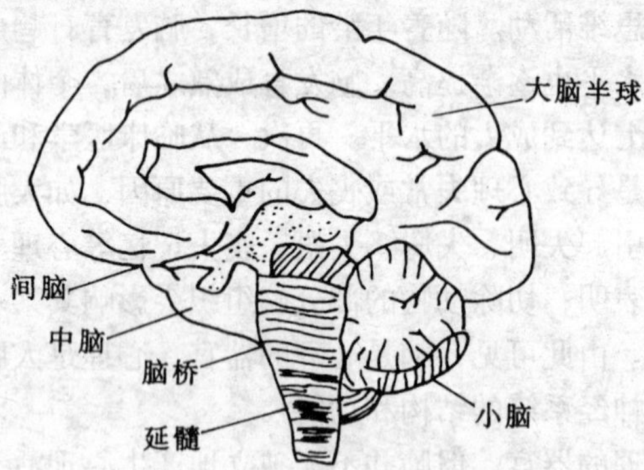

图 1-1　人脑各部位图

脑干：由延脑、桥脑和中脑组成。脑干是大脑、小脑与脊髓联系的通道。延脑及桥脑与机体的基本生命活动，如心跳、呼吸、循环、吞咽等的调节有关，中脑是视听的初级中枢，对姿势及身体运动的调节也有重要的作用。

间脑：由丘脑和下丘脑组成。丘脑是皮层下感觉中枢，除嗅觉外的各种感觉信息都汇集在这里加工，然后传递到大脑皮层形成感觉。下丘脑是植物性神经系统的皮层下中枢，其功能是调节内分泌活动和内脏活动，对情绪反应也有重要影响。

小脑：小脑位于脑干之后，具有调节肌体运动，保持身体平衡的作用。

大脑：大脑位于间脑之上，是中枢神经系统最重要的部位。大脑分为左右两个半球，成人的大脑重约 1400 克。大脑表面覆盖着面积很大的灰质，主要由神经细胞的细胞体构成，称为大脑皮层，这是脑中最重要的部分。

大脑皮层表面呈沟回状，有三条较大的沟裂：大脑外侧裂，中央沟和顶枕裂。它们将大脑皮层划分为几个区域（称为叶），主要包括额叶、顶叶、颞叶和枕叶（图 1-2）。大脑皮层各叶都有几个相对集中的中枢，分管一定的心理活动，其他区域则分散有类似的功能，这种现象称为大脑皮层的机能定位。

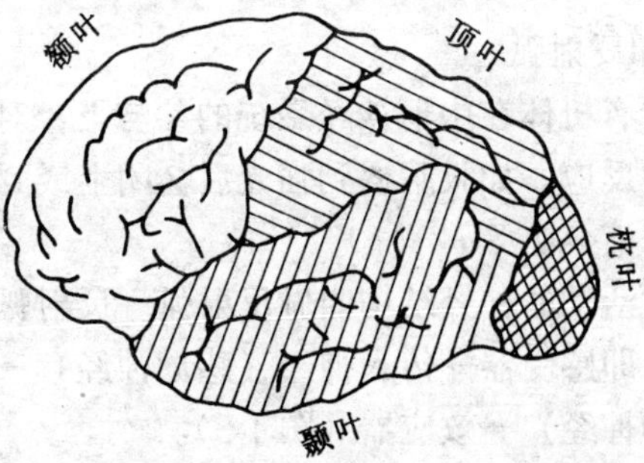

图 1-2 大脑半球侧面图

大脑皮层的主要机能中枢有：（1）视觉中枢，位于枕叶；（2）听觉中枢，位于颞叶；（3）躯体觉中枢，位于中央后回；（4）躯体运动中枢，位于额叶；（5）语言中枢，分别位于额叶（言语运动中枢和书写中枢）、颞叶（言语听觉中枢）、枕叶（言语视觉中枢）。

大脑皮层上除了上述几个中枢外，还有许多区域的功能尚未为人们所了解，称为联合区。联合区在各中枢之间起联络作用，人们一般认为联合区与高级的心理活动有密切联系。

脊髓：是中枢神经系统的最低级部位。由脊髓发出的植物神经同皮肤、骨骼相连，它的功能是进行简单的反射和传导冲动。

周围神经系统由中枢神经发出，它包括脑神经、脊神经和植物神经。

脑神经有 12 对，由脑发出，分布于头、面、额，它与头、面部的运动和感觉有关。

脊神经有 31 对，从脊髓两侧发出，分布全身，与躯体运动和感觉有关。

植物性神经系统又称自主神经系统，其皮层下中枢在下丘脑，其功能是控制内脏器官、腺体和血管的运动，一般不受人意识控制。

2. 反射和反射弧

反射是指有机体在中枢神经系统的参与下，对刺激所作的一定的有规律的反应。如眼睛遇到强光后会闭上或眨眼，食物放入口中会导致唾液分泌等。

实现反射活动的神经结构叫做反射弧。反射弧是通过五个环节而实现的。即感受器→传入神经（感觉神经）→神经中枢→传出神经（运动神经）→效应器（图 1-3）。

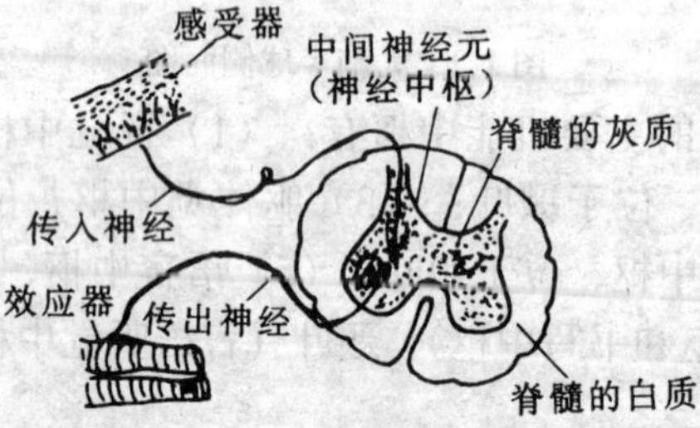

图 1-3　反射弧

当刺激作用于感受器时，感受器发生兴奋；所产生的神经冲动沿传入神经传到神经中枢；中枢对传入信息进行处理，产生兴奋过程；兴奋过程沿着传出神经传到效应器；效应器作出相应的动作（肌肉运动或腺体分泌）。

（三）无条件反射和条件反射

1. 无条件反射

无条件反射是先天遗传的不学而能的反射。如手遇刺或火烫会马上缩回，婴儿遇冷后会哭涕等。引起无条件反射的刺激称为无条件刺激物（针刺、火、冷空气等)。当无条件刺激物与相应的感受器接触，就会引起无条件反射。

无条件反射是在长期的生物进化过程中形成的，对每一个体来讲是先天具备的，是一种固定的神经联系。无条件反射是由低级神经中枢实现的，在人类和高等动物身上的无条件反射往往受到大脑皮层的调节，表现出一定的随意性。

无条件反射主要有三类：食物性反射、防御性反射和性反射。无条件反射是动物适应外界环境、维持生存和种族繁衍的重要形式。

2. 条件反射

条件反射是后天经过学习获得的反射。

（1）经典性条件反射

俄国生理学家、心理学家巴甫洛夫（И. П. Павлов, 1849~1936）及其学派所研究的条件反射称为经典性条件反射。巴甫洛夫对狗进行了大量的实验。狗在进食时要分泌唾液，这是无条件反射，食物是无条件刺激物。给狗呈现铃声，狗不会分泌唾液，铃声是无关刺激物。可是如果每次进食都伴随铃声，经过多次结合，即便铃声单独呈现，同样会引起狗分泌唾液。这时，原来的无关刺激物就变成了条件刺激物，它就与食物一样引起反射。这种由条件刺激物所引起的反射称为条件反射。

条件反射是在无条件反射的基础上形成的，其形成的基本条件是无关刺激物必须与无条件刺激物同时结合，成为条件刺激物，才能引起条件反射。这个过程也称为强化。强化次数越多，条件反射越巩固。此外，条件反射的形成还有赖于机体神经系统的正常活动。

条件反射的神经机制是在大脑皮层上建立暂时神经联系。例如，在上述实验中，在食物和铃声同时或前后出现后，在大脑皮层上就相应地产生了两个兴奋点，这两个兴奋点不断向周围扩散，经过多次强化就会在两个兴奋点之间建立起暂时神经联系。这样，当铃声一响，通过暂时神经联系就能引起唾液分泌，便形成了条件反射。

（2）操作性条件反射

美国心理学家斯金纳（B. F. Skinner，1904～1990）把一只白鼠放入实验箱，箱内安一杠杆，白鼠按此杠杆就能获得食物，此后经过多次重复白鼠即会自动按动杠杆而获得食物。这种必须通过自己的某种活动（操作）才能得到强化所形成的条件反射，称为操作性条件反射。

操作性条件反射在本质上与经典性条件反射是一样的，前者是反应型条件反射，操作反应在前，强化物同反应相结合。后者是刺激型条件反射，刺激在前，应答行为在后。

3. 条件反射的抑制

动物和人不仅能形成各种复杂的条件反射，而且还可以形成各种条件反射抑制。条件反射的抑制可分为无条件性抑制和条件性抑制。

- 抑制过程
  - 无条件性抑制
    - 外抑制
    - 超限抑制
  - 条件性抑制
    - 消退抑制
    - 分化抑制

（1）无条件性抑制。是指有机体生来具有的先天的抑制，它包括外抑制和超限抑制两种。外抑制是指额外刺激的出现对正在进行中的条件反射的抑制。如突然出现的强烈刺激（强光、强声）会使正在进行的活动停止。超限抑制是指刺激过强、过多或作用时间过长而引起的抑制，这时大脑皮层的神经细胞的兴奋性降低进入抑制状态，从而保护脑细胞免受损害。因此，超限抑制又称为保护性抑制。如人过度疲倦时的睡眠，精神极度紧张时的昏厥等都是超限抑制的表现。

（2）条件性抑制。又称内抑制，是在后天一定条件下逐渐形成的，包括消退抑制和分化抑制两种。消退抑制是指由于没有得到强化而发生的抑制。分化抑制是指只对条件刺激物加以强化，而对其他类似的刺激物不强化，使类似的刺激物引起的反应受到抑制。如学习外语时对外文单词的区别，对相似图形的辨认等都是通过分化抑制来实现的。

4. 两种信号系统

根据引起条件反射的刺激物的性质可将条件反射系统分为第一信号系统和第二信号系统。

由具体事物或事物属性作为条件刺激物而建立的条件反射系统叫做第一信号系统，它是人和动物都具有的条件反射系统。第二信号系统是由词和语言作为条件刺激物而建立的条件反射系统。词和语言是具体事物的信号，是第一信号的信号，故称为第二信号。第二信号系统是人所特有的。借助于第二信号系统，人可以抽象地反映客观现实，揭露事物的本质，有意识地调节自己的行为。第二信号系统是人的复杂心理活动的基础，它是人类高级神经活动的重要特征。

在人的活动中，两种信号系统是协同活动的。第二信号系统的活动以第一信号系统为基础。词如果脱离了具体事物，就失去了信号意义。另一方面，第一信号系统的活动又受到第二信号系统的调节。

5. 动力定型

大脑皮层的神经活动不仅能建立单一的条件反射，还可以将多种刺激组成一个刺激系统，形成条件反射链索系统。只要刺激一出现，人的活动就成为一系列自动化的动作，这就是动力定型。

动力定型可以有效地减少脑力和体力消耗，提高活动效率。

（四）高级神经活动规律

1. 高级神经活动的基本过程

巴甫洛夫的条件反射实验揭示了大脑皮层高级神经活动的两个基本过程：兴奋和抑制。兴奋过程是与有机体的某些活动的发动或加强相联系的过程，抑制过程是与有机体的某些活动的停止或减弱相联系的过程。

兴奋和抑制的作用相反，但它们在大脑皮层上是相互依存、相互制约的动态过程。就整个大脑皮层而言，清醒时兴奋占优势，睡眠时抑制占优势。

2. 高级神经活动的基本规律

（1）兴奋与抑制的扩散和集中

兴奋和抑制在大脑皮层产生后，并不是停滞不前的，而是沿皮层向附近区域传播，使这些部位也出现相同的活动，这种现象叫扩散。扩散进行到一定程度后，又逐渐向原来的部位聚集，这种现象叫集中。

（2）兴奋和抑制的相互诱导

大脑皮层上一种神经过程的活动会引起或加强另一种与之相反的神经过程的活动。这种现象称为兴奋和抑制的相互诱导。

由兴奋过程引起或加强周围或同一部位的抑制过程称为负诱导。由抑制过程引起或加强周围或同一部位的兴奋过程称为正诱导。

二、心理是客观现实的反映

心理是脑的机能，但脑不能凭空产生人的心理。人脑及神经系统是心理的物质基础，神经系统的活动只是心理的生理机制。心理的产生还有赖于外界客观现实。如果脱离了客观现实，心理活动便不可能产生。

（一）客观现实是心理活动的源泉

客观现实包括自然环境、社会环境、主体本身及主体以外的其他人的言行。人的心理活动总是在一定的客观环境中产生的，心理活动的内容也必然地来源于这个客观环境。如我们可以看见周围物体的形状、听到声音、思考问题等。这些心理活动的内容都是来自客观现实。无论心理活动多么复杂，其内容都离不开一定的客观现实。如科学幻想，神话故事等在形式上看似乎是脱离了现实，但其作者的创作活动都是以当时的客观现实为依据而进行的，这种心理活动是不会超越现实的。例如《西游记》中的孙悟空是不会使用手枪的，因为作者本人不可能了解未来世界的事情；再比如科学幻想只是以今日的科学成就来推测未来，如果没有现实的科学知识，科学幻想也是不可能的。

（二）心理是客观现实的主观映象

反映是指物质间彼此相互作用留下痕迹的过程，是物质的普遍属性。由于物质的性质和运动形态不同，反映的形式也不相同。无机物只有物理和化学的反映形式，如盐在水里溶化，柴草在空气中燃烧。有生命的植物具有更高的反映形式——感应性。感应性是生物对外界维持生命的物质作出反应的能力。如植物的趋光、趋水性。生物进化到动物，形成了神经系统，于是出现了新的反映形式——感受性。动物能够根据周围物体的性质（光滑程度、形状等）来调节自己的行为。生物进化到脊椎动物，出现了脑，于是反映的形式由感觉上升为知觉。哺乳动物已出现了思维的萌芽。灵长类动物的脑是动物脑发展的顶峰，其反映形式也是动物中最高水平的。人脑在劳动中得到了质的发展，使人产生了最高级的反映形式——意识活动。人的心理是人脑对客观现实的反映，从内容和源泉来说是客观的，但形式上又是主观的。首先，对客观现实的反映是由具体的人进行的，这种反映具有鲜明的个别差异，它受到个体身心发展特点，如动机、兴趣、能力、性格等以及已有知识、经验等因素的制约，因而具有很大的主观性；其次，反映作为一种活动现象与其反映的对象并不等同。即反映的对象是客观物质的，而反映形式却是非物质的。

（三）人的心理是对客观现实的能动反映

人对客观现实的反映不是被动的、消极的、机械的。人在社会实践中总是积极、能动地反映客观现实。人的心理的能动性既表现在心理过程中，也表现在个性品质上。

人在认识活动中，不仅能够通过感官来直接了解事物的外在特性，而且还能在意识的调节下通过思维活动间接地去认识事物的内在的本质的规律。同时，人还能够根据需要利用认识到的客观规律去改造客观世界。

（四）人的心理在实践中发展

人的心理是人与客观现实相互作用的产物，实践活动是心理发展的重要条件，脱离实践，心理发展就成为一句空话。人在实践中不断与各种客观因素相互作用，使人产生各种心理活动。一方面人的心理受到客观因素，主要是社会生活条件的影响，另一方面人的心理又影响着实践活动。随着实践的不断深入，人的心理也在不断发展。例如，各种特殊能力的形成（如对颜色的辨别能力）与人的实践活动（如画家的创作）有着直接关系。此外，人的心理对客观事物的反映是否正确，必须通过实践加以检验，人的心理就是在实践的检验中不断发展完善的。

第四节　心理学的发展与理论派别

一、悠久的过去，简短的历史

地球上自从有了人类，就有了人的心理现象。人类对自己心理现象的反省和探讨，至今已有数千年的历史了。

我国古代有很多探讨人的心理问题的文献记载。早在春秋战国时代，许多思想家就曾探讨过人性的问题。孔子有“性相近也，习相远也”之说；孟子主张性善论，认为“人无有不善，水无有不下”；而荀子则主张性恶，认为“人之性恶，其善者伪也”。关于教育过程中的心理问题，他们也各自有自己的精辟的比较合乎规律的见解。如孔子认为“学而不思则罔，思而不学则殆”、“知之者不如好知者，好知者不如乐知者”、“温故而知新”，主张“学而时习之”，“不愤不启，不悱不发，举一隅不以三隅反，则不复也”等等；孟子反对“揠苗助长”的教育方法，主张顺乎自然的教育；荀子则有“蓬生麻中，不扶则直”、“青出于蓝而胜于蓝”的名言流传于世。这都是对心理现象的积极探索。

我国汉朝之前就已流传的医学著作《素问》中，有“喜伤心，怒伤肝，思伤脾，忧伤肺，恐伤肾”之说，这与现代医学心理学关于情绪与健康关系的论断基本上是吻合的。

我国古代兵法强调“攻心为上”，韩信据此设计了“四面楚歌”，起到了瓦解楚军军心的作用。兵书上说“兵不厌诈”，诸葛亮据此巧设“空城计”，智退了司马懿几十万大军。

所有这些，都说明我国古代的先哲贤达们早已对人的心理现象进行了深刻的反省和深入的研究，并积累了丰富的经验和论述。然而由于长期的封建统治，特别是封建统制后期的软弱和无能，导致了生产落后，科学不发达的局面，致使科学心理学没能诞生在中国。

欧洲古代思想家，特别是古希腊的哲学家们，如德谟克利特（E. Democritus，公元前470～380）、苏格拉底（Sokrates，公元前469～400）、柏拉图（Plato，公元前427～347）和亚里士多德（Aristotle，公元前382～322）等，都对人的心理现象进行了不同程度的反思和探索。德谟克利特是朴素的唯物主义者，他遵循其原子论的思想，认为人的灵魂也同物质一样是由原子构成的，人的生命现象和心理活动就是灵魂原子运动的体现。人死了，灵魂原子分散，灵魂也就消失了，所以没有不死的灵魂。苏格拉底则是神学唯心主义者，他认为神为人“安排了灵魂”，而真理就存在于人的灵魂之中，人要寻求真理，就必须从自己的内心中探求。苏格拉底在教育上提出了“产婆术”理论，认为教师的任务类似于“产婆”，就是要把早已存在于学生灵魂之中的真理接生下来，这可以说是发现法教学思想的最早萌芽。柏拉图也是唯心主义者，他不承认物质世界的客观性和真实性。他提出有两种世界：“现象世界”和“理念世界”，认为“现象世界”是不真实的、不稳定的，而“理念世界”才是真实的、永恒的。他认为人由肉体和灵魂组成，人的灵魂在取得人形之前，就早已存在于肉体之外理念世界中，并熟知理念世界中的许多东西。但当灵魂和肉体结合“投生为人”的时候，由于惊恐和骚乱就失去了对最高理念的认识和记忆。因此柏拉图认定，认识不是对物质世界的感受，而是对理念世界的回忆。亚里士多德写过一本《灵魂论》，探讨肉体和灵魂的关系，这可以说是最古老的一本“心理学”专门著作。他把人的灵魂分为三部分，其一是植物灵魂，主要表现在营养、发育、生长等生理方面；其二是动物灵魂，主要表现在本能、情感、欲望等方面；其三是理性灵魂，主要表现在思维、理解、判断等方面。亚里士多德认为灵魂的三个方面都得到充分发展的最有效的途径就是教育和训练。

欧洲文艺复兴之后，心理学思想逐渐摆脱唯心主义而转向科学。法国的迪卡尔、英国的洛克和德国的赫尔巴特等都对于人类的心理现象进行了细致的观察和深入的研究，并取得了很多比较符合客观规律的成果。这为心理学在欧洲的诞生起到了奠基作用。

总之，无论是在中国还是在外国，从古代起就有关于心理学方面的论述，因此从这个意义上说，心理学有一个悠久的过去；然而那时人们对心理现象的研究和论述，还仅仅局限在哲学和其他学科的母体之内，还只具有形象的类比和抽象的思辨性质，缺乏实验的论证，因而还未独立成为一门系统的科学。直到1879年，德国心理学家冯特（W. Wundt，1832～1920）在德国的莱比锡大学建立了世界上第一个心理学实验室，这才标志着科学心理学的诞生，标志着心理学从哲学中分化出来而成为一门独立的科学。算起心理学独立成为一门科学的历史，至今只有一百多年。因此，从这个意义上说心理学便只有一个简短的历史了。

二、心理学的理论派别

在心理学诞生之初，曾经出现过学派林立，各执一端的局面。虽然每一个学派都在某一点上或者某一个方面为心理学的发展作出了贡献，但单纯任何一派的理论都不足以解释复杂的心理现象，因而终未能形成统一的为众人所接受的理论派别。

随着时间的推移和心理学研究的深入，心理学各派的对立已经不像当初那样尖锐了。人们终于明白只有真理才是科学研究的终极，而在向真理趋近的同时，心理学各派渐渐吸收了对方的合理而抛弃了对方的不当。时至今日，在众多的心理学派别中，有的早已消亡，有的已失去发展的活力，有的则方兴未艾。今天的心理学理论可以说是众多心理学流派共同努力的结果。因此，学习心理学不仅要在横向上学习心理学的基本理论，而且要从纵向上了解心理学理论的历史发展和演变过程。下面我们介绍几种最有影响的心理学派。

（一）精神分析学派

精神分析学派是19世纪末20世纪初形成的心理学流派。它被称为是“心理学界的第一大势力”。其创始人是奥地利医生弗洛伊德（S. Freud，1856～1939）。弗洛伊德的精神分析理论分为两部分，1920年以前的观点称为早期理论，在这之后20年逐步建立了他的后期理论。他一生著作很多，较有代表性的有与布洛伊尔合著的《癔病研究》(1895)、《梦的解析》(1900)、《日常生活的心理病理学》(1904)、《精神分析引论》(1910)、《超越唯乐原则》(1920)、《群众心理学和自我的分析》(1921)、《自我和伊底》(1923)等。

弗洛伊德的早期理论主要有三方面内容。第一是关于潜意识的理论。他认为人的心理可分为意识、前意识和潜意识三部分。意识是人的心理状态的最高形式，是可以觉察到的心理部分。潜意识包括个人的原始冲动、各种本能以及出生后和本能有关的欲望。这些冲动和欲望，不符合社会风俗、习惯、道德、法律的要求而被压抑或排挤到意识阈之下，但它们并未被消灭，而是在不由自主地积极活动，追求满足。弗洛伊德曾经说过，人的任何活动都是由动机支配的，凡是在意识中找不到的动机都可在潜意识中找到。例如笔误和口误都可以在潜意识中找到其动机。在意识和潜意识之间，存在一种前意识，即可在潜意识中召回到意识中的部分，也即可回忆起来的经验。潜意识是不可召回的。弗洛伊德曾经把人的心理比作茫茫大海中的一座冰山，露出水面的部分为意识部分，水面之下的部分为潜意识的部分，在水面上下来回浮动的部分为前意识的部分。显然弗洛伊德是指潜意识在人的发展中起着决定的作用。第二是梦的解释。弗洛伊德认为梦是通向潜意识的一条迂回的道路。他认为，人的心理活动具有严格的因果关系，即便是梦也不是偶然产生的，梦也是人的被压抑的欲望的被伪装的满足。因而通过对梦的分析，就可了解潜意识，从而帮助人们深入地了解人的内心活动。第三是泛性论。弗洛伊德特别强调性的作用，他理解的性的含义不仅仅指生殖而包含一切驱使人去寻求快感的潜力，他称之为“里比多”（Libido）。他认为人的一切活动都直接或间接地和性有关。人的一生都带有性的色彩，受“里比多”的支配。由于他关于性的界说超出了生殖的范围，故被人们称为“泛性论”。这是其理论的核心，也是其屡遭批评的焦点。

第一次世界大战后形成的弗洛伊德的后期理论主要包括本能学说和人格理论两部分。本能学说是弗洛伊德对其原先的本能观点的修正。他认为，自卫本能和生殖本能虽然各有其不同的目的，但最后都共同指向生命的发展，两者可以合成一个生的本能。同时他认为人的个性中还存在一个“死的本能”。因此，本能带有两极性，生的本能代表爱和建立的力量，死的本能代表恨和破坏的力量。关于人格理论，他在保留潜意识作用的前提下，建立了他的人格结构说。他把人格分为伊底、自我和超我三部分。伊底是潜意识的结构部分，它由先天的本能和欲望组成。这些本能和欲望强烈地冲动着，希望尽快得到满足。伊底同外界不能直接接触，它只有通过自我才能部分地得到满足。自我是意识的结构部分，它处于伊底和超我之间，对伊底起缓冲和调节作用。超我则是“道德化了的自我”，包括良心和自我理想两部分，其作用是指导自我去限制伊底的冲动。三者通常保持平衡，如平衡被破坏，就可能导致精神病。

精神分析心理学的创立扩大了心理学的研究范围，把无意识、梦等问题引入了心理学的研究范畴。在具体的研究工作中，深入到精神现象的深处去探讨，对于加深心理学的研究有着一定贡献。精神分析学派产生于医疗实践，因而对医疗实践有着更大的指导意义。目前，这一理论的影响已经波及哲学、文学、艺术、美学、社会学、历史学、教育学等诸多社会科学中，成了本世纪最有影响的思想流派之一。

当然精神分析学派也有其严重的缺陷。它过分夸大了无意识在人的整个活动中的作用，把本能和欲望视为人类一切行为的动力，具有生物还原论的倾向。它的泛性论观点已为大多数的人所摈弃。为了弥补传统精神分析学派的不足，新精神分析理论已经应运而生，目前，这一理论仍处于发展之中。

（二）行为主义学派

行为主义是20世纪初起源于美国的西方心理学的一个主要派别，被称为是"心理学界的第二大势力"。其创始人是美国心理学家华生（J.B.Watson，1878～1958）。1912年华生在演讲中公开提出他的行为主义观点。1914年出版了《行为：比较心理学导论》，标志着行为主义心理学理论的正式建立。

行为主义心理学的形成和发展大致可分为两个时期：1913～1930年为早期行为主义；1930年以后逐渐形成新行为主义理论。早期行为主义是美国资本主义社会的产物，其思想渊源可追溯到古希腊之后的理论传统，如经验论、元素论等。19世纪末20世纪初产生的达尔文的进化论、桑代克等人的动物行为研究，以及巴甫洛夫的条件反射研究，对早期行为主义的产生起到了重要的推动作用。行为主义心理学反对对人的心理和意识进行内省研究，主张应对环境作用与人和动物行为变化之间的关系进行客观研究，只有查明环境刺激（S）与行为反应（R）之间的规律性关系（S－R），才能根据刺激预知反应，或根据反应推知刺激，达到预测并控制人和动物行为的目的。

行为主义心理学对整个心理学的发展产生了极大的影响。行为主义心理学清除了唯心主义对心理学研究的影响，引入了更加精确和客观的研究方法，使心理学研究摆脱了沿袭已久的思辨方法。行为主义的基本观点和研究方法已广泛地渗透到许多人文科学中。时至今日，仍有许多人把行为作为心理学的研究对象，强调心理学研究的客观性要求。这不能不说是行为主义心理学的影响。

行为主义心理学的局限性在于它的机械还原论和简单化的倾向。目前以华生为代表的传统行为主义早已衰落，但新行为主义和后新行为主义已相继出现并正处发展中。

（三）人本主义心理学

人本主义心理学是五六十年代兴起于美国的，它既反对行为主义的机械还原论，也反对精神分析的生物还原论。事实上，正是在对行为主义和精神分析的强有力的批判中，人本主义心理学才得以兴起并发展起来了。这也是人本主义心理学自称为“第三思潮”或“第三势力”的原因。其主要发起人有马斯洛（A. H. Maslow，1908～1970），他是比较心理学家和社会心理学家；罗杰斯（C. R. Rogers，1902～1987），他是精神病学家和教育改革家。共同发起人有弗洛姆、戈尔德斯坦等。

人本主义心理学不是一个体系严谨的学派，而是一种相同观点学派的广泛联盟，它的主要特点是强调人的价值、人的本性和人的尊严。它认为人的本性是善良的，恶是环境作用的结果，因而教育是使人完善的有效途径。每个有机体内部存在着一种与生俱来的维持和促进机体发展的潜能，并在环境因素的作用下发挥出自己的潜能。人有高于一般动物的多种潜能，因而人也有高于一般动物的多种价值。人本主义心理学的核心理论是自我实现论。这一理论最早由戈尔德斯坦提出，马斯洛在其基础上进一步发展了这一理论，提出了著名的需要层次论，把自我实现视为最高层次的需要（这部分内容在第二章中将详细论述）。自我实现论的另一理论基础是罗杰斯的自我论。罗杰斯认为存在一种内在的“机体智慧”，通过它可以分辨出各种经验是否有利于实现自我潜能。当人与人交往过程中个人的自我概念与机体潜能不协调时，就会产生各种歪曲真实感情的防卫机制，并引起人格混乱。这种防卫机制对实现自我价值起到了阻碍作用。因此，罗杰斯认为实现自我潜能的关键是人与人之间建立真诚相处，相互理解和尊重的关系。他把这一理论应用于教育改革，强调建立师生密切关系和培养学生自我指导能力的重要性。

在研究方法上，人本主义心理学家主张以现象学的方法研究人的心理现象。传统的心理学只注重对一般人或病人的研究，而人本主义心理学家主张对“健康人”进行研究，强调对自我实现者的深入调查，注重个案分析方法，试图从个别研究中总结出一般性的规律。以马斯洛和罗杰斯为代表的人本主义心理学试图弥补已有心理学各流派之不足，建立一门不仅涉及心理学本身，而且涉及人类各种精神生活的全面的心理学理论。

尽管人本主义心理学兴起的时间还不长，尽管它还有忽略社会因素和社会实践的倾向等多种缺陷，但如果这个运动的后继者们开始认识到它的缺陷，并力图使这种矫枉过正的新理论得到健康的发展，再得益于当今的先进科学技术，那么独立已逾一百周年的心理学就有可能在科学化和现代化的方向上迈出长足的进步。

(四) 认知心理学

认知心理学是 20 世纪 50 年代开始出现的新兴的心理学流派，它在 60 年代得到迅速发展，70 年代已成为西方心理学的一个重要发展方向。

认知心理学的含义有两种。广义上讲，认知心理学是研究人类认知过程的学派。一般认为，认知心理学派中有三种理论观点：一种是以瑞士心理学家皮亚杰（J. Perjet，1896～1980）为代表的新结构主义的认知心理学；另一种是心理主义的认知心理学；还有一种就是信息加工的认知心理学。狭义的认知心理学就是指信息加工的认知心理学。通常人们所说的认知心理学主要是指狭义的认知心理学。

认知心理学是用信息加工的观点说明人类认知过程的科学。认知心理学把人看成类似于计算机的信息加工系统，认为人脑的工作原则与计算机的工作原则是相同的，可以运用计算机的工作原理去模拟人脑的活动。认知心理学强调人已有的知识结构对其行为和认知活动的决定作用，试图通过研究人获取知识的内在机制来揭示人类认识活动的规律。

认知心理学的出现和发展具有一定的进步意义。它既反对行为主义的机械还原论，也反对精神分析的生物还原论，重视研究人的内部心理过程，强调理性和认识的作用，重视各种心理过程之间的联系。20 多年来，认知心理学取得了许多成果，丰富了心理学的内容。

认知心理学也存在一些缺陷，它单纯地把人比拟为计算机进行研究，忽视了人的社会属性；过分强调已有知识对当前认知活动的影响，相对忽视了客观环境的作用；此外，认知心理学的研究范围主要局限于认识过程，对其他心理过程的研究较少。但认知心理学毕竟仍处于发展时期，是当前心理学研究中一支活跃的有生力量，对其发展壮大，人们自当拭目以待。

总之，心理学在其诞生之后的一百多年的时间里获得了突飞猛进的发展。目前心理学的研究和运用已越来越受到世界各国的重视。在美国，心理学被视为科学的七大部类（理化、数学、环境、技术、生命、社会经济和心理学）之一，并在国家预算中单列一项进行拨款；在苏联的一些国家和其他许多国家中，心理学已作为一门课程在中学中开设。有人预言，到 21 世纪，心理学将成为带动其他学科的先导学科。人们完全有理由相信，心理学在其后的一百年中也必将得到更大的发展。

思 考 题

1. 试论述人的心理的实质。
2. 联系实际说明学习心理学的意义。
3. 简要论述现代心理学各主要派别的基本观点。

第二章　学习的动力

学习问题是人类面临的最常见、最基本，也是最重要的问题之一。学生的主要活动就是学习。研究学生的学习现象、揭示学习规律是师范生学习心理学课程的主要任务。人在清醒状态下的各种活动都是由一定的内部因素引发和维持的，学生的学习活动也不例外。学习和掌握学习活动的内部动因是了解学习活动规律的基础，在本章中我们先对学习问题的一般概念作一概述，然后阐述学习的内部动力问题。

第一节　学习的一般概念

一、什么是学习

学习是人们最为熟悉的心理现象之一。就人类而言，小孩用痰盂大小便，用筷子，系鞋带等是学习，科学家的发明创造也是学习。学生在学校里的学习更是有系统、有计划和有指导地进行的。那么什么是学习呢？

在汉语中，“学习”一词最早是从《论语》“学而时习之”一句话中抽取出来的。“学”和“习”原是两种不同的获取知识的方法，“学”是指从书本上、从教师口头上获取知识；“习”则是指从经验中，从个体的实践活动中获取知识。由此可见，学习的涵义就是指个体获取知识经验的过程，这无疑是正确的。但现代心理学对学习的理解则更进了一步，认为学习是由经验引起的相对持久的行为或行为潜能的变化。并不是所有的活动都是学习，只有具备以下三个要点的活动才是学习活动。

第一，主体自身必须发生某种变化，我们才能够说学习已经发生。也即只有练习并不一定产生学习。儿童从不会叫爸爸到会叫爸爸，这是一种学习，以后重复叫爸爸的行为就不是学习而是一种练习了。

第二，这种变化必须是能相对持久保持的。有些主体的变化，如适应、疲劳等不能称为学习，因为这种变化是暂时的，条件变化或经过休息后这种暂时性变化就会消失。

第三，主体的变化必须是由主体与环境相互作用的结果，即主体后天习得的，成熟或先天的反应倾向所导致的变化不能称作学习。如男青年嗓音的改变不是学习，歌唱演员掌握发声技巧才是学习。

二、学习的意义

人和许多动物都能进行学习。学习是活着的有机体所普遍具有的一种功能。学习的能力明显地随着神经系统的发展而提高。

从生物进化的观点看，学习是有机体适应环境的手段。有机体适应环境有两种方式，一种方式是先天固有的反应倾向。这是每一种动物都有的本能。如人类婴儿和其他哺乳动物生下来就会吃奶。但这种先天本能所能适应的环境非常有限，有些物种因适应不了迅速变化的环境而灭亡。人类婴儿与初生的动物相比，独立能力低，天生的适应能力也低。但人类却有动物所无法比拟的另一种适应环境的能力——学习。学习的适应是迅速而广泛的，遗传本能的变化需要千万年的演进，而学习带来的变化费时却很短，有时甚至只需几秒钟。尽管动物也有学习，但动物的学习能力却远不如人类。这个问题我们后面还要述及。

不言而喻，学习的社会意义自然更为重要。学习是人类社会延续和发展的最基本的必须活动之一。学习是教育存在的先决条件，也是教育的目的之所在。不仅个人在教育条件下需进行学习，社会的各行各业、各团体组织以至于政党、国家、民族也一刻离不开学习。而且，随着科学技术的迅速发展，人类需要掌握的本领和需要获得的信息量也在迅速增加，这就要求人们进行终生学习。有人预言未来社会将是学习化社会，这是很有道理的。因此，学习的作用越来越重要，学习的意义也就越来越深远。

三、人类学习和动物学习的区别

人和动物都有学习的能力，但人的学习和动物的学习却有着本质的区别。

第一，学习的目的不同。动物的学习只是为了适应环境以求得生存，而且这种学习又是在适应环境的过程中进行的，是消极的、被动的。人类的学习固然也包含有适应环境的成分，但更主要的是为了改造自然和推动社会的发展，并且人类的学习大都是在积极的实践活动和人际交往中实现的，是积极的、自觉的和主动的。明确的目的性是人类学习特有的本质特征。

第二，学习的内容不同。动物通过学习所获得的只能是个体的直接经验，这种直接经验的数量是极其有限的。而人除了能获得个体的直接经验外，还能学习另一种经验——前人或他人的经验，即间接经验。间接经验是人类学习的主要内容，在数量上，间接经验要比直接经验多得多。正因为人能学习间接经验，所以人才能明了过去，把握现在，预测未来。

第三，学习媒介不同。人类学习大多是以语言为媒介在社会活动和交往中实现的。语言是交际的工具，是概括和传递人类社会历史经验的手段。语言的使用，大大提高了人的认识能力，扩大了认识范围，使人类积累的间接经验得以保持和传递。动物由于不具备语言，所以个体所获得的经验便不能代代相传，而只能通过学习直接经验来适应周围的环境。总之，人类的学习要比动物的学习丰富得多，复杂得多。研究动物学习的规律，对明了人类学习的本质有一定的启发意义，但在研究人类学习的本质规律时却不应机械地照搬动物的学习规律。

四、学生学习的特点

学生的学习是在学校中进行的，它既不同于人类历史经验的形成过程，也不同于人们在日常生活中的学习，它是人类学习的一种特殊的形式。其特点如下。

第一，学生的学习是以掌握间接经验为主的过程。学生学习的主要目的，就是要在较短的时间内，学会系统的科学文化知识和技能，因而学生的学习主要是一种间接学习，不需要也不可能对所有学习的内容都通过亲身实践来获得直接经验。因而学生的认识过程不同于劳动者或创造者直接探究事物本质和规律的认识活动。尽管在学习过程中也要求学生参加一些实践活动，以获得一些感性知识和直接经验，但这种实践往往服从于一定的教学目的和任务，而且大都是验证性的和练习性的。因此，在任务、性质和要求上，它与成人的实践活动有很大的不同。

第二，学生的学习是在教师的指导下的学习，因而它是有目的、有计划、有组织地进行的。教师的指导、组织和传授，一方面可以保证学生学到系统的科学知识，另一方面还可以使学生学会学习。使学生懂得如何学习，不仅可以大大地提高学习的效率，而且对学生将来的自学有着更为重要的意义。面对科学技术迅猛发展的态势，只有那些具有较强自学能力并坚持不懈地学习的人才能跟上社会发展的步伐，也才能成为对社会有用的人。现代社会的文盲不仅是指那些目不识丁的人,而且还包括那些没有学会学习的人。只有在学校教育条件下,在教师的指导下,学生才能在短时间内掌握人类几千年来所积累起来的知识和经验,并学会如何进行有效的学习,所以说学生的学习是快速、高效的学习。

五、学习的分类

学习是一种极为复杂的现象。根据不同的分类标准可以把学习分为不同的种类。

（一）根据学习内容的分类

潘菽主编的《教育心理学》（1980）依据学习的内容及结果将学习分为:（1）知识的学习;（2）动作技能的学习;（3）智慧技能的学习;（4）社会行为规范的学习。

通过知识和技能的学习,可以形成学生的各种能力和才干;通过社会行为规范的学习,可以形成学生的各种道德信念和行为,从而形成良好的思想品德。所以,我们说这种分类方法比较符合学校教育的实际和学生全面发展的要求,因而在我国的教育实践中经常被采用。但这种分类标准也有一定的缺陷,那就是上述几种类型的学习常常相互交织重叠,很难截然分开。

（二）根据心智功能的分类

根据学习时所运用的心智功能不同,可以把学习分为如下三类。

1. 观察学习

观察学习又称模仿学习,指人们从观察别人的行为中学习怎样行动。在日常生活中,人们常常把别人的行为作为榜样来学习。这种学习的好处是可以避免重走别人走过的弯路。

在现实的学习活动中,观察学习占有重要的地位。在有榜样可观察的情况下,学习就变得比较容易。因而,为了增进学习的效果,教师要重视树立榜样给学生仿效。例如,在外语教学中教学生发音时，教师就应作出各种正确的口型让学生细心观察，如果只讲解而不做示范，学生学习的效果就会很差。

2. 操作学习

人的认识活动是离不开实践活动的。学生要想真正获得科学知识和技能,单靠模仿是不够的,还必须在教师的指导下在实践活动中从事各种有效的操作,才能深刻领会和掌握科学知识和技能的要义。所以教师在教学过程中应重视理论知识和实际操作相结合。

3. 思维学习

所谓思维学习是指在学习过程中进行思考和推理，明确事物之间的各种关系，从而提高认识水平的学习。学生掌握知识不能单靠记忆去积累，只有经过思维活动、把握知识的本质，才能把所学的知识真正变成自己的东西。

（三）奥苏贝尔的学习分类

奥苏贝尔（D. P. Ausubel，1914～）是美国当代著名的认知教育心理学家。他提出了著名的学习理论——有意义言语学习论。他的学习分类只涉及认知领域。他根据学习进行的方式，把学习分为接受学习和发现学习，又根据学习内容与学习者原有知识的关系，把学习分为机械学习和有意义学习。

奥苏贝尔指出，接受←→发现，机械←→有意义，这是划分学习类型的两个维度。这两个维度是互不依赖和彼此独立的。同时，“有意义与机械”，“发现与接受”这两个维度每一个方面又都不是绝对的，在它们的中间还有许多过渡形式（见图 2-1）。

奥苏贝尔的学习分类有着重要的意义。它有利于澄清人们把接受学习与机械学习等同、把发现学习与有意义学习等同的错误观念。对于学生来说，有意义的接受学习与有意义的发现学习才是学习的主要任务，并且有意义的接受学习是学生学习的最主要的方式，而简单的机械学习（包括机械的接受学习，也包括机械的发现学习）则不是学生学习的主要方式。

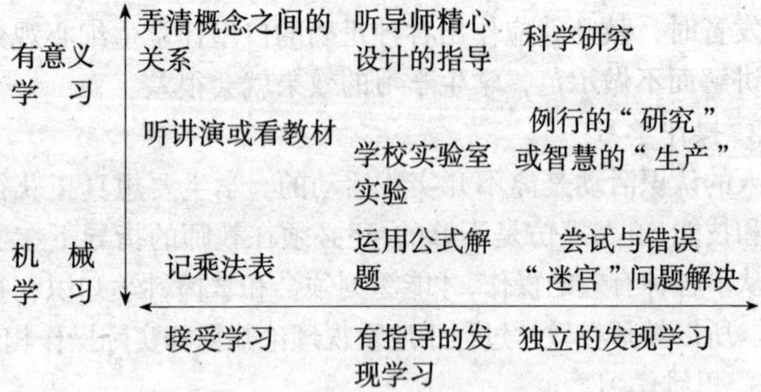

图 2-1　分布于有意义学习——机械学习，发现学习——接受学习之间的学习举例

第二节　需　要

一、什么是需要

需要是个体和社会的客观需求在人脑中的反映，它是个体的心理活动与行为的基本动力。

有机体为了生存和发展，必须从自然环境和社会环境中获取某些东西。当有机体缺乏某种重要刺激时，就会引起有机体的紧张，在有机体和环境之间形成不平衡状态。例如，有机体缺乏水和食物就会引起口渴和饥饿，产生对水和食物的需要。水和食物就是有机体与环境保持平衡所必须的物品。有机体所缺乏的某种必要的事物在人脑中的反映就是需要。需要常常在主观上以一种不满足之感被人感受和体验，是人的积极性的源泉。

二、需要的特点

需要是在个体反映有机体内部环境和外界生活条件的要求时

产生的，并为自己感受和体验到的一种内心状态。这种内心状态也常常通过外观方式而被别人间接认识。需要有四个特点。

1. 对象性

需要总是指向某种对象，追求某种对象，并从对象那儿得到需要的满足。没有对象的需要是没有的。例如，饿了有进食的需要，其对象是食品；渴了有解渴的需要，其对象是水。可见，需要总是对一定对象的需求。

2. 紧张性

一种需要的出现会使人产生某种“欠缺感”。人在力求获得满足而又未得到满足的过程中常常会体验到一种特有的紧张感、不适感或无法实现的苦恼感等。例如，儿童因饥饿而啼哭，成人因工作受挫而烦恼、焦虑等，都是这种紧张性的表现。

3. 动力性

需要是人的活动的基本动力，是人的积极性的主要源泉。需要一旦出现，就会成为支配人的行为的力量，推动人从事各种活动，以满足需要。需要越强烈、越迫切，其产生的动力就越大。

4. 起伏性

已经形成的需要通常不会立即消失，它作为一种实际上起作用的力量总是断断续续的，有时呈活跃的动态，有时转入潜伏的静态。需要的这种起伏性在生理需要方面表现得最为明显。例如，人饿的时候会寻找食物，饱食之后，纵然有美味佳肴也难以引起食欲。

三、需要的种类

人的需要是多种多样的，根据不同的分类标准可以把需要分为不同的种类。

1. 根据需要的起源，可以把需要分为生理需要和社会需要。

生理需要是维持个体生存和种族延续所需求的事物的反映。

包括对饮食、休息、运动、避痛、排泄、繁衍后代等的需要。生理需要是人与动物共有的。但人的生理需要和动物的生理需要有本质的区别。人的生理需要受社会生活条件的制约。人和动物在需要的对象和满足需要的方式上有本质的区别。

社会需要是维持社会生活所必需的事物的反映。是与人的社会生活相联系的需要。对交往、劳动、美、认识等的需要都是社会需要。社会需要是后天习得的，是人所特有的高级需要。它对维系社会生活，推动社会进步具有重要的意义。如果这种需要在长时间内得不到满足，会使人产生痛苦和忧郁的情绪。

2．根据需要的对象，可以把需要分为物质需要和精神需要。

物质需要是指人对物质对象的需要，如对空气、阳光、食物、水、服装、家具、书籍等的需要。物质需要既有生理需要，又有社会需要。人的物质需要随着生产力的发展和社会的进步而不断发展变化。

精神需要是指人对社会精神生活及其产品的需要。这是人类所特有的需要，如交际的需要、认识的需要、创造的需要、美的需要、道德的需要等。

需要的分类只具有相对意义。因为人的生理需要也具有社会性，也要依赖一定的文化条件作为满足的手段和对象。同时，物质需要与精神需要有着密切的联系。人们在追求美好的物质产品的同时也表现出精神需要，而满足精神需要也离不开一定的物质条件。

四、马斯洛的需要层次说

马斯洛是美国心理学家，人本主义心理学的创始人之一。他在系统地考察了人的需要之后，提出了他的关于需要的理论——需要层次论。他认为，人的一切行为都是由需要引起的，而需要又是分层次的。他把人的需要分为自下而上的七个层次（见图

2-2)。

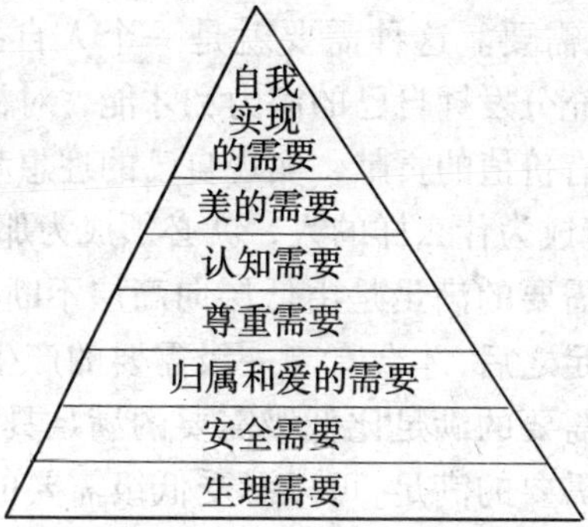

图 2-2 马斯洛的需要层次

1. 生理需要。与有机体的生存有直接关系，是人和动物共有的，包括饮食、性、排泄和睡眠的需要。这些需要在人的所有需要中是最基本的，也是最强烈的。如果得不到满足，就会影响人的生存和延续。

2. 安全需要。在生理需要获得一定满足后，安全需要就成为主要需要。包括身体的健康、人身安全、职业稳定、收入有保障、财产保险、年老后的生活保障等方面的需要。

3. 归属和爱的需要。希望从属于一定的群体，成为群体的一员，希望给予他人爱和得到他人的爱。这类需要不能得到满足时，人会感到孤独、空虚。

4. 尊重的需要。包括自尊和得到他人的尊重。自尊是指个体对胜任、自信、成就、独立自主等的需求。受到他人的尊重是指个体需要他人的肯定、赞赏。尊重需要的满足会使人产生自信心；反之,这些需要受挫折则会产生自卑、脆弱、无信心等心理状态。

5. 认知的需要。这种需要代表了人对知识的追求和对真理的向往。

6. 审美的需要。这种需要代表了人对美的追求和对美好事物的热爱。

7. 自我实现需要。这种需要就是一个人自我进步的愿望，表现为个人要求充分发挥自己的潜力和才能，对社会作出一些自己觉得有意义、有价值的贡献，实现自己的理想和抱负。自我实现的含义是："能成为什么样的人，就必须成为那样的人"。

马斯洛认为需要的满足是由低层向高层不断发展的,只有基本的需要得到满足之后,才会有高一级需要的产生和发展。但他同时也认为高级需要的满足比低级需要的满足具有更高的价值,因而人为了高级需要的满足,可以忍受低级需要的剥夺。在所有七个层次的需要中,生理的需要是其他各种需要的基础,生理的需要、安全的需要、归属和爱的需要及尊重的需要是缺失性需要,它们对于生理和心理的健康起着重要的作用,必须得到一定的满足。认知的需要、美的需要和自我实现的需要则为成长性需要,它们很少得到完全的满足。然而只有这几种需要都得到过满足的人才会形成健全的品格,自我实现的需要是人类需要的最高发展。

马斯洛还认为，各级需要层次的产生与个体发育密切相关。婴儿期主要是生理需要占优势，而后才产生安全需要、归属需要，到了青少年期，尊重的需要日益强烈。青年中、晚期以后，认知的需要、审美的需要和自我实现的需要开始占优势。但是，个人需要结构的演进不像间断的阶梯，低一级的需要不一定完全得到满足才产生高一级的需要，需要的演进是波浪式的。较低级的需要的高峰过去之后，较高一级的需要才能起优势作用。

马斯洛的需要层次理论是一种比较系统的研究需要的理论，它探讨了需要的实质、结构、发生、发展以及需要在人类生活中的作用和意义。对我们理解需要的实质具有重要的启发意义。目前，这一理论在管理学等学科中已经得到了广泛的应用。

马斯洛的需要层次理论的不足之处主要有两点：其一，马斯洛把需要视为本能，否定了人的需要的社会历史性；其二，马斯洛强调个人的自我实现，但却忽视了个人的自我实现与社会生活条件之间的关系及其社会价值。

第三节　学习动机

一、什么是动机

动机是直接推动人进行活动的内部动因或动力。人的活动不管是简单的还是复杂的，都要受到动机的调节和支配。动机的产生需要具备两个条件：内在条件和外在条件。动机产生的内在条件是需要，动机是在需要的基础上产生的。动机与需要紧密相联，离开需要的动机是不存在的，如果说需要是人的活动的基本动力和源泉，那么动机就是需要的具体表现，或者说是动态表现。不过需要在强度上一定要达到一定的水平才会引发动机。需要若处于静态则不能引发动机。动机产生的外在条件是指能够满足需要的客观事物，也叫诱因。个体的动机往往是内在条件和外在条件相互作用的结果，是需要和诱因相互依存的产物。

动机具有三种功能。

1. 始发功能

人的活动是由一定的动机引起的，有动机才能唤起活动，它对活动起着启动的作用。动机的性质和强度不同，引起和推动作用的大小也不一样。

2. 指向或选择功能

在动机的支配下，个体的活动总是指向一定的目标或对象，使行动朝着预定的目标进行。动机不同，个体活动的方向和追求的目标也不同。

3. 强化功能

活动产生以后，个体是否维持这种活动，同样受动机的支配和调节。动机对行动的进行起着维持和加强作用，强化行动使其达到目的。动机的强度和性质不同，对行动的强化作用也不同。

二、动机的种类

人的动机是多种多样的。我们可以根据不同的标准对动机进行分类。

1. 根据动机的动力来源，可以把动机分为内部动机和外部动机。

内部动机是指由个体自身激发的动机。动机的满足是在活动之内，而不在活动之外。活动本身就能引发人的动机，是活动者追求的目标。例如，学生认真学习的内部动机是因为学习本身能给他带来满足和愉快。

外部动机是指由外部诱因所引起的动机。例如，工人为了获得奖金而努力工作，学生为了得到老师和家长的赞扬而努力学习。这些活动的推动力均来自外部的刺激，都是外部动机。

2. 根据引发动机的需要的种类，可以把动机分为生理性动机和社会性动机。

生理性动机是以有机体的生理需要为基础的。主要有饥饿、渴、性、睡眠、寒冷、趋乐避苦等。这些动机是生来就有的，也称为原始动机。

社会性动机是以社会文化需要为基础的。社会性动机有多种，包括归属、认可、独立、成就、交往、赞许等。这些动机是后天经过学习得来的，又称为继发性动机。

3. 根据动机持续作用的时间，可以把动机分为长远的、间接的动机和短暂的、直接的动机。

长远的动机一般来自对活动意义的深刻认识，它持续作用时间较长，作用广泛，不易受外界偶然因素的影响，具有比较稳定的性质。

短暂的动机对活动持续作用的时间较短，易受到情绪的支配和影响，不够稳定。

4. 根据动机所起的作用，可以把动机分为主导动机和辅助动机。

人的活动往往具有多种动机，各起着不同的作用。有的动机在活动中起主要的支配作用，被称为主导动机；有的则起着次要的辅助作用，叫做辅助动机。活动的主导动机随着人的成长而不断变化发展。在小学阶段，直接的动机常占主导地位。例如，刚入学的小学生学习的主导动机可能是向往学生的地位，遵从父母的期望和获得教师的赞扬。以后，其学习的主导动机可能变为学好功课，争当三好学生等。

5. 根据动机的意识水平，可以把动机分为有意识动机和无意识动机。

人的活动都是由动机支配的，但并不是所有的动机都能为当事者所意识到或说清楚。对于发生在意识阈限之上的动机，当事者一般都能够说清楚，这类动机叫做有意识动机。但对于发生在意识阈限之下的动机，人们往往意识不到，这类动机就是无意识动机。例如，有些儿童的恶作剧，他们常常自己也说不清楚为什么会这么做。

三、学习动机

学习动机是学习活动的内部推动力，又称学习的动力。研究和了解学习动机对有针对性地促进学生的学习具有重要的意义。学习动机是一种比较广泛的社会性动机。它是在社会生活条件和教育的影响下逐渐形成的。学习动机的构成比较复杂，中学生的学习动机比较集中地反映在成就动机上。

（一）成就动机

所谓成就动机是指个人愿意去从事自认为重要或有价值的工作，并力求取得成就的一种内在的推动力量。这是一种具有社会意义的后天习得的动机。其作用有如一架大马力的发动机，促使人努力向上，追求成功和成就。

1. 成就动机的组成部分

成就动机有三种构成成分：认知的内驱力、自我提高的内驱力和附属的内驱力。

（1）认知的内驱力

认知内驱力就是一种想了解与理解知识，要阐明与解决问题的需要。认知内驱力起源于人的求知欲和好奇心，有一定的先天成分，但主要的还是后天教育和个人努力的结果。适当的教育环境，成功的学习经验是可以提高学生的认知内驱力的。

由于认知内驱力指向于学习任务本身，因而报偿即知识的真正获得也完全可以由学习任务本身提供，显然，这是一种内部学习动机。心理学家非常重视这种内部动机的作用，认为教育的一个主要任务就是要让学生对获得知识本身产生兴趣。因为这种对获得知识本身的认知内驱力是学习中的一种最重要的、最稳定的动机，它对学习起着极大的推动作用。而学习又反过来进一步加强认知内驱力，二者相互促进。

（2）自我提高的内驱力

自我提高的内驱力是指个体通过自己的成就或学习、工作能力而赢得相应的地位的需要。自我提高的内驱力在儿童 4、5 岁时就已萌芽，入学以后迅速发展并逐渐成为成就动机的主要组成部分。

自我提高的内驱力是一种外部动机。它不直接指向学习活动本身，而是把追求学业成绩视为赢得地位和满足自尊心的手段。通常，一个人所赢得地位的高低及自尊心满足与否取决于其获得成绩的大小。成就水平或能力水平高，则赢得的地位亦高，二者是相对应的。例如，学生学习成绩好，便会得到教师和家长的赞扬以及同学的羡慕和钦佩，在班级中的地位亦会相应提高，因而使其自尊心得到满足。在学习中适当激发学生自我提高的内驱力是非常必要的。教育者可以通过评选“三好学生”及优秀干部的方式或用学习反馈，以物质或精神奖励的方式引起学生自我提高的动机，从而激发学生的学习热情。

当然，人们也不应当过分强调自我提高内驱力的作用。由于学生自我提高的内驱力是其抱负水准的主要成因，所以过高的自我提高内驱力必然会导致过高的抱负水准，而这往往会导致低能学生的失败和自尊心的丧失。另一种可能也时有发生，那就是对于学业成绩的过高的需要可能会损害学生对自我缺陷的觉察能力，使他们不敢或不愿承认自己的错误。另外，过分地强调自我提高的内驱力还有可能导致功利主义倾向。

（3）附属的内驱力

附属的内驱力是指一个人为获得长者（如家长、教师）的赞许和认可而努力学习或工作的需要。这种需要既不是直接指向学习任务，也不是为了提高自己，而是为了满足教师、家长的要求，得到教师或家长的赞许和奖励。因此，它也是一种外部动机。产生这种动机的主要原因是：学生与长者在情感上具有依附性，长者是学生喜爱、追随和效仿的人；长者的赞许和认可可能使学生得到他人的尊重，受到他人的敬佩。

成就动机中的三个组成部分在动机结构中所占的比重，通常会随年龄、性别、人格结构、社会地位等因素的变化而发生变化。通常附属的内驱力在童年早期比较明显。到了儿童后期和青春早期，附属的内驱力不仅在强度方面有所减弱，而且在方向上也开始由父母转向同龄的伙伴。因而在此期间来自同伴的赞许成了一个强有力的动机源。在大多数文化、尤其是西方文化中，自我提高的内驱力在青年人和成年人心目中成了成就动机的决定部分。在此之前，自我提高的内驱力通常是随着年龄的增加而增加的。至于认知的内驱力，如果教育得法，它就可以得到健康的发展乃至成为成就动机的决定部分。这种情况在那些为事业而忘我工作的人身上是可以看到的。但在现实生活中，认知内驱力却很少占到中心地位。

2．成就动机对学习活动的作用

成就动机对学习活动具有很大的推动作用。成就动机的强弱对学习效率有着直接的影响。研究表明，成就动机强的学生更能克服困难，坚持学习，在学习中不断取得进步。另外，成就动机与学生的学习成绩成正相关。成就动机强的学生，一般学习成绩较好，成就动机弱的学生，一般学习成绩较差。在一项有关学习动机与学习成绩的关系的研究中，实验者以两组其他条件相等但成就动机强弱不同的大学生作被试，要求他们用一些打乱了的字母去构成普通单词，如用打乱了的 w、t、s 和 e 去构成 west。两组被试的实验结果如图 2-3 所示。图中曲线表明：成就动机强的被试能够不断进步，而成就动机弱的被试则没有明显的进步。

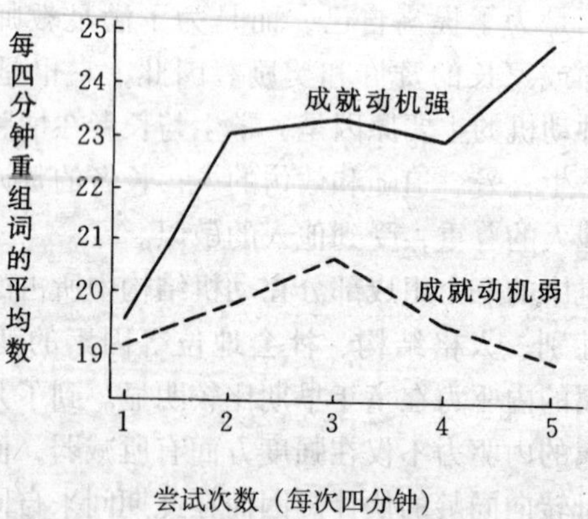

图 2-3　成就动机强弱对学习成绩的影响

个体的成就动机表现出很大的个别差异。成就动机强的人具有的特征：(1) 对待学习和工作非常积极；(2) 对事业富有冒险精神；(3) 精力充沛，探新求异，具有开拓精神；(4) 全力以赴，力求成功；(5) 想知道自己活动的结果；(6) 对自己作出的决定负责；(7) 能够控制和约束自己，不受社会环境影响，善于利用时间。

3. 影响成就动机的因素

人的成就动机主要是教育的结果。其中儿童期所受的家庭教育对人的成就动机的发展有很大影响。研究表明，父母和教师对儿童的"独立性训练"与儿童的成就动机的水平有关。具有较高成就动机的父母较早对其子女提出独立和自立的要求，这有利于培养儿童的成就动机；而成就动机低的父母保护性较强，限制了儿童的独立自主意识，因而不利于儿童成就动机的发展。研究表明：成就动机水平高的母亲，期望其子女在较小年龄时就有独立动作；而成就动机低的母亲对孩子这方面的期望则较晚，她们更多地趋向于"保护"自己的孩子，并在较长的时间内对孩子作很多限制（如图 2-4 所示）。

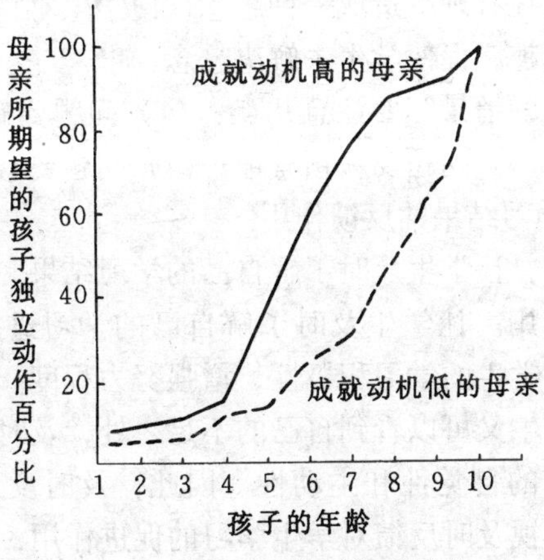

图 2-4　母亲对成就动机的影响

另一方面，学习成功和失败的经验也影响成就动机的高低，一般来说，学生学习成功的经验会提高成就动机水平和抱负水平，学习失败的经验会降低学习成就动机水平和抱负水平。

（二）学习动机的激发和培养

在教学工作中，激发和培养学生学习动机有以下几种主要措施。

1. 使学生明确每节课的目的和所教知识的意义

有时，学生缺乏学习动机是由于学生不完全了解应该理解和掌握哪些学习内容和任务，以及掌握这些学习内容的价值和重要性。因此，教师在讲课之前，应向学生清楚地说明学习的具体目的、任务和要求，让学生了解教学内容在实践中的具体意义和在整个知识体系中所占的地位，以调动学生的学习积极性。

2. 创设"问题情境"，激发学生的求知欲

在正式讲授教学内容之前，提出一些与所教内容有关的问题以引起学生的好奇与思考，是激发学生的求知欲的有效方法。创设"问题情景"，实际上就是要设疑，向学生提出富有启发性的问题，给学生在心理上造成一种悬念，使学生对将要学习的知识产生浓厚的兴趣，促使学生去解决悬念。

创设"问题情景"要注意几点：（1）问题要有启发性；（2）问题要具体；（3）问题要新颖有趣；（4）问题要有一定难度。

3. 利用学习结果的反馈作用

研究表明，让学生及时了解自己的学习结果，会对学生产生极大的激励作用。让学生及时了解自己的学习进度和取得的成绩，可以提高学生的学习积极性，增强努力程度。同时，通过及时的反馈，学生又可以看到自己的不足之处，及时改进，从而有助于提高学习的自觉性和主动性。因此，及时反馈是非常重要的。教师应重视及时反馈对学生学习的促进作用，及时批改和发还学生的作业、测验和试卷，让学生及时了解自己的学习结果。

美国心理学家罗斯（C. C. Ross）和亨利（L. K. Henry）通过实验证明了反馈对提高学习效果的显著作用。参加实验的学生分成三组，每天接受测验。对第一组每天都告诉学习结果，对第二组每周告诉学习结果，对第三组不告诉学习结果。八周以后改变做法：第一组与第三组做法互换，第二组不变，再进行八周。实验结果是：第一组在前八周成绩最好，第二组次之，第三组最差。后八周第三组成绩迅速提高，第二组成绩平稳上升，而第一组则逐渐下降（如图 2-5 所示）。这个结果表明及时反馈是非常重要的激励因素。

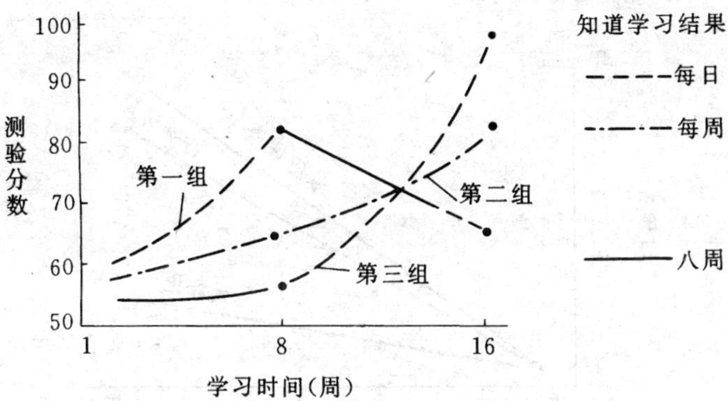

图 2-5　反馈的效应

运用反馈时应该注意：(1) 反馈可分为课堂质疑的反馈、课后练习反馈和考试后的反馈，不同的反馈所起的作用是不同的；(2) 不仅要让学生知道自己是否已经达到了学习目标，而且还要让学生知道他离这个目标还有多远或是否偏离了目标；(3) 让学生知道什么是正确的反应比让他知道什么是错误的反应更重要；(4) 反馈要及时，尤其是对低年级的学生。

4. 正确地运用评价，适当进行表扬和批评

评价不同于一般的成绩评定，它还包括学习态度及主动性方

面的分析和评论。佩奇（E. B. Page）的实验表明，不同形式的评价对学生的影响是不同的。他以 74 个班级共两千多名学生为被试，每班学生按成绩分为三组，给以不同的评语：第一组只评以“甲”、“乙”、“丙”、“丁”的等级，无评语；第二组除标明上述等级外，还给以顺应评语，即按学生答案的特点，给予适当的矫正，或相应的好评；第三组则给以特殊的评语，如甲等评以“优异，保持下去！”乙等评以“良好，继续进步！”丙等评以“试试看，提高一点吧！”丁等评以“让我们把这个等级改进一下吧！”；实验结果表明，这三种不同评价方式对学习成绩的影响是不同的（如图 2-6 所示）。

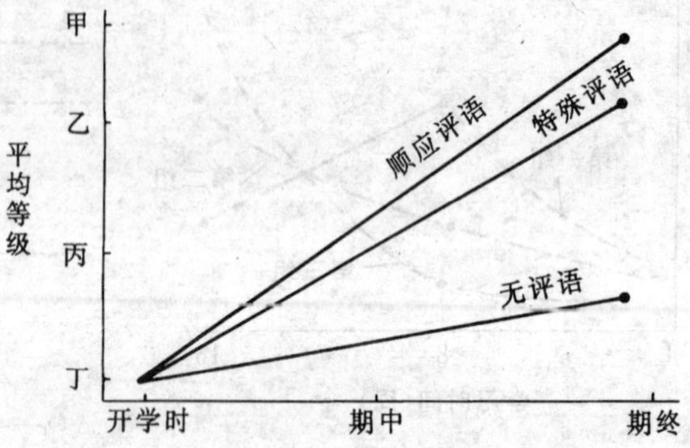

图 2-6　教师评语的效应

相对来说，顺应评语具有最高的强化作用，学习成绩提高最快；其次为特殊评语，其激励作用虽然次于顺应评语，但差异不大；而无评语组的差距无甚提高。这表明，教师对学生作业除给以评分或等级外，适当增加具有针对性的评语，是十分有益的。

表扬与批评是最有效、最常用的激励手段，是特殊的评价形式。一般来讲，表扬的作用更大一些，也更容易被接受。

运用评价、进行表扬和批评时应注意几个问题。(1) 要使学生对评价有正确的态度，要能够“胜不骄，败不馁”，既看到成绩，又看到问题，特别是在评分问题上，既要重视评分，把评分作为反映学习情况的一种标尺，又不要停留于计较分数的高低，而是通过评分去认真分析学习的成绩和不足。(2) 坚持正面教育的原则，以表扬为主，批评为辅，做到客观、公正，使学生心悦诚服。即使是批评学生，也要批评中含有鼓励、含有期待，绝不能讽刺挖苦学生，让学生感到老师是在宣布自己的无能，从而丧失上进的自信心。(3) 注意学生年龄特征和个性差异。从性别角度讲，表扬对女生的作用更大，批评对男生的作用更大；从学习能力角度讲，表扬对差生作用最大，对中等生作用次之，对优秀生作用最小。批评对优秀生作用最大，对差生作用最小；从性格的角度讲，对内向的儿童采取表扬的方法比采取批评更为有效，对外向的儿童则相反；从年龄角度讲，对小学生应多采用表扬的方式，对中学生则无论是表扬还是批评都应适当，如果通过集体舆论进行表扬或批评，效果更好；从学生的自信心方面考虑，对自信心差的学生应更多鼓励，对自信心过强的学生则应更多地提出严格要求。(4) 师生间关系融洽以及相互尊重对表扬与批评的效果有直接影响。只有尊重学生，教师才能提出恰如其分的表扬与批评；只有尊重教师，学生对教师的表扬与批评才能重视。否则，批评与表扬将失去其作用。

5. 合理开展学习竞赛

竞赛是激发学生学习积极性的一种有效的手段。竞赛可以加强学生的成就动机、学习兴趣及克服困难的毅力。因此，多数人在竞赛情况下学习和工作效率会有很大提高。

竞赛有时也会起消极作用。过多的竞赛或测验会导致学生过度紧张，加重学生心理负担，影响学生的身心健康。有的学生会因经常的失败而丧失信心和学习兴趣。

开展学习竞赛应注意：(1) 竞赛的内容要多样化，不要只局限于课堂学习，还可开展文娱、体育等方面的竞赛，以培养学生广泛的兴趣，树立学生的自信心和自尊心（尤其对学习成绩较差的学生）；（2）应考虑学生的年龄特征和竞赛题目的难易程度；(3) 竞赛的要求要具体、明确，不要给学生增加过重的心理压力；(4) 要让每个学生都有机会参加竞赛并有获胜的机会，使竞赛有助于全体学生提高学习动机水平。

四、学习兴趣

（一）什么是兴趣

兴趣是我们大家都非常熟悉的一种心理现象。现实生活中我们常常能够看到棋迷、球迷、音乐迷、小说迷等，这都是因为他们对相应的活动太感兴趣以至于情不自禁，故而我们才说他们对相应的活动着了迷。那么，何为兴趣呢?

所谓兴趣就是指人们对一定事物或活动的带有积极情绪色彩的内在倾向性。人的倾向性有两种，一种是外在倾向性，它主要与无意注意相联系，由外界刺激引起。另一种是内在倾向性，它是由于人对某种事物或活动形成了肯定的态度，产生了积极的情感而导致的。当人们力求认识某种事物、渴望从事某种活动，并在这其中取得了心理上的满意感时，我们便说他有了兴趣。

（二）兴趣的种类

根据不同的分类标准，可以把兴趣分为不同的种类。

1. 根据兴趣的指向性，可以把兴趣分为直接兴趣和间接兴趣。直接兴趣是指由事物或活动本身引起的兴趣。例如，人们对电影、电视和小说的兴趣等便是直接的兴趣；间接兴趣是指由活动的目的、任务或活动的结果所引起对事物或活动的兴趣。例如，人们学习外语时，对外语本身并不一定感兴趣，而是认识到外语的作用或价值，或学习外语是为了应付高考，由此而产生的学习外语的兴趣便是间接兴趣。这两种兴趣的结合，是积极主动、坚持不懈地学习的必要条件。没有直接兴趣，学习会让人感到枯燥无味，而没有间接兴趣就难以长久地坚持学习。间接兴趣在自觉组织的学习过程中占有重要的地位。所以，人们应当注意培养自己的学习的间接兴趣。

2. 根据兴趣维持时间的长短，可以把兴趣分为短暂的兴趣和长久的兴趣。短暂的兴趣产生于某种活动之中，并随着活动的结束而消失。长久的兴趣一般是稳定的，它不会因某种具体活动的结束而消失。它是个性品质的一部分，会长久地影响着人的行为，成为制约活动的重要因素，并能使人在活动中保持高度的自觉性和积极性。

3. 根据兴趣发展的水平，可把兴趣分为有趣、乐趣和志趣。有趣是兴趣发展的初级水平，它多是由新颖的对象引起的，这种兴趣往往持续时间短暂，随生随灭；乐趣是在有趣的基础上发展而来的，是兴趣过程的中级水平，在这个水平上，人的兴趣向着专一的、深入的方向发展，因而乐趣具有专一性、自发性和稳定性的特点；志趣又是由乐趣发展而来的，是与人的崇高理想和远大目标相联系的兴趣，它是兴趣发展的最高水平。古往今来，许多著名的科学家、文学家和艺术家的兴趣大都是高尚的志趣。因此志趣具有社会性、自觉性和持久性的特点。

（三）兴趣的品质

兴趣有以下四种品质。

1. 兴趣广度

兴趣广度是指兴趣范围的大小。兴趣广度存在着个别差异，有的人兴趣广泛，有的人兴趣狭窄。兴趣广泛有利于人们获得广博的知识及促进个性的发展。古今中外的科学家和艺术家大都具有广泛的兴趣。广泛的兴趣并不排除中心兴趣的存在。中心兴趣促使人在知识的某个领域不断深入，掌握专业知识。这对从事专业工作并发展特殊能力是不可缺少的。在广泛兴趣的基础上，围绕中心兴趣并与其结合起来，才是优秀的兴趣品质。

2. 兴趣的指向性

兴趣的指向性是指兴趣所指向的具体内容和对象。由于人的生活实践不同，兴趣的指向性存在极大的个别差异。有人喜欢数学；有人喜欢物理；有人喜欢集邮、有人喜欢收藏等等。兴趣的指向性有好坏优劣之分。有人喜爱健康的文体活动，有人喜爱酗酒、吸烟；有人喜爱高雅的文艺作品，有人喜爱庸俗黄色小说，等等。

3. 兴趣的稳定性

兴趣的稳定性是指兴趣持续时间的长短，也称兴趣的持久性。稳定而持久的兴趣对人的工作和学习有重大的意义，它能推动个体深入钻研问题，获得系统而深刻的知识，并获得成就。

4. 兴趣的效能

兴趣的效能是指兴趣对活动的推动作用的大小。有些人的兴趣不能成为实际活动的动力，没有实际效果，有些人的兴趣则能推动人为获得兴趣的对象而积极活动，具有实际效能。

（四）兴趣的作用

兴趣在人的学习、工作和生活中都具有重要的作用。它是人进行活动的强有力的动机之一。概括地说，它的作用主要表现在以下几个方面。

1. 兴趣可以促进学习。兴趣既为学习定向，又给学习以动力和毅力。学习是一种积极的心智活动，最可贵的是学习者的主动性和自觉性，只有兴趣能够最有效地维持人的主动性和自觉性。我国历史上许多著名的教育家都主张“乐学”。孔子曾说：“知之者不如好知者，好知者不如乐知者。”他认为只有在读书时感到快乐，才能真正学好，才能达到“发愤忘食”、“乐以忘忧”，以至“欲罢不能”的境界。北宋哲学家张载也主张，为学需有趣味。为学若有趣味，对学问有向慕之心，像未见过城市的繁荣，非想见不可，如是，做学问的趣味就浓了，再加以勤勉，则学问即可日进而不息。清代思想家梁启超也强调在教学中要培养学生的兴趣。他认为："教育事业，从积极方面说全在唤起趣味；再从消极方面说，要十分注意，不可摧残趣味。"

兴趣不仅有利于知识的掌握，也有利于知识的巩固。苏联心理学家和教育学家赞可夫曾明确指出"凡未经过紧张的脑力活动而获得的东西，以及没有和兴趣结合起来的东西，是很容易从记忆中挥发掉的。"实践也证明了这一点。辽宁教育学院杨玉棠调查了初中二年级356名学生最感兴趣的学科与最好学习成绩的学科之间的关系，发现学生最感兴趣的学科与成绩最高的学科之间有密切关系，两者完全相符的均在50%以上。这种情况，为爱因斯坦的名言"兴趣是最好的老师"，做了最好的证明。

2. 兴趣可以促进创造力的发展。兴趣既为创造选取对象，又能提供从事创造的动力和坚持不懈地进行研究的坚强意志。诺贝尔物理学奖金的获得者丁肇中曾经说过："任何科学研究，最重要的是要看对自己从事的工作有没有兴趣，换句话说，也就是有没有事业心，这不能有丝毫的强迫。"正因为如此，所以他才以六年的时间完成了别人需要十几年才能完成的工作。曾有记者问他："这样刻苦，你不觉得苦吗？"他回答说："噢，不，不，不，一点也不，没有任何人强迫我这样做，正相反，我觉得很快活。因为我有兴趣，我急于要探索物质世界的秘密。"由此可见，"兴趣是创造之母"的说法无疑是正确的。

3. 兴趣可以为人选择职业定向。一个人童年早期的兴趣对其未来的成才具有准备作用。一个人如若选择了自己深感兴趣的职业，他会觉得快活充实，同时也会在此职业内有所成就。达尔文从小就对生物感兴趣，故而才有后来的伟大成就。他在自传中曾说："就我记得的我在学校时期的性格来说，其中对我后来发生影响的，就是我有强烈而多样的兴趣。沉溺于自我感兴趣的东西，喜欢了解任何复杂的问题和事物。”

4. 兴趣可以丰富人的精神生活。高尚而多方面的兴趣，可以增加人的生活情趣，使生活过得丰富多彩、幸福美满，并能使人更好地适应变化多端的环境。有些老人在退休之后觉得无聊、空虚、闲得慌，这与其年轻时未能养成多方面的兴趣，尤其是读书的兴趣是深有关系的。

（五）兴趣的培养

一般说来，培养兴趣应当注意如下几点。

1. 兴趣要广泛。具有广泛兴趣的人，会经常注意多方面的新问题，并去钻研这些问题，从而大大增加多方面的新知识，而且还容易发现这些知识之间的联系，从而做出创造性的成果来。马克思在给女儿的信中曾说："人类的任何知识对我都是不陌生的。"钱学森被人称作是"万能科学家"，他不仅谙熟自己的专业——航空工程，而且还与铁道机械工程、工程控制论、思维科学、文学、绘画、小提琴等结下了不解之缘。当今世界科技飞速发展，相关学科越来越多，所以要想获得多方面的知识、发展多方面的能力就必须对知识有广泛的兴趣。

2. 兴趣要稳定。兴趣必须持久而稳定，才能推动人深入钻研问题，才能经历长期的艰苦奋斗，进行卓有成效的创造性劳动，从而获得系统的科学知识，取得优异的成绩。那些朝三暮四，见异思迁，目光短浅，兴趣游移的人，往往对工作和学习只有三分钟的热度，浅尝辄止，半途而废，结果造成知识多而杂乱，博而不专的局面。举凡中外名人，在兴趣广博的同时，总会有他专心钻研的课题，而不是眉毛胡子一大把抓，分不出主次。

3. 认清目标，逐步养成高尚的间接兴趣。一个人若认清了学习的目标，以及学习活动的价值，就会产生对学习的间接兴趣，从而激发起强有力的持久的学习动力。马克思五十多岁开始学俄语，诺贝尔为发明炸药出生入死，陈景润立志摘取数学皇冠上的明珠，他们都获得了伟大的成功，这不能不说与他们高尚的间接兴趣是有直接关系的。

4. 保持永久的好奇心。好奇心是兴趣的前导。人们决不要因别人的嘲笑、讥讽而放弃或削弱自己的好奇心。被誉为发明史上的奇才的爱迪生，从小就对周围的事物感到好奇，感到有趣。他常常坐在树林边，看大树怎样冒出新芽，看秋风怎样染红树叶。五岁的一天，他突然不见了，原来他看到母鸡孵小鸡，自己也想试试，于是便跑到鸡窝里去专心地孵起小鸡来。爱迪生童年时期曾被教师认为是智力迟钝而被赶出了校门，但他后来却成了世界发明史上了不起的奇才。其中一个重要的原因，就是他从小就有的对事物的浓厚而持久的好奇心。

第四节　情　感

一、情感的一般概念

（一）什么是情感

所谓情感是指人对客观事物是否符合个人需要而产生的态度体验。

人在认识和改造客观世界的活动中，并不是无动于衷的，人对接触到的复杂的客观事物总是抱有不同的态度，并以带有特殊色彩的主观体验和外部形式表现出来。人学习顺利时感到喜悦，遇到不幸时感到悲痛，面临危险时感到恐惧等都是不同的情感表现。下面我们从三个方面对情感的涵义作一阐述。

首先，任何情感都是由一定的客观事物引起的，客观事物是人们情感得以产生的源泉。世界上不存在无缘无故的情感。其次，情感的性质是由客观事物和人的需要之间的关系决定的。情感是由客观事物引起的，但决定情感性质的不是客观事物本身，而是客观事物是否能满足或在多大程度上满足人的需要。一般来说，当客观事物能满足人的需要时，就会产生肯定的、积极的情感，如愉快、满意、喜悦等；反之则会产生否定的、消极的情感，如忧伤、痛苦、沮丧、仇恨等。当客观事物一方面满足了人的某种需要，而另一方面又妨碍了另一种需要的满足时，则会引起复杂的情感体验，如悲喜交加、啼笑皆非、百感交集等。总之，客观事物能否满足需要是情感产生的中介。第三，人对客观事物与人的某种需要间的关系的认识是情感得以产生的直接原因。即便客观事物与人的需要间的关系是一定的，但由于人的认识不同，也会产生不同的情感。如被动吸烟给人们带来的情感体验就与人们对吸烟危害的认识有关，认识越深刻，就越会对吸烟和烟雾感到厌恶。

（二）情绪和情感的区别与联系

前面我们所讲的情感实际上包括了情绪和狭义的情感两部分。情绪和狭义的情感（简称情感）是两个既有区别又有联系的概念。情绪一般是指个体在其需要得到满足的情境中直接产生的心理体验和相应的反应。情感是指个体意识到自己与客观事物关系后而产生的稳定、深刻的心理体验和相应的反应。

首先，从需要的角度来看，情绪是和人的自然需要相联系的态度体验。它是人和动物共有的。人对饮食、御寒、安全的需要引起的态度体验，如愉快、满意、厌恶、惧怕等，属于情绪的体验形式。情感是和人的社会需要相联系的态度体验，它是人所特有的。人对交往的需要、认知的需要、美的需要所引起的态度体验，如道德感、理智感、美感等，则属于情感的范围。

其次，从发生的角度来看，情绪发生得较早，是一种原始的、低级的态度体验。林传鼎对500名新生儿的观察发现：新生儿就具备了弥散的情绪体验，最初只有愉快和不愉快两种，到3

个月末，就有欲求、喜悦、厌恶、忿急、惊骇、烦闷等六种情绪反应。情感发生较晚，它是一种后继的高级的态度体验，情感与人的社会性需要相联系，是在人的社会实践中逐步发展起来的。

第三，从表现的角度来看，情绪具有较大的情境性、激动性和暂时性，它是由特定条件引起的，以外显的形式表现出来。当情境改变或需要满足时，它就会随之减弱或消失。如高兴时手舞足蹈，愤怒时暴跳如雷，伤心时泪如雨下等，时过境迁便会烟消云散。情感则具有较大的稳定性、深刻性和持久性。它是千百次地从多方面感受事物的过程中逐渐形成的，以内隐的形式存在，反映本质的需求关系。如父母对子女的爱，战士对祖国的忠诚，教师对学生的责任感等，深刻而持久。

情绪和情感的区别是相对的，二者往往是交织在一起的。一方面情感离不开情绪。情感是在大量情绪体验的基础上形成的，而且情感总以一定的情绪形式表现出来，离开了情绪，情感既无从形成也无从表现。另一方面，情绪也离不开情感，在情绪的发生过程中，总是蕴含着一定的情感，情绪的变化往往受制于已形成的情感。在某种意义上可以说，情绪是情感的外在表现，情感是情绪的本质内容。如一个具有爱国主义情感的人，看到祖国各项事业飞速发展，就会感到喜悦和振奋，看到祖国主权被侵犯，就会感到愤慨。

二、情感的种类及其特点

人与客观事物之间的关系是复杂多样的，这就决定了人的情感是丰富多彩的。根据不同的标准，情感可以有不同的分类方法，下面仅介绍几种有代表性的情感。

(一) 基本情绪状态及其特点

根据情绪发生的强度、持续时间和激活程度，可以将情绪分为四种基本形态，即心境、激情、应激和热情。

1. 心境

心境是一种比较微弱而持久的情绪状态。

心境具有弥散性的特点，它并不指向特定的对象，而是影响着一个人整个行为表现，使人的一切行为在一定时间内都带有特定的情绪色彩。例如，心境好的人会觉得一切都是那么的美好，花开得格外鲜艳，鸟唱得格外好听，人人都是那么和蔼可亲，正可谓“人逢喜事精神爽”；而心境不好的人却会觉得一切都是那么没意思甚至惹人伤心。人的心境产生后会持续一段时间，短则几小时，长则几天、几周、几个月，或者更长的时间。

心境产生的原因是多方面的。生活中的顺境和逆境,事业的成功和失败,个人的健康状况以及自然环境的变化等,都可以成为引起某种心境的原因。其中决定心境基本倾向的还是个人的理想、信念和世界观。一个抱有远大理想、具有坚定信念和正确世界观的人,能够正视生活中的困难,经常保持积极、乐观的心境。

心境对人的生活、工作、学习及健康都有很大影响。积极的心境可以提高活动效率，有助于主动性和创造能力的发挥。同时也有益于身心健康。消极的心境会减低活动效率，不利于人的潜能的开发，同时也会有损于人的身心健康。因此，在日常生活中要注意培养自己乐观豁达的精神，树立积极向上的人生观，从而使自己尽可能地保持积极的心境，克服消极的心境。

2. 激情

激情是一种强烈的、爆发性的、时间短暂的情绪状态。狂喜、愤怒、恐惧、绝望等都是激情的表现。

激情具有爆发性的特点。激情状态常伴有显著的生理变化和外部表情的变化。如狂喜时，哈哈大笑、手舞足蹈；愤怒时，咬牙切齿、暴跳如雷；恐惧时，冷汗涟涟、面色如灰；绝望时，捶胸顿足、垂头丧气，等等。

激情通常是由对于个人有重大意义的事件引起的，如事业的成功、亲人的死亡、突如其来的危险等，都可以成为引起激情的原因。

激情也有积极和消极之分。积极的激情在人的生活中具有积极的意义，它能为神经活动增添活力，能够充分调动有机体的潜力，从而大大提高体力劳动和脑力劳动的效率。如在激情状态下，战士可以不怕牺牲去冲锋陷阵，诗人可以谱写出优美的诗篇，运动员可以刷新运动记录等。

消极的激情常常对有机体的活动产生抑制作用，降低活动的效率，或者常常能引起当事者的冲动行为，干出后悔莫及的事情来。激情状态下，人可能会出现“意识狭窄”现象，即人的认识范围缩小，理智分析能力受到限制，自我分析能力减弱。但并非完全丧失意识。因此，人应当锻炼自己控制不良激情的能力。如激情发生时，可以通过数数、散步、打球、找人谈心或诉苦等活动来转移自己的注意力，以冲淡激情爆发的程度。俄国文学家屠格涅夫劝那些易动肝火的人，在说话前“先把舌头在嘴里转十个圈”，说的就是这个道理。

3. 应激

应激是由出乎意料的紧张情境引起的情绪状态。它是有机体动员自身的能源以回答强烈的或超强的外界刺激的一种特殊的防御机制。如地震、火灾、疾驶的汽车突然遇上障碍物时，当事者所产生的情绪体验即为应急。

人在应急状态下有两种不同的表现。一种是紧张的情景唤醒了整个有机体，从而产生出巨大的能量，作出平时根本不可能做到的事情。例如，火灾时，为了救火，有人可能会纵身跳上房顶，但火灾过后，让他再重复一下火灾时的表现，他却怎么也做不到了。另一种是在突如其来的情景面前，全身抑制，呆若木鸡，甚至口吐白沫，当场昏厥；或者是瞠目结舌，手足无措，陷入慌乱之中。例如，失火时，只要拉门就可以脱险，结果有人反而死命推门，陷入困境之中。

应当指出，应急无论是积极的还是消极的，都是个体体力和智力的极大消耗，都会大大削弱有机体的免疫力。现实生活中，我们可以看到这样的现象：一个本来十分孱弱的妇女，在丈夫突然去世后，却以惊人的力量处理完丈夫留下来的诸如子女安排、老人的抚养等事情。然而，在她刚刚安顿完之后，便一病不起，随夫而去。迷信的人认为，她被丈夫"招"去了，其实这正是长时间的应急损害了有机体的免疫力之故。

当然应激的消极表现也是可以调控的。在这方面，个人的个性特点、过去的经验和经受锻炼的情况都会起重大作用。高度的责任感、义务感和献身精神，都是帮助人们在危急情况下保持冷静、迅速决断的关键因素。

4. 热情

热情是一种强有力的稳定而深厚的情绪状态。与激情相比，热情不如激情强烈，但较之深厚持久。与心境相比，它不如心境广泛，但较之强烈而稳定。

热情的基本特征是情绪性和理智性、社会性的统一。热情虽然是个人的情绪体验，但它同时又和人的理智、志向密切联系，反映着个人的理想和愿望，是人对事物的选择态度的表现。

热情同样地有积极的和消极的之分，区别的标志是热情所指的对象是否具有社会意义、社会价值，是否与历史发展的方向相符合。积极的热情是一种具有巨大推动力的情绪状态，它可以激励人去克服困难，实现目的。它是事业成功的必要条件。诚如卢梭所说："热心可以弥补才能之不足，但才能却不能弥补热心。"

在这里应把热情与迷恋区分开来，迷恋在形式上与热情接近，但就本质来讲，迷恋更加情绪化，缺乏理智性和社会性。另外，迷恋的对象与人生的基本目的也没有本质的联系。迷恋有时会转化成热情，有时又会与热情相冲突。

（二）挫折

挫折是指个人有目的行为受到阻碍时引起的情感体验。人的需要和愿望在实现过程中不可能一帆风顺。由于社会环境、天灾人祸、自身能力、个人机遇等的限制，人的需要往往得不到满足而不得不承受各种精神压力，感到紧张失望，产生一种不满的消极的情感，这就是挫折。引起挫折的原因可以分为主观和客观两个方面。凡是由外界因素导致的困难或限制，如社会环境限制、个人机遇不佳、天灾人祸等，都可以成为引起挫折的客观原因。个人条件的限制，如个人的能力低、生理有缺陷、内心存在矛盾等，都是引起挫折的主观原因。

人受挫折后往往会出现下列行为反应。

1. 攻击

人在遭受挫折的情况下经常会表现出攻击行为，以此宣泄自己的愤怒和怨恨，使自己从受挫状态中解脱出来。

攻击行为通常表现为两种：一是直接攻击，即直接公开地攻击障碍物，或嘲笑谩骂，或挥拳动武；另一种是转向攻击，即把攻击行为转移到较安全的对象身上，用找“替罪羊”的方式来发泄愤怒，这种现象称为迁怒。

2. 文饰

人在遭受挫折的情况下，以某种理由和借口掩饰自己的失败，使自己从受挫状态中解脱出来，这种行为称为文饰。

文饰常见的有两种情况：一是酸葡萄心理，葡萄本来是“甜”的，因自己吃不到却硬说是“酸”的；另一种是甜柠檬心理，自己吃了个“酸”柠檬，受到了挫折，反而在口头上说“甜”，以掩饰实际上的“酸”。这样做都是找理由原谅自己或者为自己的失败辩护，以达到自我安慰的目的。

3. 倒退

人在遭受挫折的情况下，会表现出一种比自己年龄阶段要幼稚许多、像孩子般未分化的行为方式，这种以退回到前一阶段人格的方式来解决问题的现象，称为倒退。

倒退常见的表现有，哭笑无常，无理取闹，盲目地相信别人等。

4. 幻想

幻想是指在遭受挫折的情况下，陷入一种想像境界，以非现实的方式对待挫折或解决问题，有时也被称为“白日梦”。它是通过暂时离开现实，在由自己的想像而构成的好似梦境的状态中得到满足。幻想可以缓冲受挫后的消极情绪，但它终究代替不了现实。

5. 冷漠

冷漠是指在遭受挫折的情况下，虽然内心极其痛苦，但表面上却表现得无动于衷。冷漠包含着愤怒，是愤怒暂时受到压抑时以间接方式表示的反抗。

冷漠通常表现为对什么事也不感兴趣，什么事也不想做，终日无精打采，萎靡不振。

除了上述反应外，投射、认同、升华、反向、否认、曲解等也都是人在受挫时容易出现的行为反应。

人在受挫以后，可能被失败的情绪困扰，久而久之，产生一种不安兼恐惧的情感状态，即焦虑。适度的焦虑有助于问题的解决，但过度的焦虑会影响身心健康，严重时可能导致心理变态。

对待受挫后的消极情感，一味压抑必然会影响心理健康；但是随意发泄甚至殃及无辜，又为社会道德所不允许。正确的方式在于疏导。作为教师应努力帮助学生学会以社会认可的方式宣泄消极情绪，以积极的态度和合理的方法来解决问题，克服受挫心理。

（三）高级社会情感

在社会生活中人们产生了各种各样的社会性需要，由这些高级的社会性需要引起的情感，我们称之为高级的社会情感。它在人的情感中起主导作用。高级的社会情感按其性质和内容主要分为以下三种。

1. 道德感

道德感是人们依据一定的道德标准评价自己和他人行为是否符合道德需要时产生的情感。它是人的行为与道德需要之间关系的反映。当个人或他人行为符合道德行为标准时就会产生肯定的情感，如愉快感、荣誉感、敬佩感、赞赏感等；反之就会产生否定的情感，如厌恶、憎恨、鄙视、羞耻等。

道德感是在人的道德实践中发生、发展起来的，受到社会占统治地位的道德标准的制约。在任何社会，为了维护一定的社会秩序，协调社会成员之间的相互关系，都会产生一定的行为准则。个体在参与社会生活同其他人交往的过程中就会逐渐掌握这些规则，并以此约束自己和他人的行为。不同的社会历史阶段，不同的阶级，有着不同的道德标准，这决定了在不同的社会历史阶段有着不同的道德需要和道德感。古代妇女以无才为德，而今天我们的妇女则提出要“自尊、自爱、自强”。就每个人而言，由于生活环境和受教育情况不同，在道德需要和道德感上也存在着差异。对待同一种行为，有人感到愤慨，有人却不以为然，这就是道德感存在差异的表现。

道德感与道德认识、道德行为紧密联系，道德感是在道德认识的基础上通过道德行为逐渐产生的，在实践中不断感受的道德体验，反过来又推动道德行为的掌握和巩固。道德感的培养是把道德认识转化为道德行为的中间环节。在由知到行的过程中，道德感是一种催化剂。道德感对个体思想品质的形成和发展具有重要意义，教师在教育工作中应特别注重对学生道德感的培养，晓之以理，动之以情，促进其道德品质的发展。

道德感在人们的高级的社会情感中占有特殊的地位，它对人们的生活实践起着重要的指导和约束作用。道德感主要包括：爱国主义情感、国际主义情感、集体主义情感、责任感、义务感、友谊感和人道主义情感等。

2. 理智感

理智感是人在智力活动中，在认识和评价事物时产生的，是人认识和追求真理的需要是否得到满足而产生的情感。人之于新事物的好奇心和求知欲，之于新问题的疑虑和惊奇，以及问题得到解决时的喜悦感等都是理智感的表现形式。

理智感是在人的认识过程中产生和发展起来的，反过来它又对人的认识过程起推动作用。在人的认识过程中总要伴随着这样或那样的理智感。事实上，正是这些渗透在认识活动中的理智感，才调动起了人们进行认识活动的积极性，成了人类认识活动的真正内部动力。理智感也是调控、处理挫折等基本情感的有效力量，出于理智，人可以由暴怒转为冷静，由冷漠转为振奋，由迷恋转为清醒，由幻想回到现实。高度的理智感是一个人心理成熟的重要标志。

3. 美感

美感是人们根据一定的审美标准评价事物时所产生的情感。它是人们的审美需要是否得到满足而产生的一种情感体验。人们在评价或鉴赏自然景色、社会生活和艺术作品时所产生的肯定或否定、喜爱或厌恶的感情便属美感之列。事物能否引起人的美感，不仅依赖于事物的外部特征,而且也取决于事物的内容和意义。

美感也是在人的社会实践中形成和发展起来的，因而也要受到社会历史条件的制约。不同的社会，不同的阶级，不同的民族有不同的审美标准，因而便有不同的美感。

美感在人的生活中同样具有重要的作用,它可以使人精神振奋,积极乐观,心情愉快,奋发向上,可以丰富人的精神生活,给人增添许多乐趣,可以帮助人们以美丑的评价去赞扬美好的事物和心灵,鞭挞丑陋和粗俗的行为,从而推动人类文明的进步和发展。

青少年时期正是美感迅速发展的时期。教师应注意培养学生正确的审美观点和审美能力，使他们懂得美与丑、善与恶的区别，懂得形式美和内容美的统一。

三、情感在教学中的作用

（一）教师情感对学生学习的影响

在教学过程中，教师是影响学生的最积极最活跃的因素，这种影响不仅来自教师的专业知识、教学与教育的方法技能，而且也有赖于教师的情感。教师情感对教学活动有很大影响，其中教师对学生的期望水平会明显地影响到学生对学习的兴趣和学习成绩。美感心理学家罗森塔尔的实验证明了这一点。1968 年，罗森塔尔在美国的一所小学，从一至六年级各选 3 个班，对这 18 个班的学生作了一番“煞有介事”的预测未来发展的测验。然后将“最佳发展前途者”名单悄悄交给校长和有关教师，并一再嘱咐：千万要保密，否则会影响实验的正确性。8 个月后进行复试，奇迹出现了：名单上的学生个个成绩进步，情绪活泼开朗，求知欲旺盛，与老师感情深厚。其实，名单上的学生都是罗森塔尔随机选出来的，为什么会出现这种结果呢？其原因就是心理学家的名单暗示了教师，坚定了教师对名单上学生的信心，激发了教师对这些学生的高度期望。教师掩饰不住的深情通过眼神、笑貌、嗓音滋润着每一个学生的心灵，使这些学生更加自尊、自爱、自信、自强。这种由于教师的期待和热爱而产生的影响，就叫做“罗森塔尔效应”，也叫“皮格马利翁效应”。这个名字的来历是：相传古代的塞浦路斯岛有一位年轻英俊的国王叫皮格马利翁，他精心雕刻了一具象牙少女像，他十分欣赏和迷恋“她”，每天都含情脉脉地凝视着，日复一日，年复一年，这种无限的深情终于感化了这个“象牙少女”，使她活了起来。

概括地说，教师的情感主要有以下两个方面的作用。

一方面教师积极的情感可以感染学生，使学生获得愉快、振奋的情绪体验，乐于接受教师提出的要求，并把接受的要求转化为自己的需要，以此来巩固、调整和校正自己的行为。教师积极的情感可以增强学生克服困难的勇气，摆脱挫折造成的消极情绪。学生在学习中遇到挫折或发生内心冲突是常事。这种时候教师的自信心和乐观情绪会对学生带来极大的启发和感染。许多后进生的转变始于教师的“动之以情”，就体现了这种情感的力量。

另一方面教师消极的情感也会影响学生，使学生感到冷漠、受歧视，伤害学生的自尊心和自信心，产生与教师的对立情绪，以致自暴自弃，每况愈下。许多后进生的难以转变，和教师这种消极的情绪有很大关系。

（二）情绪与学习效率

实验证明，适度紧张的焦虑情绪是人的工作、学习和生活所必需的，适度的紧张会使人的思考能力活跃，反应速度加快，工作效率大为提高。

适度紧张的具体紧张度随着工作任务的复杂程度而有所变化。耶克斯—多德森定律表明，操作与激动水平之间的曲线关系随着操作的难易程度和情绪的高低而发生变化（如图 2-7）。

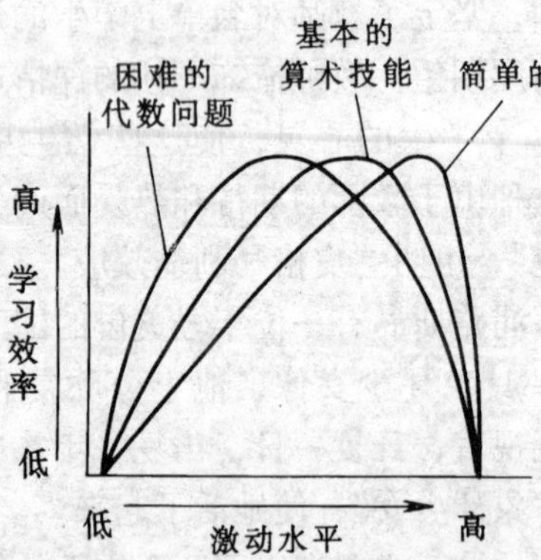

图 2-7　情绪与学习效率的相关

这说明在学习内容复杂的时候，高度的激动水平不利于问题的解决，如盛怒或狂喜时，解答难题的效果不佳；较简单的学习内容，在高度的激动水平上效果好；一般难度的学习内容，适宜于在中等激动水平上学习。

（三）情绪识别与情绪调节

情绪的发展与心理健康有密切关系，教师要善于识别学生的情绪，并教会学生如何调节和控制自己的情绪。

1. 健全情绪的标准

首先，健全的情绪都是由适当的原因引起的。健全的情绪能正确地反映一定环境或情境的影响，古代“忧天地崩坠”的杞人和看见花落就伤心落泪的林黛玉，可以说都是情绪不健全的人。

其次，健全情绪的强度与引起它的刺激强度相适应。情绪体验过于强烈或过于淡漠都是情绪不健全的表现。

第三，健全情绪持续的时间是有限的。情绪是由一定的客观环境引起的，当情境转移之后，相应的情绪活动也应随之逐渐平复，而不应“萦怀于胸，不能自已”，漫无止境地延长。

第四，健全情绪的反应特点应与个体的年龄特点相适应。不同年龄阶段的个体其情绪有不同的特点，这些特点是与人的身心发展成熟程度密切相关的。孩子就应该有孩子的天真，成年人就应该有成年人的稳重。如果一个大人表现得和孩子似地时哭时笑，或者一个孩子因生活的磨难而过早地成熟，这都是情绪不健全的标志。

第五，健全的情绪以及这种情绪产生的原因均能为当事者所意识到。如果一个人不能清楚地认识到自己的情绪以及这种情绪产生的原因，便会导致自己情绪的失控。

2. 教会学生调节和控制自己的情绪

科学研究表明，良好的情绪是维护人的生理机能正常进行的前提，是防病治病的重要因素。因而教学生学会调节和控制自己的情绪就有了十分重要的意义。一般说来，可通过以下策略调控自己的情绪。

首先，让各种情绪得到适当的表现。情绪也是一种能量。尽管情绪强烈时人的行为常具有冲动性，情绪的作用使人不能理智地解决问题，但如果禁抑情绪活动或当情绪产生时给予压制，这也是对身心健康不利的。忧郁时找人谈谈心，可以开释情绪；愤怒时跑步、打球可以发泄情绪；痛苦伤心时，找个无人的地方哭一场，可以减轻心理的痛苦。总之，要尽可能找到情绪的合理的宣泄方式。

其次，丰富并端正学生的情绪体验。学生的不适宜的情绪的产生，往往是由于缺乏一定的情绪经验引起的。学生考试时怯场，比赛时惊慌，这些都是缺乏经验的表现。针对这种情况，可以先让他们参加一些不太紧张的考试和比赛，逐步增强他们的心理承受能力。

第三，引导他们养成积极的人生态度。面对挫折如果只从一个角度来看，可能会引起不安、烦闷的情绪，如果从多个角度看一看，就可能发现它的积极意义，从消极的情绪中摆脱出来。培养学生乐观向上的人生态度，可以引导学生的情绪向健康正确的方向发展。

第四，教学生学会一定的心理调试策略。如积极的自我心理暗示、心理换位等等。

第五节　意　志

一、什么是意志

人的心理是在实践活动中，即在人同客观现实的相互作用中形成的。人在这个过程中，不仅产生对客观过程和现象的认识，形成各种各样的情感体验，而且还要有意识有目的有计划地去改造客观世界。在认识和变革现实的过程中，人自觉地确定目的，并根据目的来调节和支配行动，从而克服困难，实现预定目的的心理过程就是意志过程。意志是人类所特有的心理现象，是意识能动性的集中体现。

意志总是与人的行动联系在一起的，意志调节支配行动，并通过行动表现出来。如学生为争取优异成绩而刻苦学习，体育健儿为了祖国的荣誉而顽强拼搏，科学工作者为科学研究而夜以继日的工作等等，都是人的意志的表现。

二、意志行动的基本特征

（一）明确的目的性

人的活动有许多种，有与生俱来的本能活动，有各种无意识的活动及各种习惯性的活动等，这些都不是意志活动。因为人的意志活动都是有意识的、自觉的、有目的的活动。人在行动之前，就将行动的目的和结果以观念的形式存在于人脑之中，并据此来支配调节人的行动。这种以意识为中介、以自觉目的为特征的行动，是人类所特有的，是人类行为区别于动物行为的根本标志。同时，意志行动的水平也是以自觉提出目的的水平为衡量标准的。行动目的越恰当、越明确，目的的社会价值越大，意志行动的水平就越高。

（二）与克服困难相联系

意志行动是有目的的活动，但并非所有有目的的活动都是意志行动。只有在目的的确立和实现的过程中遇到种种困难，个体为了克服困难而付出主观努力时的行动才是意志行动。轻而易举就能完成的活动，即使是有目的、有意识的，也不是意志行动。如一个人偶尔参加一次早锻炼，这不是意志行动，而如果天天坚持锻炼，风雨无阻，这就是意志行动了。

只有在克服困难的过程中，才能显示出一个人意志的强弱。意志坚强的水平以困难大小和克服困难的难易为标志。困难有大小程度之别，意志行动便有简易、复杂之分。凡是与简单的微小的困难相联系的意志行动是简单的意志行动；而与复杂的巨大的困难相联系的意志行动则是复杂的意志行动。没有困难就不会出现意志行动。

（三）以随意动作为基础

人的行动是由简单的动作组合而成的，而简单的动作根据其完成过程是否有意识地参与，可分为不随意的动作和随意动作。前者是指人的本能、习惯等无意识的动作，包括无条件反射、自动化的习惯、睡眠时的动作等；后者是在意识支配下的动作，是后天习得的。只有在掌握随意动作的基础上，才能够按照目的去组织、调节、支配系列的动作构成复杂的行动，从而实现预定目的、完成意志行动。离开了随意动作，意志行动就无从实现。

以上三个基本特征相互联系共存于人的意志行动之中。明确的目的是意志行动的前提，意志行动总是为实现一定目的服务的，克服困难是意志行动的核心，而随意动作是意志行动的基础和手段。

三、意志的作用

意志作为人的意识的能动性和积极性的集中体现，在人的活动中具有巨大的作用。意志在活动中的功能主要有发动和制止两个方面。发动功能表现为激励和推动人们去从事达到预定目的所必须的活动；制止功能则表现为抑制和阻止不符合预定目的的活动。具体说来，意志的作用主要体现在以下几个方面。

1. 意志是人们认识世界，学习科学文化知识，发展智力的重要心理条件。一个人意志水平的高低和意志品质的好坏，对于人的学习和人的智力的发展都有重大的影响。人们在从事各种认识活动时，特别是在进行系统的学习和独创性的研究时，总会遇到一些困难，经历许多失败。如果没有百折不挠、始终不渝的顽强意志是很难长久坚持和最终获胜的。古人云："宝剑锋从磨砺出，梅花香自苦寒来。"华罗庚言："勤能补拙是良训，一分辛苦一分才。"马克思说："在科学的征途上，是没有平坦的大路可走的，只有不畏艰险，沿着崎岖小路攀登的人，才有希望到达光辉的顶点。"他们所指的便都是这一道理。

2. 意志也是人们控制情绪与情感的巨大心理动力。实验证明，意志薄弱的人往往会被消极情绪所压倒，使行动半途而废；只有意志坚强的人才可以控制自己的情绪，克服消极情绪的干扰，把意志行动进行到底。

3. 意志还是造就坚强性格和完美个性的重要心理条件。意志对人的整个个性的形成和发展具有重要的作用。古人说得好："夫志，气之帅也。"可见，意志不仅是一种心理过程，同时又是一种个性心理特征。爱迪生说过："伟大人物最明显的标志就是他坚强的意志。"事实一再表明，一个人良好的性格和非凡的才能，不仅以顽强的意志品质为其形成的基础，而且顽强的意志又是构成其性格的核心成分。

总之，意志在人的工作，学习和生活中都有重要的作用。完全有理由说它是一个人成事、成才和成人的关键。苏轼曾经说过"古之成大事者，不惟有超世之才，亦必有坚韧不拔之志"。法国著名生物学家巴斯德也曾说过："立志、工作、成功是人类活动的三大要素。立志是事业的大门，工作是登堂入室的旅程，在这旅程的尽头就有成功在等待着，来庆贺你努力的结果。"无数的事实也都证明了这一点。"志不立，天下无事可成"，"有志者，事竟成"，这已成了一条颠扑不破的真理。

四、意志过程分析

意志行动有其发生、发展和完成的过程，这一过程大致可以分为两个阶段：采取决定阶段和执行决定阶段。前者是意志行动的开始阶段，它决定意志行动的方向；后者是意志行动的完成阶段，它使人最初确定的目的得以实现。

（一）采取决定阶段

这个阶段是人在头脑中确定行动目的和行动措施的阶段，是意志行动的准备阶段。它包括动机的斗争、目的的确定、行动计划和方法的制订三个环节。

1. 动机的斗争

人在确立行动的目的时，可能会受到多个目标的吸引。如果它们彼此对立或者都要求在某一时刻实现而事实上不能同时实现时，就会引发人的动机斗争。

通常动机斗争可以分为四种：

（1）双趋斗争

当两个或两个以上目标同时吸引着人们，但只能选择其中一个目标时，出现的动机斗争称为双趋斗争。《孟子》中有这样一句话："鱼，我所欲也，熊掌亦我所欲也，二者不可得兼……"这就是典型的双趋斗争。中学毕业生填写高考志愿，顾客选择不同商家的同类产品时，都会出现这种动机斗争。

（2）双避斗争

当两种或两种以上的目标都是人们力图回避的事物，但只能回避其中一种时，出现的动机斗争称为双避斗争。如某人患牙病，却又迟迟不去就医，因为他惧怕医生治疗时的疼痛。在这种情况下，他既希望免除牙病之苦，又希望不受医生的治疗之痛，于是就产生了双避斗争。一个人做错了事，一方面怕被别人知道遭惩罚，另一方面他又怕自己不坦白会造成更坏的影响，这时也会出现这种动机斗争。

（3）趋避斗争

同一目标对人既有吸引力又有排斥力，人既希望接近这个目标又希望能回避它，这时出现的动机斗争称为趋避斗争。有的学生既希望能获得好的学习成绩又怕学习艰苦，既想为社会做些事情又怕被别人嘲笑。这时产生的动机斗争都是趋避斗争。

（4）多重趋避斗争

人们面对着两个或两个以上的目标，每个目标都分别具有吸引力和排斥力，人们不能简单地选择一个目标而回避另一个目标，必须进行多重选择。这时引起的动机斗争是多重趋避斗争。如一个欲离开家庭自立的年轻人就会产生这种动机斗争。如果离开家庭会有更多的自主权、同时也会有更多的问题要靠自己解决，如果留在家中会有更多的安全感，但是也要受约束。

动机斗争的过程是对各种动机权衡轻重，评价其社会价值的过程。在这个过程中能明显地看出一个人的意志是否坚强。一个具有坚强意志的人能够理智地权衡比较各种动机，并及时选择正确的动机；而意志薄弱的人则会长时间地犹豫不决，甚至在做出决定后又轻易地更改。对动机斗争的过程起制约作用的是一个人业已形成的信念、理想、世界观和道德品质。

2．目的的确定

目的是指意志行动要达到的目标和结果。确定目的的过程就是明确“要做什么”的过程。

目的和动机是相互联系的，通常情况下二者是一致的，并且能够相互转化。动机导向目的，而目的本身又是具体活动的动力。如每个人都有进食的生理需要，饥饿的时候会产生觅食的动机，在这个动机推动下开始寻找食物或选择食物种类就是确定行动目的过程。但目的和动机又不是一一对应的，有时候一个动机导致一个目的，有时候又会出现一个动机多个目的或者多个动机一个目的。

由于动机的层次不一样，目的也有远近主次之分。当人面临几个可供选择的目的时就要进行选择。根据每个目的的意义和价值，确定其必要性；根据主观和客观的条件，考虑其实现的可能性；在对几个目的权衡比较的基础上，作出先后和主次的安排。先实现近期目的，再实现远期目的，先实现主要目的，再实现次要目的，或者反过来，先实现次要目的，准备条件，再集中力量，去实现主要目的。不同目的在重要性上越是相仿，人对每种目的所抱的态度越是接近，进行选择时困难也就越大。一个意志坚强的人能够为了长远的目的而放弃短近的目的，能够为了对集体有利的目的而放弃对个人有利的目的。

目的一经确定之后，就会对人的意志行动起到方向性的指导作用。一般说来，人所确定的目的越明确越自觉，其社会价值和意义越大，它对行动的支配调节作用也就越大。

3. 行动计划和方法的制订

行动目的确定以后，就要拟定行动的计划，选择实现目的最佳方案。

在通常情况下，实现同一目的的可能方法往往不只一种。在选择其中一种方法之前，要了解、比较各种方法的优缺点及采取后可能导致的后果，在此基础上再根据事物发展的规律、社会的需要和道德规范的要求进行科学决策。

面对几种可能的方法选择其中一种的过程也是考验人的意志强弱的过程。意志坚强与否表现在两个方面：一是是否有信心、决心和恒心，加强学习，到实际中了解情况，比较各种方法的有效性和合理性，这时草率冒进和优柔寡断都是意志薄弱的表现；二是是否能按社会道德规范进行选择。有的手段对达到目的是有效的，但它却为社会道德所不容，为高级动机所推动的人是不会采取这种手段的，而为某些卑微的低级动机所驱使的人，则经常不择手段地去实现自己的目的。前者是意志坚强的人，而后者则是意志薄弱的人。

（二）执行决定阶段

人们要改造和变革现实以实现目的，就必须把自己的决心和计划落实到自己的行动上。采取决定阶段只是意志行动的准备阶段，而执行决定阶段才是意志行动的实现阶段。离开了实际行动，无论动机多么高尚，目的多么美好，方法和计划多么完善，都是没有实际价值的，都是不能构成意志行动的。

执行决定中，有以下两个重要环节。

1. 克服各种困难

人在执行决定的阶段会遇到各种各样的困难，要实现目的就必须克服这些困难。

一般说来，困难可以分为内部困难和外部困难两类。内部困难是指人在意志行动时，自身所出现的相反的要求和愿望，即所谓内部矛盾。外部困难是指人在进行意志行动时所遇到的客观方面的困难。内部困难和外部困难是相互联系相互影响的，内部困难通常是由外部困难引起的，内部困难产生以后又会增加克服外部困难的难度。因此，要将内部困难和外部困难联系起来。克服外部困难，可以增强信心，有利于内部困难的克服；而克服内部困难，又为外部困难的克服增强了力量，准备了条件。事实上，人在意志行动中所最难克服的困难往往是内部困难，因为外部困难是客观的，是看得见摸得着的，而内部困难往往随个人的意志水平、信心程度而发生变化。

一个意志坚强的人能自觉地调节、控制自己的行动来克服困难。一方面能够在思想上排除干扰坚定信心，并在客观上为目标实现创造条件；另一方面又善于总结经验，根据实际情况修正自己的目的、手段和计划，以期收到更好的效果。

2. 经受成败的考验

在执行决定的过程中有顺境也有逆境，有成功也会有失败，所有这些都会在心理上引起反应，调节这些反应同样需要意志的努力。

失败会给人带来挫折感。面对失败，怨天尤人，推卸责任，丧失信心，无所适从，都是意志薄弱的表现。一个意志坚强的人能够理智地面对现实，去探求挫折产生的原因，找出不敢正视失败的心理根源，进而采取有针对性的措施，充满信心地战胜挫折。正确地对待挫折，培养承受挫折的能力，是执行决定的关键，也是锻炼意志的重要方面。

活动成功或目的实现会使人产生成就感，激起人愉快的情绪。通常情况下这是有利于进一步执行决定的。但在某些人身上，愉快的情绪可能会发展为骄傲自满，以致斗志松懈，这对继续执行决定是不利的。能否正确对待成就感，同样可以看出一个人的意志坚强与否。一个意志坚强的人能够警惕和戒备骄傲自满情绪的产生，毫不松懈地继续努力。

五、意志的品质及其培养

（一）意志的品质

由于生活实践和所受教育的不同，人们所形成的意志在品质上也存在着个性的差异。一般说来，坚强意志的基本品质主要有以下几个方面。

1. 自觉性

意志的自觉性是指一个人在行动中具有明确的目的性，能充分认识行动的社会意义，并主动支配自己的行动使之符合社会要求的意志品质。它贯穿于意志行动的始终，是意志的首要品质。

一个具有意志自觉性的人能够根据事物发展规律和社会的需要提出自己的行动目的，并积极主动地完成它。这种人的思想和行为既有原则性又有灵活性。在行动中，一方面不轻易受外界的影响，能够排除诱惑和干扰；另一方面又能够积极吸收有益的意见，根据客观情况变化灵活调节，不固执己见。

与自觉性相反的品质是盲从和武断。盲从表现为缺乏信心和主见，行动易受别人的影响和暗示。独断则表现为盲目地做决定，固执己见、一意孤行。这两种品质看似相反，实际上都是意志薄弱的表现，即都不能对自己的决定和行动做出合理的调节。

2. 果断性

意志的果断性是指能够迅速而合理地采取决定并付诸行动实现决定的意志品质。它以正确的认识为前提，以大胆勇敢和深思熟虑为条件，是意志机敏性的表现。

一个具有果断性的人善于明辨是非，能够全面而又深刻地考虑行动的目的及实现目的的方法，同时又善于抓住时机，具有迅速而合理地解决问题的能力。

与果断性相反的品质是优柔寡断和轻举妄动。优柔寡断的人表现为前怕狼、后怕虎，在不同的动机之间，在不同的目的和手段之间犹豫不决，迟迟做不出取舍，做出决定后又怀疑决定的正确性，不能坚决执行。轻举妄动则表现为缺乏思考，仅凭一时的冲动便草率地做出决定而不顾后果。这两种品质同样也都是意志薄弱的表现。

3. 自制性

意志的自制性是指善于克制自己的情绪，并能有意识地约束和支配自己的思想和行动的意志品质。它体现了意志的抑制功能，是意志坚强的重要标志。

一个具有意志自制性的人，能够克制自己的消极情绪和冲动行为，能够抗拒内外因素的干扰和诱惑，并能保持充沛的精力去克服困难，争取胜利。

与自制性相反的意志品质是任性。任性的人对自己行为的约束能力差，往往不能控制自己的激情和冲动，不能抗拒内外因素的干扰和诱惑。在顺利的时候表现得忘乎所以，在遇到挫折的时候又表现为惊慌失措，畏难发愁，怨天尤人。任性也是意志薄弱的表现，是必须坚决预防和克服的不良意志品质。

4. 坚韧性

意志的坚韧性是指执行决定时坚持到底，百折不挠，勇往直前的意志品质。一个具有坚韧性意志品质的人，一方面善于抵抗不符合行动目的的各种主客观诱因的干扰，面临千纷百扰，不为所动；另一方面善于长久地维持业已开始的符合目的的行动。无论遇到什么艰难困苦，他们都能始终百折不挠、坚持有恒地去奋斗，不达目的，决不罢休。

与坚韧性相反的品质是顽固性和动摇性。顽固性就是对个人的行动不作理智的评价，总是我行我素、固执己见，即使错了仍然一意孤行，执迷不悟。动摇性是指一遇挫折或干扰诱惑，便怀疑自己决定的正确性，见异思迁，随意地改变自己的决定。二者都是消极的意志品质，都是应当预防和避免的。

（二）意志品质的培养

意志是成事、成才和成人的关键。良好的意志品质来自于后天的教育和实践，加强学生意志品质的培养对学生的发展是非常重要的。一般说来，加强学生意志品质的培养需要注意以下几点。

1. 加强目的性教育，注意积极情感的培养

一个人的行动目的越高尚，理想越远大，行动中的意志水平就越高。高尚的行动目的是引起意志行动的力量源泉。培养学生的意志，首先要帮助他们树立起崇高的理想和志向。因此，加强对学生的辩证唯物主义世界观教育和理想教育是培养他们良好意志品质的基本条件。

此外，在意志行动中总伴有一定的情感体验，积极的情感又可变为行动的动力来推动意志行动，对意志行动起到加强的作

用。因此，加强积极情感的培养对意志品质的形成同样很重要。

2. 引导学生参加各种实践活动

坚强的意志不是凭空而来的，它是在克服困难中表现出来的，同时又是在克服困难的过程中形成的。经常为学生提供困难的情境，将学生置身于困难面前，并要求他以顽强的毅力和必胜的信心去克服所面临的困难，是培养学生意志品质的一种良好的办法。学生克服的困难愈多，其志愈坚，再遇到其他困难、坎坷也就不会有畏难情绪了，此即所谓“曾经沧海难为水，除却巫山不是云”。

在教学过程中，教师要严格要求学生，对他们提出有一定难度而又是力所能及的学习任务，鼓励学生知难而进，持之以恒，并且指导和督促学生克服困难，在学习实践中锻炼意志。参加集体活动、社会公益活动、体育锻炼等，同样也是锻炼意志的重要途径。

应该注意的是，教师要根据学生的个性特点和业已形成的意志类型，采取不同的措施培养学生的意志品质。对于行动盲目而易受暗示的学生，应加强目的动机教育，培养学生的自觉性；对于优柔寡断或缺乏自信的学生，应锻炼其大胆果断、沉着冷静的品质，培养其果断性；对于容易冲动的学生，应培养其自制性；对于缺乏恒心和毅力的学生，应注意培养其坚韧性。

3. 启发学生加强自我锻炼，养成自觉遵守纪律的习惯。人的意志品质的形成，不仅要受到周围人的影响，更主要的是与自我修养有直接关系的。养成自觉遵守纪律的习惯，容易使人戒除不良习惯的影响。经常性的自我反省、自我检查、自我评价、自我鼓励是人的意志品质形成的重要条件。意志自我磨砺的途径是多种多样的。例如，经常用榜样、名言、格言检查自己、鼓励自己；经常注意同先进人物进行比较，明确差距，奋起直追；注意在生活中严格要求自己等等。

思 考 题

1. 什么是学习？学习的意义表现在哪些方面？
2. 什么是需要？需要有哪些特点？
3. 试评述马斯洛的需要理论。
4. 试论述成就动机对学生学习活动的影响。
5. 举例说明基本情绪状态的特点。
6. 在生活中，人们应当如何对待挫折？
7. 举例说明意志行动的基本特征。
8. 论述培养学生良好意志品质的意义。

第三章 学习的基本过程

在第二章中，我们讨论了学习的一般概念和学习的内部动力。本章将具体阐述学习活动中的感知、记忆、思维、想像等基本过程以及与学习过程相伴而生的特殊心理现象——注意活动的特点和规律。

第一节 感觉和知觉

一、感觉和知觉概述

（一）什么是感觉和知觉

感觉是人脑对直接作用于感觉器官的客观事物的个别属性的反映。

知觉是人脑对直接作用于感觉器官的客观事物的整体属性的反映。

客观事物往往具有诸如颜色、形状、温度、声音、气味等多种属性，当其中某种个别属性作用于人的相应的感觉器官时，人脑中就会产生相应的主观映象，这就是感觉。人不仅能对外界刺激产生感觉，同样也能对人体自身的运动、身体的姿势以及内脏器官的活动产生感觉。

知觉是比感觉更加复杂的心理过程。因为无论哪一种感觉信息，它所反映的都只能是事物的个别属性。然而客观事物的个别属性总是作为一个方面与整体事物一同被反映出来。例如“红色”，它或者是红旗的红，或者是红花的红，离开了具体事物的抽象的“红”是不存在的。所以感觉信息一经感觉器官传达到大脑，知觉也就随之产生。可以说知觉是在人的过去经验的参与下，对客观事物的整体的反映。

（二）感觉和知觉的区别与联系

感觉和知觉既有区别又有联系。它们之间的区别表现在三个方面。第一，感觉与知觉的内容不同。感觉是人脑对客观事物的个别属性的反映，通过感觉，人只能获得事物个别属性的知识；知觉是对事物整体属性的反映。通过知觉，人可以了解事物作为整体的意义，因而其内容要远比感觉丰富和生动。第二，感觉和知觉的产生过程不同。感觉只是单一的感觉器官进行简单信息加工的结果，而知觉则是大脑对不同感官通道的信息进行综合加工的结果。第三，赖以产生的因素不同。感觉的产生更多的是由刺激物的性质决定的，而知觉的产生在很大程度上依赖于主体的知识经验和态度系统。

感觉和知觉的联系表现在几个方面。第一，感觉是知觉的有机组成部分，是知觉产生的前提和基础。对事物的感觉越丰富、越精确，对事物的知觉也就越全面、越正确。第二，感觉和知觉密不可分。孤立的感觉只有新生儿才有。一旦儿童获得了足够的知识、经验，单纯的感觉也就少有了。这就是说人在和客观事物接触时，事物的个别属性总是作为一个方面和事物的整体一同被反映出来。因此感觉和知觉常被统称为感知。第三，它们都是对直接作用于感觉器官的事物的反映。客观事物一旦在感官所及范围内消失，感觉和知觉也就随之消失，而且感觉和知觉的主观映象都是具体的感性形象，它们同属于认识的感性阶段。

（三）感觉和知觉的种类

1. 感觉的种类

根据感觉所反映的事物个别属性的特点，可以把感觉区分为两大类。

（1）外部感觉

外部感觉是指接受外部刺激，反映外界事物属性的感觉。它包括视觉、听觉、味觉、嗅觉和皮肤觉。皮肤觉又包括触觉、压觉、温度觉（冷觉和热觉）和痛觉。

（2）内部感觉

内部感觉是指接受体内刺激，反映身体的位置、运动和内脏器官的不同状态的感觉。它包括运动觉、平衡觉和内脏感觉。

2. 知觉的种类

根据不同的分类标准，我们可以把知觉分为不同的种类。

（1）知觉是多种感官联合活动的结果，在多种感官的联合活动中，总有一种或两种感官的活动起主导作用。根据知觉过程中起主导作用的感官活动，可以把知觉分为视知觉、听知觉、味知觉、嗅知觉、触知觉等。

（2）根据知觉对象的不同，可以把知觉分为物体知觉和社会知觉。

物体知觉是人对客观事物的属性的知觉。它包括空间知觉、时间知觉和运动知觉。空间知觉是反映物体的形状、大小、深度、方位等空间特征的知觉。时间知觉是反映客观现象的持续性、速度和顺序性的知觉。运动知觉是反映物体的空间位移和位移快慢的知觉。空间知觉、时间知觉和运动知觉都是后天学习的结果，即人在后天的生活实践中，逐步形成和发展起来的。

社会知觉是指对人的知觉，它包括对他人的知觉、人际的知觉和自我知觉三部分。对他人的知觉是通过一个人的外表、言语和行动来认识这个人的心理特点和品质，此即所谓“听其言、观其行而知其人”。人际知觉是指对人与人之间关系的知觉。这类知觉有明显的感情成分参与。自我知觉则是指通过对自己言行的观察来认识自己。

（3）根据知觉映象是否符合客观实际，可以把知觉分为正确的知觉和错误的知觉（即错觉）两类。

正确的知觉是指符合客观实际，正确地反映了事物本来面目的知觉。

错觉则是指人脑对客观事物的一种歪曲的、错误的知觉。错觉的种类很多，几乎在各种知觉中都有错觉发生，如视错觉、声音定位错觉、重量错觉、时间错觉、空间定位错觉、运动错觉和对人的错觉等。其中表现最明显的是视错觉。一般说来，在对事物进行大小、高低、胖瘦的估计时，往往由于环境的影响而发生知觉错误。如一个中等身材的人若和高大的人在一起就会显得矮些，而和比他矮的人在一起时，就会显得高些。目前研究最多的是几何图形错觉。图 3-1 是几种几何错觉图形。

错觉是人们知觉事物的特殊情况，不能因此而认为人不能正确地认识客观事物。人不仅可以通过实践检验来纠正错觉，而且还可以运用错觉的规律来为人们服务。如军事上的伪装，电影戏剧中的音响效果等，都是对错觉规律的运用。

二、感觉的一般规律

虽然每个人都有着不同类型的感觉，但这些感觉的发生和发展却有着共同的规律。

（一）感受性和感觉阈限

感受性就是感觉器官对适宜刺激物的感觉能力。人的特定的感觉是由特定的刺激物引起的，但并非任何强度的特定刺激物都能引起特定的感觉。过弱的刺激，例如尘埃落在皮肤上，人们是感觉不到的；手表的嘀哒声，在一定距离外的人也是听不到的。

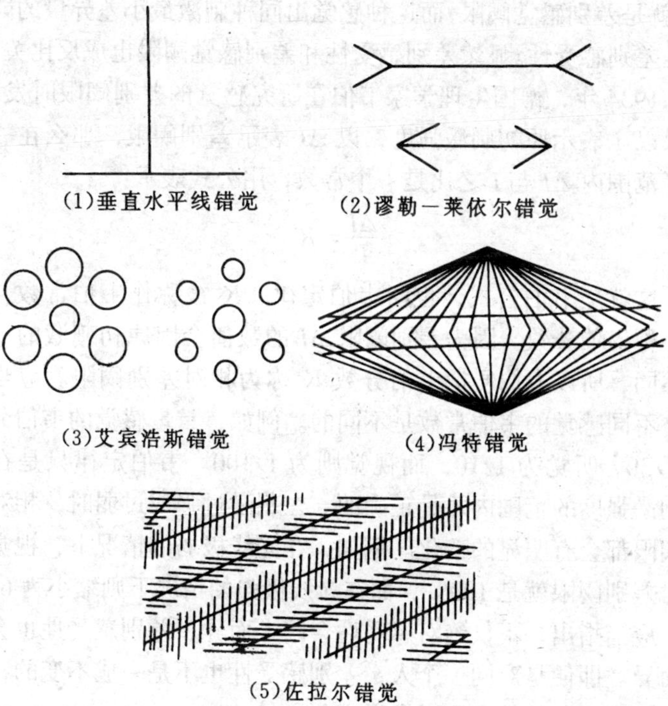

图 3-1　几何错觉图

这种感觉强度对刺激强度的依存性，就须用感受性和感觉阈限的关系来描述。人的每一种感觉都有两种类型的感受性和感觉阈限：绝对感受性和绝对感觉阈限，差别感受性和差别感觉阈限。

刚刚能引起感觉的最小刺激强度叫绝对感觉阈限，而绝对感受性则是指能觉察最小刺激量的能力。绝对感受性和绝对感觉阈限在数量上成反比关系。

引起感觉的刺激在强度上发生变化时，人们并不一定能感觉到，只有这种变化达到一定限度时，人们才会觉察到前后两者的差异。这个限度，也就是刚刚能引起新感觉的两个刺激的最小差异量，就是差别感觉阈限，而这种感觉出同种刺激最小差异量的能力就是差别感受性。显然差别感受性和差别感觉阈限也成反比关系。

1934 年，德国生理学家韦伯在研究感觉的差别阈限时发现，如果以 I 表示原初刺激强度，以 ΔI 表示差别阈限，那么在一定强度范围内 ΔI 与 I 之比是一个常数，用公式表示：

$$\frac{\Delta I}{I}=K$$

这就是韦伯公式，也叫韦伯定律。K 被称作韦伯常数，有时亦称韦伯分数。因为差别阈限 ΔI 的数值会因原初刺激的不同而不同，所以人们便把韦伯分数 K 称为相对差别阈限。应当指出，不同感觉的韦伯常数是不同的。例如，重量感觉的韦伯分数为 1/30，听觉为 1/10，而视觉则为 1/100。韦伯定律只是在中等刺激强度的范围内才是正确的。在刺激过强或过弱时，相对差别阈限都会有明显的变化。例如，在光线极弱的情况下，视觉的相对差别阈限就是 100%，而在光线极强的情况下则缩小为 6‰。

应当指出，不仅绝对感受性会因人而异，差别感受性也会因人而异。即便是对同一个人，差别感受性也不是一成不变的，它也会随客观条件的变化而发生变化。

（二）感受性的变化及其规律

1. 感觉适应

感觉适应是指相同的刺激持续作用于某一感受器而使感受性发生变化的现象。在现实生活中，感觉的适应现象是普遍存在的。“入芝兰之室，久而不闻其香；入鲍鱼之肆，久而不闻其臭。”“戴着帽子找帽子”等等，都是感觉的适应现象。

适应可引起感受性的提高，也可引起感受性的降低。在一般情况下，感受器如果受到强烈刺激的持续作用时，感受性就会降低；如果受到微弱刺激的持续作用时，感受性就会提高。这在视觉的适应现象中表现得特别明显。当人们从明亮的阳光下进入正在放映的电影厅内时，开始什么也看不清，但经过一段时间后就可以看清周围事物的轮廓了。这一过程叫暗适应。若在黑暗中停留一小时，人对光的感受性便可提高 20 万倍。相反，当人们从电影院内走出来时，已经完全适应黑暗环境的眼睛便感到外面的光线太强，看不清外面的物体，不得不眯起眼睛，但不久便能看清外面的物体了。这一过程叫明适应。很显然，在明适应中，由于一系列强光的刺激，导致了对后来的光刺激的感受性迅速降低。

各种感觉的适应速度和程度是各不相同的。触觉不仅具有高度的适应性而且速度很快。大家都有这样的经验，开始穿棉衣时觉得很不舒服，但不久便感受不到接触了。视觉的适应比较慢（对暗适应需几十分钟），但也有高度的适应性。听觉和冷觉比较难适应；而痛觉则最难适应或几乎没有适应，因为痛觉是伤害性刺激的信号，如果痛觉很容易适应的话就会危及有机体的生存。

2. 感觉的对比

感觉的对比是指两个不同的刺激物作用于同一感受器而使感受性发生变化的现象。它分同时对比和先后对比两种。

同时对比是指两个刺激物同时作用于同一感受器而产生的对这种刺激物的感受性变比。例如，同一个白色的方形放在白色的背景上显得暗，而放在黑色的背景上则显得亮（如图 3-2）。

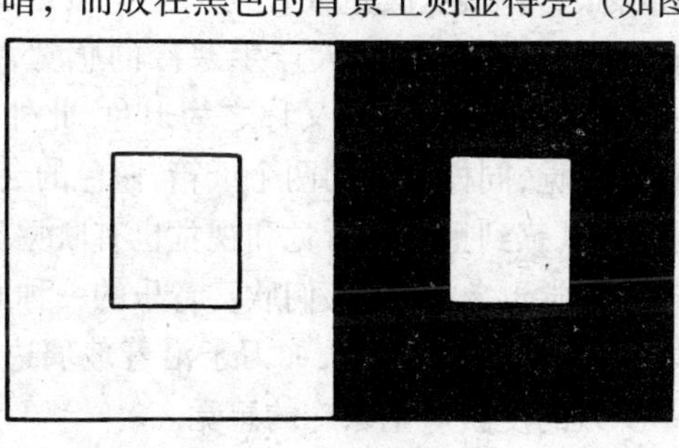

图 3-2　同时对比图

先后对比是指两个刺激物先后作用于同一感受器而产生的对这种刺激物的感受性的变化。如吃糖之后再吃苹果，就不会觉得苹果甜，而吃苦药后再吃苹果，就会觉得苹果特别甘甜。

3. 不同感觉的相互作用

在清醒的状态下,人们的各种感受器总是同时或相继接受各种不同的刺激,因而任何感受器的感受性都会因受到其他同时起用的感受器的影响而发生变化。这就是感觉的相互作用。不同感觉的相互作用是非常复杂的,但它有一条基本的规律,即:某一感受器受到微弱刺激时,可以提高其他感受器的感受性;反之,某个感受器若受到强烈的刺激时,则其他感受器的感受性便会随之降低。例如,强烈的噪音可以引起对光的感受性的降低,而轻微的声音(如轻柔的音乐),则可以提高视觉的感受性。视觉也可以影响听觉和味觉。如,微弱的光可以提高对声音强度的感受性,一闪一灭的灯光变化,会使人对一个强度保持不变的缓慢的音调产生时高时低的波动感受,而食物的颜色常常会影响味觉等等。

4. 联觉

联觉是指一种感觉兼而引起另一种感觉的心理现象。所谓“甜美的噪音”、“明快的曲调”、“凝重的乐曲”等都可谓是联觉现象。最容易产生联觉现象的是颜色感觉。如,红、橙、黄等颜色往往引起温暖的感觉,故称之为暖色。暖色往往使人产生接近感,故又称之为进色。蓝、青、紫等颜色往往使人产生寒冷的感觉,故称之为冷色,冷色往往使人产生深远感,故又称之为退色。此外色调的浓淡还能引起轻重的感觉,同样大小的两个纸箱,白色的会使人感到轻些,黑色的则会使人感到重些。听觉和视觉也有联觉现象,在听觉的刺激下会产生视觉形象,这是人们欣赏音乐的一种心理基础。听觉和皮肤觉之间也存在联觉现象,如刀子沿着玻璃边缘擦出来的吱吱声会使不少人的皮肤产生寒冷的感觉。

（三）感受性和练习

在人的生活实践中，感受性可以通过练习而得到提高。这一规律在感觉缺陷者和专门从事某种特殊职业者的身上表现得特别明显。盲人、聋人由于丧失了主要感觉，生活环境便迫使他们主要运用其他感觉器官，于是这些感觉便相应地发展起来，从而弥补了他们所丧失的视觉或听觉。例如，有些盲人有高度发达的听觉和触觉，他们可以通过自己的脚步声或拐杖击地声来判断周围的地形，可以通过触摸觉来阅读盲文。有些聋人振动觉特别发达，他们甚至可以把手放在钢琴盖上感受振动，来欣赏钢琴的乐曲。专门从事某种特殊职业者由于经常使用某种感觉器官，于是便使得这种感觉相应地发达起来。例如，专门从事织造黑色织品的工人能分辨出 40 多种深浅不同的黑色，而常人只能分辨出 3～4 种黑色；茶叶师通过品尝即可鉴别出多种茶叶的质量，甚至能说出茶叶的产地；有经验的工程师可以听出机器的故障声；音乐家有高度精确的听觉；调味师有高度完善的味觉和嗅觉，等等。

感受性因练习而提高的事实说明：只要感觉器官健全，人的各种感觉的感受性都有可能得到高度发展。实际上，人们的各种感觉通常并未达到应有的发展高度。因此，对人们的各种感觉进行有目的、有计划的训练，对于提高人们感觉的感受性，促进感觉能力的发展是非常必要的。

三、知觉的基本特征

（一）知觉的整体性

在过去经验的基础上，人把由多种属性构成的事物知觉为一个整体的现象，叫做知觉的整体性，在现实生活中，客观事物都是具有多种属性的综合体，尽管这多种属性不可能同时为人所感觉到，但人们却总是借助已有的经验来补充当前的感觉，从而把客观事物知觉为一个整体。有时，对客观事物的知觉甚至比客观事物本身的结构更加完整。

知觉的整体性依赖于两个条件。一是知觉对象本身的特点，例如，当知觉对象在空间、时间上接近时，当对象的颜色、大小、形状等物理属性相似时，当对象具有连续、对称及闭合等特点时，都容易被知觉为一个整体。图 3-3 是视觉整体性的几个例子。

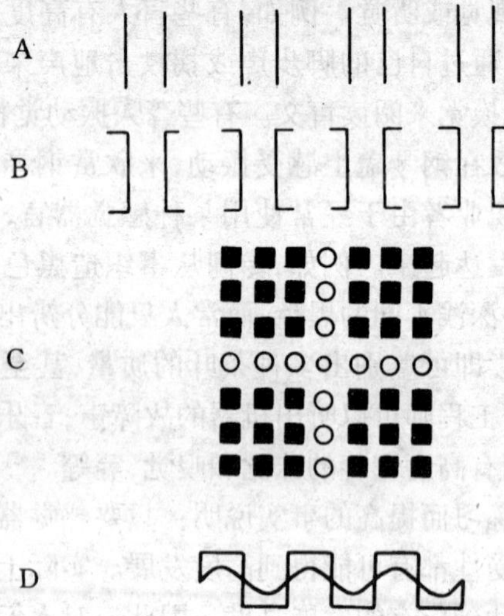

图 3-3　知觉的整体性

其中，A. 每两条空间上接近的直线被知觉为一个整体；B. 每一对直线的间距与 A 图中直线的间距相同，由于闭合的因素被人们看成是三个方框；C. 相似的小圆圈被知觉为一个十字，把小黑方块隔成四个正方形；D. 各段直线和曲线由于连续的因素被看成彼此重叠的两条连续曲线。

除此之外，知觉对象的强度也影响着知觉的整体性，特别是知觉对象中那些主要的、关键的成分常常掩蔽着不重要的弱小成分，因此在知觉某对象时，只要该对象属性中关键的部分突出，就可形成整体知觉。写意画、速写就是因为抓住了主要、关键成份而形成人们对所画对象的整体知觉。

应当指出，上述原理不仅适用于视知觉，同样也适用于其他感官（如听、嗅、味、皮肤等）的知觉。例如，人们之所以能把连续出现的不同音响听成一支乐曲，这里就有接近、相似、连续等因素在起作用。

知觉的整体性依赖的第二个条件是知觉者本身的主观状态，其中最主要的是知识和经验。当知觉对象提供的信息不充足时，知觉者总是以过去的知识经验来补充当前的知觉活动，使其形成具有一定结构的整体形象。因此，人们的知识经验越丰富，越容易对事物形成完整的知觉映象，知觉也就越准确、越有效。

（二）知觉的选择性

人们周围的事物是多种多样的，在一定时间里人们只能以少数事物作为知觉的对象，以便产生清晰的知觉。这种现象就叫做知觉的选择性。在知觉过程中，被知觉的事物好像从其他事物中突出出来，成为知觉的“对象”，而其他事物则退到后面去构成知觉的“背景”。

知觉中对象和背景的关系并不是固定不变的，它常依据一定的主客观条件相互转换。如图 3-4 所示，如果以白色为背景则易知觉为神色凝重的男人；如果以黑色为背景则易知觉为翘首仰望的少女。

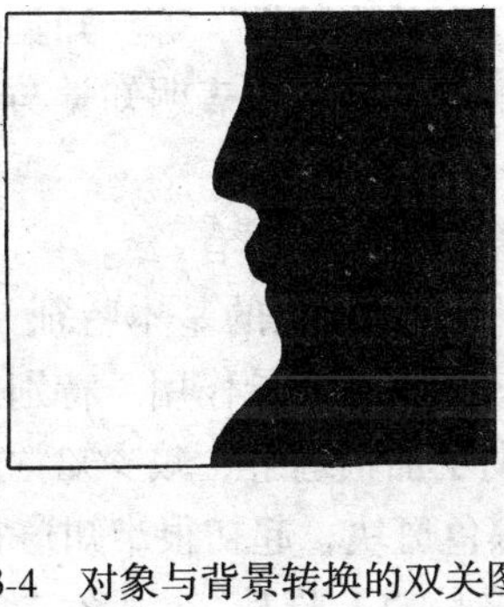

图 3-4　对象与背景转换的双关图形

在大多数情况下，从知觉的背景中分出对象来并不困难，但在有些情况下，要迅速地选择出知觉对象却并非易事。把对象从背景中选择出来，一般取决于下列条件。

1. 对象与背景的差别。对象与背景间的差别越大，越容易从背景中选择出对象来，反之差别越小，选择也就越难。

2. 对象各部分的组合。知觉对象本身的结构常常是区分出对象的重要条件。接近组合和相似组合都有利于知觉的选择。接近包括空间的接近和时间的接近，相似则主要是指形态、大小、颜色和强度等物理性质的相似。

3. 对象的运动。在相对静止的背景上运动的刺激物，或在混乱运动的背景上朝同一方向运动的刺激物，都容易被选择出来而成为知觉的对象。

区别知觉对象除受上述客观因素的影响外，还要受到知觉者主观因素的影响。这些主观因素主要是指态度、兴趣、爱好、情绪以及有无确定的任务等。

（三）知觉的理解性

在知觉当前事物的时候，人总是借助于已有知识经验对当前知觉对象的意义作出解释，并用词把它表示出来。知觉的这种特性称作知觉的理解性。例如，人们在看见一样东西时，总是在考虑“这是什么”，“它有什么特性”等。知觉的理解性表明了知觉是一个主动寻求理解的过程，也表明知觉与记忆和思维有密切的联系。

影响知觉理解性的因素主要有：

1. 词语的指导作用。知觉的基本特征是用词语把事物标志出来。词语对人的知觉具有指导作用，特别是对一些复杂的难以辨认的事物，它有助于加快理解、减少知觉对象的不确定性。

例如图 3-5 的黑色斑块，起初很难知道它是什么，但是如果用言语提示一下，这是“人骑马”，那么“人骑马”的形象立即便在头脑中活跃起来，与当前的斑块相匹配，于是便很容易将这些斑块知觉为人骑马。

图 3-5　知觉的理解性

2. 实践活动的任务。在有明确任务的实践活动中，知觉的理解性将大为提高。例如，军事侦察员在观察地形时，对地形的理解就远比一般人深刻得多。

另外，知觉者的知识经验、态度、情绪和需要、动机等主观因素，也会影响到知觉的理解性。

（四）知觉的恒常性

在知觉的过程中，当知觉的条件在一定范围内发生变化时，知觉对象的映像仍然保持相对不变的现象被称作知觉的恒常性。

知觉的恒常性普遍存在于各种知觉中，而尤以视觉最为突出。例如，对于熟悉的人，不论他离得远点还是近点，看起来他都一样高矮，不会因为他在人们视网膜上成像的大小而发生变化，这是大小的恒常性。教室的门因观察角度的不同而在视网膜上构成不同的像，但人们仍把它知觉为是长方形的，这是形状的恒常性。不论强光下或者是在暗淡的光线下，人们看到的煤炭总是黑的，粉笔总是白的，国旗总是红的，这是亮度和颜色的恒常性。

当然，并非在任何条件下，知觉都能保持恒常性，影响知觉恒常性的主客观条件主要有以下几点。

1. 对知觉对象的熟悉程度。比较熟悉的对象或在熟悉的环境中被知觉的对象，容易保持恒常性。

2. 知觉对象的变化范围。知觉对象的变化范围应当是适当的，否则，知觉的恒常性就会消失。例如，知觉对象的距离太远时，大小及形状的恒常性就会消失。色光太强时，颜色的恒常性也会消失。

3. 知识经验也是保持恒常性的基本条件，比如幼儿的经验不足，他们的知觉便往往会随环境的变化而变化，不能达到守恒。他们一般会把近物看得大些，把远物看得小些。

知觉的恒常性在人们的学习和生活中有重要的意义。它有利于人们精确地适应环境，使人们在环境不断变化时，仍能对事物形成稳定的知觉映象，认清事物的本来面貌。

四、观察与观察力

（一）观察与观察力的定义

观察是一种有目的、有计划、贯穿着积极思维的知觉。日常生活中，有的知觉是有目的的，而另一些知觉则是没有目的的。人们平日里的见闻多是无目的的，但学生的学习活动中的知觉在大多数情况下却是有目的的。

观察有三个基本特点。一是主动性。人们要观察什么，并不是某个事物吸引的结果，而是由观察的目的任务决定的。因此，观察是一种主动的知觉，它与有意注意紧密结合在一起。二是理解性。观察的目的是认识事物及其发展规律。因而人在观察时总是运用已有的知识经验去对事物进行分析与综合。观察的过程实际上就是边知觉、边思考、边理解的过程，所以观察也被称为“有思维的知觉”。三是持久性。观察不是一次性的瞬时知觉，而是系统的长久的知觉过程。观察必须认真、仔细、全面，所以在观察过程中必须有稳定的注意来组织知觉。

观察力即观察的能力。它是经过后天的系统训练逐渐形成起来的一种带有个性特点的能力。

(二) 观察与观察力的意义

观察和观察力在人的学习和认识活动中具有重要的意义。观察不仅是发明创造的基础，而且同样也是人们学习和理解真理的前提。

观察对学生的智力发展同样也有重要意义。观察力是智力的重要组成部分,是智力中其他构成因素的前导和基础。观察不仅是学生获得感性经验的重要途径,而且在观察的过程中,通过运用知识,还能使学生的知识经验活跃起来,从而启迪学生的智慧,发展学生的思维。

观察是教师搞好教育和教学工作的前提。要教育好一个人就必须先了解这个人,而了解人的主要途径和方法就是观察。只有察其言、观其行,才能达到了解学生、教育学生、教好学生的目的。

第二节 记 忆

一、记忆概述

(一) 什么是记忆

记忆是指过去经历过的事物在人脑中的反映。

在现实生活中，人们会遇到各种各样的事物，会思考各种各样的问题，同样也会学到一定的知识，产生一定的情感。所有这些都会在人的头脑中留下痕迹，以后在适当的条件下，这些痕迹又会重新活动，再现出来，这一心理过程就是记忆。

记忆在现实生活中具有重要的意义，个体知识经验的积累和行为的逐渐复杂化都是以记忆为基础的。一方面，记忆是人类知识经验的宝库，既能积累个人由实践得来的直接经验，又能积累个人由学习得来的间接经验，进而在此基础上推动智力的发展；另一方面，记忆是人的心理活动得以延续和发展的前提，因为任何心理活动都必须保留它的每一个当前的“因素”，从而与后面的“因素”联结起来。没有记忆的这种联结功能，心理的全部复杂性也就无法实现。所以说记忆是人的一种非常重要的心理机能。

（二）记忆的分类

1. 根据记忆内容的不同，可以把记忆分为四种。

（1）形象记忆

以感知过的事物的形象为内容的记忆，叫做形象记忆。它可以是视觉的、听觉的，也可以是嗅觉的、味觉的或皮肤觉的。

（2）逻辑记忆

以逻辑思维过程为内容的记忆叫做逻辑记忆。它是人类特有的，具有高度的抽象性，科学越发达，就越需要这种记忆。

（3）情绪记忆

以体验过的某种情绪或情感为内容的记忆叫做情绪记忆，情绪记忆既可以成为刺激或制止某种行为的力量，也可以成为产生某种心境的原因。

（4）运动记忆

以过去做过的动作或从事过的运动为内容的记忆叫做运动记忆。这种记忆对形成各种操作技巧，掌握各种运动技术是非常重要的。

人在进行记忆时，各种类型的记忆往往是互相联系的，只是在某项活动中或在某一时间里以某种记忆为主而已。

2. 记忆的三级信息加工模式

60 年代以来，随着信息加工理论对记忆研究的深入，一些心理学家提出把记忆分为三种机能系统，或称三种信息加工模式，即瞬时记忆、短时记忆和长时记忆。

（1）瞬时记忆，也叫感觉记忆。是指时间极为短暂的记忆。作用于人感官的各种刺激，当其作用停止后，感觉并不立即消失，这就是感觉记忆。感觉记忆的保存时间很短，一般情况下，视觉的感觉记忆在1秒以下，听觉的感觉记忆在5秒以下。

瞬时记忆的特点是：信息的保存是形象的，保持的时间很短，保持量大。瞬时记忆的信息如果没受到注意就很快消失，如果受到注意就转入短时记忆。

（2）短时记忆。刺激作用停止后，其信息在头脑中保持1分钟左右的记忆。

短时记忆的特点是：信息保存的时间也很短；信息容量有限，大约为7±2个组块（组块是指一个人们所熟悉的记忆单位，如数、词、字母等）；易受干扰，任何性质的分心都容易引起短时记忆的损失。短时记忆的信息如若经过复述、运用和进一步加工，就会进入到长时记忆中去。

（3）长时记忆。信息在记忆中的储存超过1分钟，直至数日、数月、数年，甚至保持终生的记忆，都叫长时记忆。长时记忆的信息是以有组织的状态被贮存起来的，所以其容量极大，至今尚无人给它确定出一个准确的范围。人们日常生活中所提到的记忆大都是指长时记忆而言。

总之，从信息加工的理论看，记忆可分为三种记忆系统。图3-6是三种记忆系统模式图。

图3-6表明：外界刺激引起感觉，它留下的痕迹就是感觉记忆，如不注意便瞬时消失；如果注意，就会转入短时记忆。短时记忆的信息，如果不及时加工和复述，就会为新信息所取代，如果经过加工和复述，就会转入长时记忆。信息在长时记忆中被编码、储存起来，在一定条件下，又可经由短时记忆提取出来，这

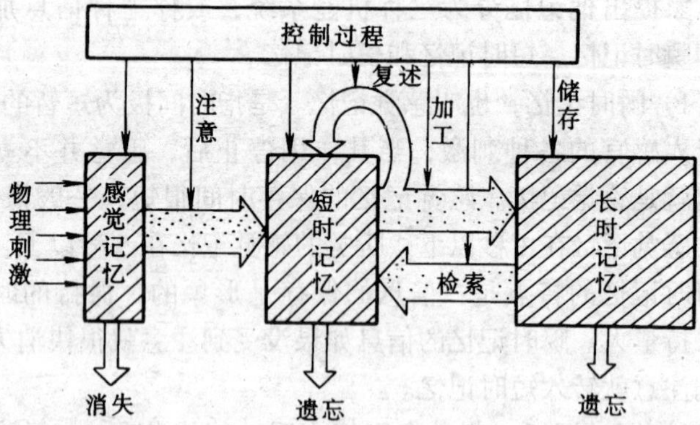

图 3-6　三种记忆系统模式图

就是检索。

（三）记忆表象

在人脑中所保持的过去感知过的事物的形象被称作记忆表象，简称表象。

表象有单一表象和综合表象之分。单一表象包括视觉的、听觉的、触觉的、运动觉的表象等等；综合表象是指在人知觉事物时，由于各种感官的相互作用，把数种单一表象综合在一起的表象。如在回忆一位朋友时，不仅有其外表的视觉表象，而且还会有其声音的听觉表象等浮现在我们脑海中。

由于表象是以感知为基础的，所以它具有形象性的特点，当然其形象性不如感知那样鲜明、直观。又由于表象反映着同一事物或同一类事物在不同条件下经常表现出来的一般特征，所以它又具有概括性的特点，当然这种概括性的水平不如思维的概括性高。

表象是记忆的重要形式，在记忆中占有重要的地位，人们之所以能够回忆和再认过去的事物，主要是通过表象来实现的。

表象在人的学习和实践活动中同样具有重要的作用。表象的积累和丰富，对人的认识发展和思维发展都是非常重要的。正是由于表象所具有的概括性才为人的认识由感知进入概括化的思维提供了基础。可以说，记忆表象是从感知过渡到思维，从感性认识过渡到理性认识的桥梁或中间环节。没有表象，无论是思维和想像都将难以进行，表象的贫乏将会直接影响到儿童思维和想像的发展。表象的作用，在诸如画家、演员、音乐家等特殊职业者身上表现得更为明显。

二、记忆过程分析

记忆是一个复杂的心理过程，它包括识记、保持、再认或回忆三个相互联系的基本环节。

(一) 识记

识记就是识别并记住事物。也可以说识记就是认识某一对象，并在头脑中留下印痕的过程。识记是记忆的开端，是记忆的前提和基础，因而要提高记忆的效果就必须有良好的识记。

1. 识记的种类

（1）无意识记和有意识记。根据识记的目的性和意志努力的程度，可将识记分为无意识记和有意识记。

①无意识记又称不随意识记。是指没有预定的目的要求，不需要意志的努力，自然而然地记住某些事物的识记。

无意识记具有选择性的特点，它往往是由生活中具有重大意义的事物，与人的需要、兴趣密切联系的内容，以及能激起人们情绪活动的情景等因素引起的。它不需要人花费许多时间和精力，给人的印象深、影响大，因而也易于记住。

②有意识记又称随意识记。是指有一定的目的任务，按一定的方法、步骤进行，需要作一定意志努力的识记。

有意识记要求有高度的注意力、意志力与积极的思维活动配合进行，所以它是一种复杂的智力活动，在其他条件相同的情况下，有意识记的效果优于无意识记。所以在学习和工作中有意识记的作用也就远大于无意识记。

（2）机械识记和意义识记。根据识记材料的性质、对识记材料的理解程度以及识记时所采用的方法，可以把识记分为机械识记和意义识记。

①机械识记。在对识记材料没有理解的情况下，依靠机械的重复而进行的识记叫机械识记。如背诵外文单词、记自己不理解的数学公式等。机械识记在人类掌握知识经验的过程中是不可缺少的，因为并非所有的识记材料本身都是有意义或可以理解的，或者对某些识记材料暂时不能理解，但由于某种需要必须掌握时，就要用到机械识记。

②意义识记。通过对识记材料的理解而进行的识记叫意义识记。意义识记无论是识记的速度、保持的时间，还是回忆的效果都优于机械识记。

在日常的生活和学习中，有意识地利用意义识记，并辅之以机械识记，达到在理解基础上的熟记，是记忆的最好方法。

2. 影响识记效果的因素

（1）目的任务对识记的影响

有明确的目的和任务的识记是有意识记，所以目的越明确，任务越具体，识记的效果也就越好。另外，识记目的任务的久暂也会影响识记效果，目标越远大，任务越长远，识记的效果也就越好。

（2）活动的性质对识记的影响

人们对事物的识记是在活动中完成的。因此，无论是无意识记还是有意识记，其效果在很大程度上都依赖于所完成的活动的性质、活动的任务、内容以及完成这种活动的积极性和独立性。当识记的材料成为人的活动的直接对象时，识记效果就会更好。

（3）材料的性质和数量对识记的影响

材料的性质和数量，对识记的效果有明显的影响。就材料的性质而言，识记直观的、形象的材料要比识记抽象的材料效果好；识记有意义的材料要比识记无意义的材料效果好。就材料的数量而言，要达到同样的识记水平，材料越多，识记所用的平均时间和次数也就越多。

（4）识记的方法对识记的影响

要提高识记的效果，还必须有良好的识记方法，一般说来，凡是利用了有意识记和意义识记优点的方法，都会提高识记的效果。

（5）不同感官对识记效果的影响

不同感官在识记时的效果是不一样的。一般说来，视觉的效果要好于听觉，听觉的效果要好于其他知觉，而且多种感官协同的识记效果要好于单一感官的识记效果。

（二）保持与遗忘

1. 保持

保持是过去经历过的事物映象在头脑中得到巩固的过程。用信息论的观点说，就是对传入大脑的信息进行编码、储存的过程。

知识经验的巩固并不是简单重复的结果，识记材料在头脑中的保持并不是一成不变的，它随着时间的推移和后来经验等因素的影响，也会在质量和数量上发生某些变化。

首先，保持的内容会在数量上发生变化。一般说来，随着时间的推移，保持量呈减少的趋势。但也有例外情况，例如对有些学习来说，学习后一段时间测得的保持量比学习后立即测得的保持量要高。这种现象叫做记忆的恢复现象。记忆的恢复现象在儿童中比在成人中普遍；学习较难的材料比学习容易的材料更容易出现；学习得不够熟的比学习得纯熟的更易发生。这种现象产生的原因可能是由于持续的学习产生了积累的抑制；也可能是由于在学习初期学习者对学习材料还未形成一个整体，之后才把它构成一个整体的缘故。

其次，保持的内容在质量上也会发生变化。有人用识记图形作实验，把回忆的图形与识记的图形相对照，发现有如下变化：有的更概括、更简略了；有的更完整、更合理了；有的更详细、更具体了；有的某些部分更突出了等等（见图 3-7）。

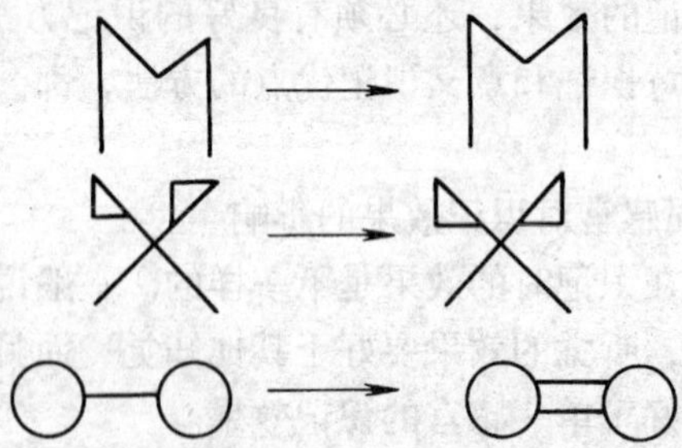

图 3-7　回忆图形的变化

2. 遗忘

（1）什么是遗忘

对于识记过的东西，不能再认和重现，或者错误地再认和重现，就叫做遗忘。它和保持是相反的过程。

遗忘可分为暂时性遗忘和永久性遗忘两种。暂时性遗忘是指对识记内容一时想不起来，但在适宜的条件下还能再认和重现的遗忘，永久性的遗忘是指对识记的内容没有复习巩固而造成了痕迹的消退，如果不重新识记，就永远不能再认和重现的遗忘。

（2）遗忘的规律

德国心理学家艾宾浩斯第一个对遗忘的现象作了比较系统的研究。为了使学习和记忆尽量避免受旧有经验的影响，他用无意义音节作为学习材料，用重学时所节省的时间或次数占初学时间或次数的百分比来代表识记材料的保持率，测量了遗忘的进程，其结果绘制成一条曲线（见图 3-8），这就是著名的艾宾浩斯遗忘曲线。

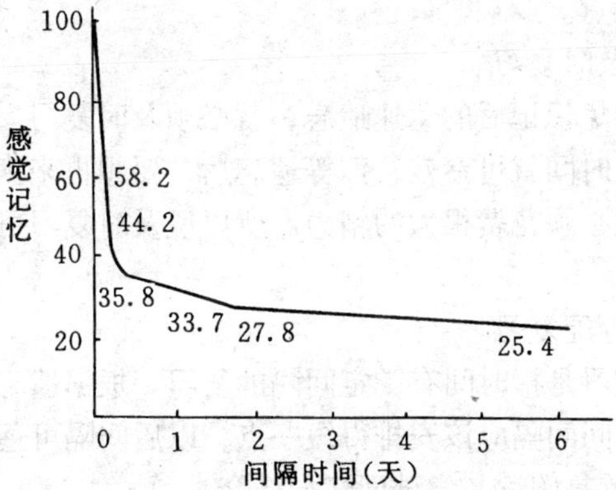

图 3-8　遗忘曲线

从遗忘曲线中可以看出，遗忘的进程是不均衡的，在识记后的短时间里，遗忘的速度很快，随着时间的推移，遗忘的速度会逐渐缓慢下来。这就是说遗忘的过程是先快后慢的。继艾宾浩斯之后，许多人用无意义的材料和有意义的材料对遗忘的进程进行了研究，结果大都证明了艾宾浩斯遗忘曲线基本上是正确的。

（3）遗忘的原因

对遗忘原因的解释主要有两种说法：衰退说和干扰说。衰退说认为，遗忘是记忆痕迹得不到强化而逐渐减弱、衰退以致消失的结果。这可能是永久性遗忘的主要原因。干扰说认为遗忘是由于记忆中新旧经验的相互干扰造成的，一旦干扰排除，记忆就能恢复。这可能是暂时性遗忘的主要原因。这个学说的最有力的证据就是前摄抑制和倒摄抑制。前摄抑制是指先前学习材料对后继学习材料的抑制；倒摄抑制是指后继学习材料对先前学习材料的抑制。人们在背诵课文时往往容易记住两头而忘了中间，许多人都感到早晚学习效果好，这都是因为上述两种抑制作用的缘故。

3. 复习

复习是防止遗忘的有效方法。但要使复习省时且有效就必须注意以下几点。

（1）及时复习

为了避免识记后的急速遗忘，就必须及时复习。及时复习无须花太多的时间就可奏效，但等遗忘后，要想再来恢复已经遗忘的东西，就必须花费很大的精力。所以说及时复习可收到事半功倍的效果。

（2）分配复习

分配复习是指时间有一定间隔的复习。根据遗忘的规律，最初复习的时间间隔应该安排得短一点，以后间隔可逐渐加长。

（3）反复阅读与尝试回忆相结合

这种方式的效果要远远好于单纯反复阅读的效果。其原因是读背交替是一种积极的心智活动，有利于学习者积极性和主动性的发挥，有利于学习者发现学习材料的重点和难点，也有利于学习者及时改正学习中的错误。至于反复阅读与尝试回忆的时间比例则要因人、因学习材料的不同而有所不同。

（4）动员学生的多种感官和采用多种方式进行复习

多种感官协同复习的效果要好于单一感官的复习效果；采取多种方式进行复习则容易使学生从不同的角度巩固旧有知识，会使他们感到新颖、有趣，容易激发他们智力活动的积极性。例如，在学了某个公式、定理后，就不应简单地让学生去死记这个公式、定理，而应当让他们在解决问题的过程中运用公式、定理，进而加深对公式、定理的理解。

（三）再认和回忆

再认和回忆是记忆过程的最后阶段，是信息的提取和输出过程，它标志着整个记忆过程的质量和数量，是衡量记忆效果的惟一标准。再认和回忆没有本质的区别，只是水平不同而已，再认比较容易，回忆则比较困难。

1. 再认

过去经历过的事物再度出现时能够识别出来，这就是再认。再认的速度和准确性取决于以下两个条件。

(1) 对过去经历过的事物的巩固程度。

旧有事物越熟悉，则越容易再认；反之，则越难再认。

(2) 当前呈现的事物与过去经历的该事物的类似程度。

事物总是在不断发展变化的，如果变化不大，则容易再认，如果变化很大，则很难再认。

2. 回忆

回忆又叫重现，是指在头脑中重新呈现出过去经历过的事物的过程。

根据回忆有无预定目的，可将回忆分为无意回忆和有意回忆。如触景生情、浮想联翩等，就是无意回忆；而在考试中，学生根据题目要求回忆有关知识，则是有意回忆。

有意回忆有时比较容易，有时则比较困难，这就需要追忆。追忆是指需要较大的意志努力，且须有积极思维相配合的回忆，要想使追忆取得良好的效果，就要尽可能地利用各种中介联想，也就是说要尽可能地利用事物的多方面联系去寻找线索。有时要利用到事物的外在联系，如相似、对立、接近等联系进行追忆；有时则要用到事物的本质联系，通过推理来进行追忆。

三、记忆的品质和常用的记忆方法

记忆的品质是衡量一个人记忆力好坏的标准，它主要包括以下几个方面。

1. 记忆的敏捷性

记忆的敏捷性是指接受知识经验速度的快慢。记忆的这种品质在日常生活中表现得最为明显，所以有些人便常常仅以这种品质来评价人的记忆力的好坏，这是不全面的。因为有的人记得快，忘得也快；而有的人记得慢，忘得也慢。所以要想正确评价一个人记忆的好坏，还必须将记忆的敏捷性与其他记忆品质结合起来。

2. 记忆的持久性

记忆的持久性是指对所记的知识经验保持时间的长短。记忆的持久性也是记忆的重要品质。要想提高记忆的持久性，一方面必须掌握遗忘的规律，做到适时而合理地复习；另一方面要努力运用意义识记，对所学材料理解越深刻，保持就越牢固。

3. 记忆的正确性

记忆的正确性是指对识记知识经验的保持准确无误，没有歪曲。这是记忆品质的核心。如果一个人的记忆不正确，那么，其他品质再好也没有价值。

4. 记忆的准备性

记忆的准备性是指对识记的知识经验能否及时提取，灵活运用。记忆的目的就是为了运用。如果一个人不能及时把所需要的已获得的知识经验提取出来，那么，即使他的知识经验再丰富，也是毫无用处的。因此，记忆的这种品质也具有极其重要的意义。应当指出，记忆的四个品质是相互联系、相互影响、相互补充的一个整体，只有四种品质的协调发展才能形成良好的记忆。

（二）常用的记忆方法

记忆的方法是影响记忆效果的重要因素。训练学生掌握科学的记忆方法是提高学生记忆能力和学习能力的重要手段。一般说来，适合中学生的常用的记忆方法主要有以下一些。

1. 直观形象记忆法

感性知识是人们理解理性知识的基础和前提。因而在学习诸如概念、原理等理性知识的时候，就必须以相应的感性经验为支柱。可以说，没有直观形象支持的抽象名词概念，既难以消化理解，也难以巩固记忆。

在教学过程中，要想使学生学得抽象的知识，就应尽力运用直观手段进行教学。或用实物、模型、图片帮助学生理解，或用形象的语言唤起学生头脑中的有关形象经验，从而使抽象的知识和形象的经验挂起钩来。

2. 多感官协同记忆法

多感官协同记忆的效果要远好于单一感官记忆的效果，因而在记忆时就应尽可能多地动员各种感官参加记忆。

3. 联想记忆法

联想记忆法是通过某一事物回忆起另一事物的记忆方法。联想是人脑对客观事物内部和外部联系的反映。在学习中形成联想，运用联想，是提高记忆效果的一种良好方法。

4. 系统记忆法

系统记忆法是把学过的知识分门别类地加以整理使之系统化的记忆方法。任何一门学科都是由许多特殊的概念、规律组成的知识系统，都有其严密的逻辑结构。因而只有学得了系统化的科学知识，学生才算全面掌握了学科的科学体系，也才能触类旁通、举一反三。

5. 口诀记忆法

把没有意义联系的材料编成合辙押韵的口诀或歌谣，读起来顺口，也容易记住，这种记忆方法称为口诀记忆法。

6. 数序记忆法

数序记忆法是指将一些没有什么意义联系的、并列的材料，用数字的顺序组织起来以加强记忆的方法。

7. 推理记忆法

通过推理找出材料之间的逻辑关系的记忆方法叫推理记忆法。

8. 列表记忆法

列表记忆法是指对复杂的学习材料，通过制表由繁化简的记忆方法。自制图表之所以有助于记忆，原因有二：一是要制出图表，必须先在头脑中对材料进行复杂的思维加工，因而容易形成深刻印象，自然易于记住；二是通过制表把复杂的内容加以简化，形成条理，使人一目了然，自然也有利于记忆。

9. 争论记忆法

对同一个问题有不同的看法，几个人在一起讨论、争辩，从而增强记忆的方法，叫争论记忆法。

10. 特征记忆法

通过对事物或文字等的观察和比较，辨别其不同，找出主要特征，从而达到准确记忆的方法，叫特征记忆法。

11. 谐音记忆法

利用发音相近的字词来帮助记忆一些难记的数字或名词等的方法，叫谐音记忆法。

12. 重点记忆法

重点记忆法是指在学习过程中，先把重点记住，然后再扩大记忆范围的方法。

总之，记忆的方法很多，每一个人应当根据自己的不同情况和所学材料的不同，恰当地选择不同的记忆方法，以期使记忆达到最佳效果。

第三节　思维与想像

一、思维概述

（一）什么是思维

思维是人脑对客观事物的本质及其内在规律性联系的概括的

和间接的反映。思维活动俗称思考。

客观事物纷繁复杂，人的感知觉只能反映客观事物的表面现象，要想抓住事物的内在本质及其规律性联系，就必须运用人的思维。事物的本质属性是指该类事物区别于它类事物的最根本的性质；事物间的规律性联系则是指客观事物间所必然存在着的关系。二者都是感知不到的，只有通过思维才能认识它们。所以说，思维是高级的理性的认识活动。

学生在学校里所学的知识，主要是理性知识。良好的思维能力是使学习得以成功的重要条件。因而，有意识地训练学生思维的技能和技巧，是每个教师应尽的责任。

（一）思维的特征

1. 概括性

这是思维最为显著的特性。思维之所以能揭示事物的本质属性及其内在规律性联系，就在于它的概括性。所谓思维的概括性是指思维所反映的不是个别的事物或事物的个别属性，而是反映一类事物所共有的本质特征以及事物所具有的普遍或必然联系。学生所学习的理性知识都是前人概括活动的结果。思维的概括性可以使人们跨越感知的局限去认识事物的本质和规律。

2. 间接性

思维的间接性是指思维不是直接地，而是通过其他事物的媒介作用来反映客观事物的。谁见过电子围绕原子核旋转？谁见过光的粒子？原子模型、光的粒子性和波动性等，都是在已有知识经验的基础上，凭借各种物理实验和思维间接推知客观事物的。正是由于思维具有间接性的特点，所以人们才能对那些未曾感知过的或根本无法感知的事物作出反应，从而使人的知识范围得以扩大、延伸；同样也是由于思维具有间接性的特点，才使得人们能够预测未来，使行动有目的、有计划地进行。

（三）思维的分类

根据思维的水平及其凭借物的不同，可以把思维分为以下三类。

1. 直观动作思维

直观动作思维是指直接与物质活动相联系的思维，思维的对象只是正在做的事，或直接感知到并正在操作的物体。

不管是种系发展还是个体发展，最初的思维都是直观动作思维。这种思维主要依赖于感知和动作，即在直接接触外界事物时产生，在实际动作中实现。

人的直观动作思维在个体发展中向两个方面转化：三岁后的幼儿，思维中的直观与动作成分逐渐减少，渐次让位于具体形象思维；成人则向高水平的操作思维发展。

2. 具体形象思维

具体形象思维是凭借事物的具体形象——表象来进行的思维，它是学龄前以及学龄初期儿童的主要思维方式。这时的儿童可以脱离直接的刺激物和具体动作而借助于具体事物的表象进行思维。

3. 抽象逻辑思维

抽象逻辑思维是运用概念、判断和推理的形式进行的思维。它是思维发展的高级阶段，是人类思维的核心形式。它以言语为工具，所反映的是事物的本质属性和内在规律。

从个体思维发展的角度来看，上述三种思维的发展水平是不同的，但它们的区分并不是绝对的。对于成年人来说，每一种思维都可以得到高度的发展，都可能对人的工作和生活产生重要的影响。

二、思维的一般方法和品质

（一）思维的一般方法

1. 分析与综合

分析与综合是思维的最基本的方法，是其他一切思维方法的前提和基础。每一种思维活动都包含了脑的分析与综合活动。分析就是把事物分解成几个部分、要素、方面，或把事物的发展过程分为几个阶段，而分别加以考虑的方法。综合则是把事物的各个部分、要素、方面，或把事物的各个发展阶段联合起来作为一个整体来加以考虑的方法。

分析与综合是相辅相成、互相依存、互为条件的辩证关系。分析中有综合，综合中也有分析。例如，人们在对某一事物进行分析时，也总在揭示这一事物的各个部分、特性和方面之间的联系，就是说也在进行综合。当人们把所有分析过的材料联合在一起来深入地从整体上认识这一事物时，这固然是一种综合，但它对于更大范围的事物来说，又只能是一种分析。分析以综合为前提，综合以分析为基础，分析越细致、越精确，综合也就越全面、越正确。不断分析和综合，使人的认识在辩证发展过程中不断深化。

2. 比较与分类

比较是在头脑中确定事物异同点的一种思维方法，也是一种重要的认识事物的方法。在现实生活中，如果离开了一些事物同另一些事物异同的比较，人们便不可能真正认识事物。

分类是通过比较，按照事物的异同程度，对事物加以分门别类的方法。这种方法的作用是为了使人认识事物之间的类属关系和联系。

3. 抽象与概括

抽象是把同类事物或现象的共同的本质属性抽取出来，并舍弃其非本质属性的思维方法。概括则是把抽取出来的事物或现象的本质属性综合起来的思维方法。例如，从众多的三角形中，抽取出三角形的共同的、本质的属性——三条边，三个角，这就是抽象，而把具有“三条边、三个角”的图形综合起来，用词——

三角形——表示出来，这就是概括。

抽象和概括有着密切的关系。不先抽出事物的本质属性，也就无从概括；没有概括性的思考，也就不能抽取出事物的本质属性。

抽象和概括同样也是思维的重要方法,通过这两种方法可以使人的认识从感性上升到理性,从而实现认识过程的飞跃。

4. 具体化和系统化

具体化就是把抽象概括出来的概念和原理应用到具体事物中。它把抽象的概念、原理同形象的直观的具体事物联系起来，因而是人们学习、理解和掌握概念和原理的重要方法。

系统化就是把知识要素分门别类地构成一个层次分明的统一的整体系统。系统化在掌握知识的过程中具有非常重要的意义。只有系统化了的知识才称得上是融会贯通、真正理解了的知识。在教学过程中，让学生对学习的材料进行分类，编写提纲、列表等，都是系统化的活动。它不仅有益于对知识的理解，而且也有益于知识的巩固、回忆和应用。

（二）思维的品质

1. 思维的深刻性与广阔性

思维的深刻性是指善于透过纷繁复杂的表面现象发现问题的本质。思维深刻的人不会满足于一知半解或表面认识，而是善于区分本质与非本质的特征，善于抓住事物的关键，正确认识事物发展的规律，并能够预测事物发展的趋势和结果。

思维的广阔性是指善于全面地考察问题，从事物的多种多样的联系和关系中去认识事物。思维广阔的人能够避免对问题认识的片面性和狭隘性。

2. 思维的独立性和批判性

思维的独立性是指独立地发现问题，并独立地去解决问题。思维独立性强的人不会依赖于现成的结论，不盲从于别人的意见，也不会独断专行。

思维的批判性是指思考问题时不受别人暗示的影响，能严格而客观地评价、检查思维的结果，冷静地分析各种思想、各种结论的是非、利弊。

3. 思维的灵活性与敏捷性

思维的灵活性是指能够根据客观条件的发展与变化，及时地改变先前拟定的计划、方案、方法，并及时地寻找到解决问题的新途径。

思维的敏捷性是指善于捕捉和发现问题,反应敏捷,能当机立断。思维敏捷的人解决问题迅速,既不草率从事,又不优柔寡断。

4. 思维的逻辑性

思维的逻辑性是指思考和解决问题时，思路清晰，条理清楚，能严格遵循思维的逻辑规律。思维逻辑性强的人，能使自己的思想首尾一致，论据充分，论证合理，结论正确。

三、想像

（一）什么是想像

想像是指人对自己头脑中已有表象进行加工改造创造出新形象的过程，它是以表象为内容的特殊形式的思维。

想像过程中对已有表象的加工改造有着不同的方式。最简单的一种方式是粘合，即把两种或多种事物的品质、特性或组成部分粘合起来，如西方的美人鱼、中国的龙的形象。其次是夸张和强调，即把事物的某一部分或某一特性加以夸张，如孙悟空的火眼金睛、跟斗云的形象。还有一种在文学和艺术创作中所普遍采用的方法，即典型化，就是指把某类事物最典型、最有代表性的特性集中于某一具体形象上，如阿 Q 的形象。

应当指出，人通过想像所创造出来的新形象并不是凭空产生的。无论新形象多么复杂，多么离奇，也仍然是以过去感知过的现实中存在的事物的形象，即记忆表象为原材料加工改造而成的。西方的上帝画出来像欧洲人，东方的佛祖塑出来像亚洲人。客观现实永远是想像的内容和源泉。

想像在人的工作和学习中有着重要的作用。它不仅能够帮助人们更加深刻地认识世界，而且也会促使人们更加有效地改造世界。一切科学的发现、发明、创新和各种科学知识的学习和掌握，无不借助于丰富的想像力。对于创造性活动来说，尤其离不开想像。因为想像不仅能够预先产生劳动最终结果的表象，而且还能够产生中间产品的表象和制作产品的动作表象。人正是借助于这些表象来指导着自己的创造性活动的。

（二）想像的种类

根据想像有无目的和自觉性，可以把想像分为无意想像和有意想像。

1. 无意想像

无意想像指没有预定目的，不自觉，不由自主地进行的想像。例如，当人们看见天上的云彩时，就不由自主地把它想像为成群的绵羊或积雪覆盖的山峰等，这就是无意想像。

无意想像的最极端形式是梦。梦是在睡眠中发生的。人在睡眠时，大脑皮层会产生一种弥漫性抑制，如果抑制扩散到大脑两半球皮层各个区域，人就处于熟睡状态；如果抑制扩散不平衡，就会有一些神经细胞抑制不深或没有抑制而处于微弱的兴奋状态，这些兴奋点以及兴奋点的组合，就会构成梦境。

人的睡眠可以分为两个时相：一个叫慢波睡眠时相。处于这个时相，人睡得很熟，一般不做梦。另一个叫快波睡眠时相。此时，睡眠虽然较深，但人的眼球急速转动，梦一般在这个时候产生。正常情况下，两种睡眠交替进行。事实上每一个人都要做梦，只不过当人从慢波睡眠中醒来时，快波睡眠时所做的梦已被遗忘，所以有些人才会认为自己不做梦，而有些从快波睡眠中醒来的人则误认为自己整夜都在做梦。

一般说来，致梦的原因无外乎几点。一是白天兴奋的余波，即所谓“日有所思，夜有所梦”，这种类型的梦有时可以给人以灵感。这可能是由于白天长时间的思维活动，使大脑的一些神经细胞处于极度的疲劳状态，因而无法产生任何新思路了，但当入睡后，一些神经细胞经过暂时的休息，又再度兴奋起来，并自由地沟通神经细胞之间的新旧联系，使储存的各种知识经验融会贯通起来，导致了灵感的产生。据说，德国化学家凯库勒在思考苯分子的结构时，曾经百思而未得其解，偶然有一次梦见一个首尾相接的蛇在脑海中盘旋而受到启发，从而才形成了苯分子环状结构的思想。二是睡眠时机体所处的环境，如冬天睡眠时，如果偶然双脚外露，可能会梦见自己赤足走在冰冷的水中。三是睡眠时，机体的内部状态，如有些儿童睡觉有了尿意时，可能会梦见自己找到了厕所撒起尿来，于是便出现了尿床现象。再如当机体某处有隐患时，白天可能由于忙碌感觉不到，到了夜晚可能会梦见自己被刺了一刀等，过几天可能隐患表现出来，于是有些人可能会认为梦都有预言意义。其实，这不过是对梦的实质缺乏理解而已。四是白天忽略掉的信息。在清醒状态下，人的感官每时每刻都在接受大量的信息，但由于精力所限，人不会对所有的信息都加以注意。未被注意的信息有些并未立即消失，而是保存于相应的大脑细胞中，当大脑其他细胞进入抑制状态时，这部分细胞活跃起来，便构成了人的梦境。如白天有几个不三不四的人在自己家周围转游（其实他们是来观察情况的），自己并未在意。夜晚就有可能梦见自己的家被盗。过了几天，果然自己的家被盗了。而此时人们便以为又是神灵托梦了。

2. 有意想像

有意想像是指有预定的目的并自觉地进行的想像。它包括再造想像、创造想像和幻想。

(1) 再造想像

再造想像是指根据语词的描述或图样的示意，在头脑中形成相应的新形象的心理过程。如根据地图、照片、文字的描述，人们可以想像出没有去过的地方的景象，根据建筑图纸的示意，建筑工人可以想像出建筑物的形象等，都属再造想像之列。

再造想像对于人的工作和学习有着重要的意义。通过再造想像人们可以形象地掌握自己不曾感知或无法亲自感知的事物，而且通过再造想像还可以使人们所掌握的各种知识更具体、更生动，从而有助于人们对知识的理解和吸收。

要形成正确的再造想像，必须具备两个条件：一是必须正确地理解词与相关的图形符号的意义；二是必须具备相当丰富的表象储备。

(2) 创造想像

创造想像是指根据一定的目的任务，运用自己以往积累的表象，在头脑当中独立地创造出新形象的心理过程。新颖、独特并具有社会意义的新形象是创造想像的主要标志。

创造想像在人类生活中的意义是巨大的，它在科学发现、科技发明以及文学艺术创作中都有着重要的作用。它是创造性活动的一个必要因素。创造想像使人在问题具有不明确性的情况下能够拟定活动的程序，并且将创造过程结束时可能得到的结果事先呈现在创造者的头脑中，指导着创造活动的方向。社会实践的要求，急切的创造欲望，丰富的表象储备，高水平的表象重构能力和原型的启发，是激发创造想像的动力，也是创造想像得以顺利进行的主要条件。

(3) 幻想

幻想是一种与人的愿望相联系，并指向未来的想像。

幻想是创造想像的一种特殊形式，与一般创造想像相比，主要有两点不同：其一，幻想总是与个人愿望相联系，而创造想像则不一定完全是个人所期望的；其二，幻想往往与当前的活动没有直接的关系，而是指向未来的。

根据幻想的社会效果,人们可以把幻想分为积极的幻想和消极的幻想。通常人们把积极的幻想称为理想,而把消极的幻想称为空想或妄想。理想是符合客观规律,有实现可能的幻想。它能激励人的斗志,鼓舞人的信心,推动人们去积极工作。因此,列宁曾把这种形式的幻想誉为“极其可贵的品质”。空想是指完全脱离现实生活的发展规律,毫无实现可能的幻想。空想往往使人沉溺于想入非非之中,懒于工作,不思进取,是一种消极的想像活动。

四、创造性思维

（一）什么是创造性思维

创造性思维是指有创见的思维，即改组已有的知识经验，从而产生新颖的、具有社会价值的思维成果的思维。创造性思维的成果可以是物质的，如新技术、新产品、新工艺，也可以是意识的，如新思想、新观点。

创造性思维有高低两种不同的水平。高水平的创造性思维是指这种思维解决了前人所未曾解决的新问题，发现了前人所未曾发现的新东西；低水平的创造性思维是指这种思维的结果已为别人所完成，只是对思维者本人来说才算是解决了新问题，发现了新东西。据此，心理学家还把相应的创造力也分为两种：一种是“特殊才能”的创造力；另一种是“自我实现”的创造力。前者指的是科学家、发明家、作家、艺术家等杰出人物的创造力。他们所创造的新学说、新事物对整个人类来讲，都是新的、前所未有的，这是一种高水平的创造力。后者是指对社会、对他人来说并不是新的，但对自己来说却是前所未有的活动时所表现出来的创造力，这是一种低水平的创造力。例如，一个儿童别出心裁地制作了一件玩具，对大人来说，也许觉得很幼稚，但对儿童来说，却是一种可贵的“自我实现”创造力。尽管“自我实现”的创造力水平比较低，但它却是“特殊才能”创造力的前提和基础，离开了“自我实现”的创造力，“特殊才能”的创造力就将成为无源之水，无本之木。所以，注重学生“自我实现”的创造力的培养，是造就具有“特殊才能”创造力人物的必由途径。

创造性思维的最根本的特点是新颖性和独特性。

（二）创造性思维的构成

1. 创造性思维是思维与想像的统一

在创造性思维过程中，创造性的想像可以预先提供所要创造的新事物的形象，使创造性思维的成果形象化，从而指导创造性思维的顺利进行。当然，创造性想像所提供的新事物能否成立，还必须经过严密思维的评判和审查，并最终经过实践的验证。正因为如此，有些心理学家才把创造性思维乃至整个创造性的活动称为“思维加想像”，这是不无道理的。

2. 创造性思维是发散思维和聚合思维的统一

发散思维也称求异思维，是指根据已有的信息从不同角度、不同方向思考、从各方面寻求多样性答案的一种展开性思维方式。善于发散思维的人其思维敏捷灵活，思考问题能够随机应变，不局限于一个方面，也不受思维定势的影响，因而常常能够产生新颖、独特的构想，从而提出不同凡响的新见解。聚合思维，又称求同思维，它是一种有方向、有条理、有确定范围的收敛性思维方式。善于聚合思维的人，往往能够从纷繁复杂的事物现象中抓住事物的本质，从解决问题的多种答案中找到最佳答案。

在创造性思维中，发散思维和聚合思维都是必不可少的构成部分，因为要想提出尽可能多的新见解就必须依靠发散思维，而要从这多种的新见解中选择到最优化的见解又必须依靠聚合思维。由此可见，发散思维是聚合思维的前提和基础，聚合思维是发散思维的结果和归宿。整个创造性思维过程就是沿着发散——

聚合——再发散——再聚合……的轨迹，循环往复，不断地发散与不断地否定非最佳答案，直到创造成功。所以创造性思维的过程也可以看做是寻求发散思维与聚合思维二者最佳结合的过程。

3. 创造性思维是逻辑思维和非逻辑思维的统一

逻辑思维就是遵循逻辑思维的规律和法则，从对感性材料的分析入手，经过一个去粗取精、去伪存真、由此及彼、由表及里的加工推理，从而获得科学结论的思维。没有严密的逻辑思维，就不可能有创造性思维的最终成果。但大量的事实表明，在创造性活动的关键阶段，非逻辑思维的作用往往表现得非常明显。

非逻辑思维主要包括直觉思维和灵感。

直觉思维是一种不依靠明确的分析活动，不经过严密的推理途径的思维。与逻辑思维相比，直觉思维有以下特征：第一，直觉思维带有一定的猜测性和预见性；第二，直觉思维的路线是跳跃式的，径直指向最后结论的；第三，直觉思维是以顿悟的方式表现出来的，直觉思维有时也有推理过程，但往往是简约的、压缩的。

灵感是指在创造性活动中，人在以全部精力解决问题时突然出现新思想的顿悟现象。科学家、发明家和文学艺术家在创造活动达到高潮时所出现的那种最富有创造性的思想就是灵感。灵感往往与创造活动的那些最重要的、最关键的因素联系着，因此，灵感一旦产生，其他问题就迎刃而解了。

灵感是人们长期辛勤劳动的结果。正如俄国画家列宾所说："灵感是对人的艰苦劳动的一种奖赏。"

直觉思维和灵感都是创造性思维的重要组成部分，任何一个创造性活动都离不开直觉思维和灵感。但是直觉思维和灵感产生之后，还必须经过逻辑思维的严密论证，并最终经过实践的检验，才能证明其是否正确。由此可见，创造性思维也是逻辑思维和非逻辑思维的有机统一，是逻辑思维——非逻辑思维——逻辑思维的辩证发展过程。

（三）创造性思维的阶段

1. 准备阶段

这是对知识资料，对以往经验的组织以及对必要的技术、设备等的筹集阶段。准备工作做得越充分，越有利于开阔思路，有助于发现和推测问题的成因，从而易于获得成果。

2. 酝酿阶段

这是对问题的产生及其发展的结果，在头脑中进行周密思考，力图找到解决问题的假设的阶段。在这个阶段中，为了在脑中形成新事物的形象，往往必须借助于想像，特别是创造性想像。

3. 领悟阶段

这是经过充分酝酿之后，在头脑中突然跃出新的构想，使问题有可能得到解决的阶段。

4. 检验阶段

这是获得了解决问题的构思和假设之后，在理论上或实践上进行多次论证和反复修改的阶段。在检验阶段，推翻原假设，重新提出新的假设的情况是经常发生的。任何创造性活动的成功都有可能是在多次失败中孕育出来的，因而在创造性活动中，只有不怕失败，并善于找出失败原因的人，才有希望获得创造性活动的最终成功。

（四）创造性思维活动顺利进行的条件

1. 明确而强烈的创造意识

创造意识越明确，越能激发产生新的假设和构想，创造性活动也就越容易进行。

2. 高水平的推理能力

创造性思维需要直觉和灵感，但直觉和灵感只能提供解决问题的基础或框架，要想使这种基础或框架变成科学的成果，还必须得到科学的论证和实践的检验。因此，高水平的逻辑推理能力，就成为创造性思维必不可少的条件。

3. 原型启发

以具有某种类似性的事物作原型，经启发而找到解决问题的途径或方法，这就叫原型启发。原型就是指具有某种类似性的事物。原型启发可以给创造性思维以极大的启示，可以使创造性思维活动具有一个明确的方向。科学发明史上，有许多发明创造就是受原型启发而产生的。如鲁班受茅草的原型启发发明了锯子，瓦特受水蒸气顶开壶盖的启示发明了蒸汽机等。当然，原型的启发作用，与创造者的心理和知识水平是有密切关系的。只有具有创造精神、创新意识，且有丰富的知识经验和敏锐洞察力的人，才有可能看到原型的启发作用。

4. 善于捕捉灵感

灵感的产生是有条件的。第一，灵感是长期的艰苦劳动的结果。因此，要想促进灵感的产生，就必须付出长期的艰苦的劳动。第二，要保持积极乐观的情绪。灵感总是在良好的精神状态下产生的，一个豁达开朗、态度乐观的人，就容易浮想联翩，思维活跃，也就容易产生灵感。第三，要把握住灵感产生的时间和环境因素。灵感的产生往往是突发式的，多出现在长期紧张思索之后的短暂松弛状态，如散步、洗澡、赏花，甚至做梦时。因此，要科学用脑，有劳有逸，保持旺盛的精力。第四，要随时准备捕捉灵感。对于突然涌入脑际的转瞬即逝的新思想、新观点要及时记录下来，为未来的创造活动做准备。

第四节　注　意

一、注意概述

（一）什么是注意

注意是心理活动对一定对象的指向和集中。

注意是人们非常熟悉的一种心理现象，人们平常所说的专心地听讲，仔细地观察，聚精会神地思考等，都是对注意状态的描述。

注意有两个基本的特征，一是指向性，二是集中性。所谓指向，是指在每一瞬间，注意者都把心理活动有选择地朝向于一定的事物，亦即以这些事物作为心理活动的对象。人处于清醒状态时，随时随地都会有许多事物作用于人的感官，然而人的心理活动在每一时刻却只能以少数事物作为反映对象，究竟接受哪些事物，这便取决于注意的选择。事实上，正是由于注意的指向性才使得人们对所注意的事物有一个清楚的反映。所谓集中，是指心理活动指向某一事物后便贯注于这一事物，同时离开其他事物。也就是说当选择了某事物作为注意对象后，人的心理活动便把全部精力放在这个事物上，而不再关心其他事物。

实际上，指向和集中是彼此紧密联系的，选择了某一事物作为注意对象时，其中就包含了指向和集中两个方面。没有指向就无所谓集中，而指向又是通过集中才明显地表现出来。在注意的对象发生变化而进行注意转移时，注意的指向性表现得特别明显，而在深入研究某一事物时，注意的集中性就表现得尤为清晰。可见，只有达到指向与集中的有机结合，才能使人们更准确更有效地去认识事物。

应当指出，注意并不是独立的心理过程，而只是伴随着其他心理过程的一种心理状态。它是感知、记忆、思维、想像等各种心理过程共有的一种心理特性，它本身不构成对事物的反映，而只是起着维持心理活动的指向并保证心理活动有效进行的作用。一切心理活动过程都离不开注意，注意是一切心理活动的开端并伴随着心理活动的始终。

（二）注意的功能和外部表现

1. 注意的功能

注意在人的心理活动中具有重要的地位和作用，它是人的整个心理活动的组织者和调节者。它的功能主要表现在三个方面。

（1）选择功能。注意的选择功能是指注意能够使人选择那些有意义的符合需要的并与当前活动相一致的刺激，避开与之无关的其他刺激，并抑制对它们的反映。

（2）保持功能

注意的保持功能是指注意能够使人把注意的对象保持在意识之中，对这些对象作出准确、清晰的反映，直到达到目的为止。

（3）调节和监督功能

注意的调节和监督功能是指集中注意时，人便可以排除来自内部的或外部的干扰，控制心理活动向着既定的方向和目标进行。

2. 注意的外部表现

当人们集中注意时，常常伴随着特定的外部动作和行为，这便是注意的外部表现。人在注意时的外部表现主要有：

（1）感官作朝向活动

当人在注意某种事物时，他们的感官常常是朝向这种事物，如举目凝视，侧耳倾听等。

（2）无关运动停止

当人的注意高度集中时，身体的肌肉处于相对紧张状态，从而使多余的无关动作暂时停止下来，而有关运动（如眼睛的扫描）则是有规律地进行着。

（3）内脏器官作相应性变化

人的注意高度集中时，血液循环和呼吸都会发生相应的变化。一般规律是肢体血管收缩，头部血管扩张，呼吸变得轻微而缓慢，吸气时间变短，呼气时间相对延长。当注意高度紧张时，甚至还会出现“屏气凝息”的现象。

（4）神态特殊

当注意集中时，还常常伴有某些特殊的表情动作，如紧闭牙关，握紧拳头，凝视远方，如痴如呆等，甚至眼角、眉毛、口型都会有特定的变化。

上述注意的外部表现，为教师了解学生的注意状态，提供了观察标准。有经验的老师，从学生的坐姿和表情中，尤其是从学生的眼神中基本上可以断定学生是否专注于学习。当然，注意的外部表现与内部状态并不完全一致，如有的学生上课时眼睛虽然盯着黑板，但其心思却早已指向了别的事物。因此，教师应该善于分析判断学生的注意状态，对那些注意分散的学生，及时地采取措施，使其把注意集中到学习上来。

二、注意的种类及其规律

根据注意的目的性和意志努力的程度，可把注意分为无意注意、有意注意和有意后注意三种。

无意注意也称不随意注意，是指事先没有预定的目的，也不需要意志努力的注意。无意注意往往是在周围的环境发生突出变化时引起的。它表现为在某些刺激物的直接影响下，人会不由自主地把感觉器官朝向这些事物并试图认识它。例如，新老师来上课时，同学们往往会不约而同地把视线朝向他，并不由自主地注意他，这时的注意便是无意注意。

无意注意是注意的初级形式。不仅人有，而且动物也有，在人的发展过程中，最初产生的是无意注意，而后才是有意注意。

无意注意产生的原因

无意注意产生的原因，主要来自客观刺激物的特点和主体的内部状态。

（1）客观刺激物的特点

①刺激物的强度

任何强烈的刺激，如强光、巨响、刺鼻的怪味等，都会引起人们的无意注意。但是，事实上起主要作用的往往不是刺激物的绝对强度，而是刺激物的相对强度，即刺激物强度与周围环境强度的对比。例如，在喧闹的教室里，甚至很大的声音也不会引起人们的注意，而在课堂安静的环境中，个别同学的窃窃私语声也会引起人们的注意。

②刺激物的对比

刺激物之间在形状、大小、颜色或持续时间等方面的差异特别显著时，容易引起无意注意。如“鹤立鸡群”，“万绿丛中一点红”，许多短促声音中的一个长声音等，都容易引起人的无意注意。

③刺激物的活动和变化

活动的刺激物，变化的刺激物，容易引起人们的注意。例如，商店闪烁的霓虹灯就很容易引起行人的无意注意。

④刺激物的新异性

任何新奇的东西，包括已熟悉事物的新奇组合，都容易引起人们的注意；而司空见惯、千篇一律的东西，就不容易引起人们的注意。

(2) 人的内部状态

①需要和兴趣

凡是能够满足人们的需要和符合人们兴趣的事物，都容易引起人们的无意注意。

②情绪状态

凡与人的情绪活动有关的刺激物都容易引起人们的注意。另外，心情愉快时，比无精打采时更容易产生对外界事物的无意注意。

③知识经验

个人已有的知识经验对产生无意注意有重要的影响，对保持无意注意，同样也有重要的意义。新异刺激物固然能引起人们一时的无意注意，但如果人们对这种事物一点也不了解时，这种无意注意便会很快消失。只有人在对新异刺激物有一定了解但又不完全了解时，才能使人维持长时间的无意注意。

（二）有意注意

1. 有意注意的定义

有意注意也叫随意注意，是指有预定目的需要作一定意志努力的注意。例如，人们在学习中遇到困难或不感兴趣的东西时，仍能坚持聚精会神地学习，这时的注意就是有意注意。有意注意是在实践活动中形成和发展起来的人类所特有的注意形式。人类只有依靠有意注意才能学到系统的文化科学知识，也才能从事各种有意义的实践活动。

2. 引起和保持有意注意的条件

引起和保持有意注意的条件主要有以下几点。

（1）明确活动的目的和任务

有意注意是一种有目的的注意，因此，对于目的、任务的意义理解得越清楚、越深刻，完成任务的愿望就越强烈，为完成这样任务所必需的一切也就越能引起有意注意。

（2）稳定的间接兴趣

间接兴趣是指对活动本身无兴趣，但对活动结果有兴趣，由此而引发的对活动本身的兴趣。这种间接的兴趣，几乎存在于自觉进行的每一件工作中，对于产生和维持人们的有意注意有着非常重要的作用。

（3）组织有关活动

合理地组织有关活动也有助于有意注意的维持。对自己的行动是否符合预定目的的经常性检查，良好的工作习惯和生活习惯，有规律的饮食起居，智力活动同操作活动等的结合，都有利于注意的保持。

(4) 培养良好的意志品质和个性特征

有意注意也叫“意志的注意”，它体现了人的意志特点和个性特征。具有良好意志品质和坚毅性格的人，易于排除内外干扰，从而使自己的活动服从于当前的目的、任务，使有意注意得以产生和持久。

学生的学习是一种以有意注意为基础的艰苦的智力劳动，培养学生的有意注意是教师的一项重要任务。在教学过程中教师应该帮助学生树立明确的学习目的，发展学生多方面的兴趣和爱好，培养学生良好的个性和意志品质。

(三) 有意后注意

有意后注意，是指有明确的目的但不需要意志努力的注意，它是在有意注意的基础上发展起来的一种特殊的注意形式。例如，儿童在最初学写字时的注意是有意注意，而当他掌握了写字的技巧，再来做听课笔记时，原来的有意注意也就转化为有意后注意了。

有意后注意不需要付出意志努力但却有明确的目的，因而是一种更高级的注意形式。它兼有前两种注意的优点，它的缺点是适应范围小，对技能性的活动容易形成有意后注意，但对智能性的活动却很难形成有意后注意。

三、注意的品质

(一) 注意的广度

注意的广度也叫注意的范围，是指在同一时间内人所注意到的事物的数量。实验证明，在 1/10 秒的时间内，成人一般能注意到 8~9 个黑色圆点，或 4~6 个不相联系的外文字母。

影响注意广度的因素主要有两个方面。一方面是注意对象的特点。一般说来，注意的对象越集中，排列越有规律，越能成为相互联系的整体，则注意的范围就越大；反之，注意的范围就越小。另一方面是注意者的活动任务和知识经验。一般规律是活动任务越复杂，注意范围越小，知识经验越丰富，注意范围越大。

（二）注意的稳定性

注意的稳定性是指注意在一定时间内保持在某种事物或某件活动上。这是注意在时间上的特征。

注意的稳定性并不意味着注意能长时间地固着在某一固定的对象上，而是有规律地加强或减弱，这种周期性的变化，叫做注意的起伏。在图 3-9 中当人们从顶部注视这个截去了尖端的棱锥体时，就会发现中间的小正方形，时而突起，时而又陷下，大正方形和小正方形的位置总是在跳跃式地变化着。这就是注意的起伏现象。

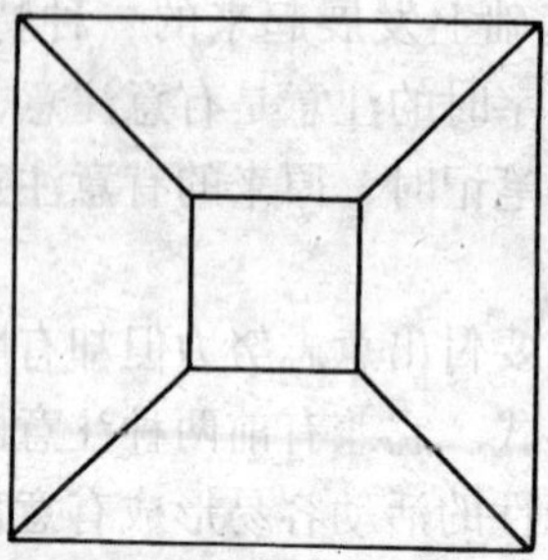

图 3-9　注意的起伏

不过，短时间（1～5 秒）的注意起伏并不影响复杂而有趣活动的完成，因为只要活动的总方向始终保持不变，注意便可以说是稳定的。

注意的稳定性与注意对象的特点有关。如果注意的对象是单调的、静止的，注意就难以稳定；如果注意的对象是复杂的、变化的、活动的，注意就容易稳定。注意的稳定性更重要的是与人的积极性有关。如果人对所从事活动的意义理解深刻，具有积极的态度、浓厚的兴趣，并且进行积极的思维活动，注意就容易稳定、持久；相反，如果人对所从事的活动的意义缺乏理解，缺乏兴趣，或处于疲劳疾病的时候，注意就容易分散。

注意的稳定性，是注意的最重要的品质。养成稳定注意的习惯，对人们的学习与工作都有重大的意义。因而，人们应当自觉地运用注意产生的规律，来培养自己稳定注意的习惯。

（三）注意的分配

注意的分配是指在同一时间内把注意指向两种或几种不同的对象或活动上。例如，学生在上课时，一边听讲，一边记笔记，这就是注意的分配。

注意的分配是有条件的，其最重要的条件是，在同时进行的两种或多种活动中至多有一种是不熟练的。因为对于熟练了的活动，人毋需给予它太多的注意就能自动化地实现，从而能够把大部分的注意集中到比较生疏的活动上，于是注意的分配才成为可能。另外，注意的分配也和同时进行的几种活动的性质有关，活动之间必须是具有内在联系的动作系统时才能分配。例如，一个人比较容易一边弹一边唱同一支歌曲，但他却很难在弹一支歌曲的同时去唱另一支歌曲。

注意的分配能力是良好注意力的一个重要品质。它对人们从事多种复杂的学习活动和工作活动都有着重要的意义。因而，在现实生活中，注意培养和训练自己的注意分配能力，是十分必要的。

（四）注意的转移

注意的转移是指一个人根据新的任务，主动地把注意从一个对象转移到另一个对象上。例如，上一节是语文课，下一节是数学课，于是学生在听完了语文课之后，便根据新的任务主动地把注意转移到了数学课上来，这就是注意的转移。

注意的转移与注意的分散是根本不同的。前者是根据任务的需要主动地、有目的地把注意从一个对象转移到另一个对象上；

后者则是在需要稳定注意的情况下，不随意地改变了注意的对象。

影响注意转移的因素主要有两个方面。一方面，注意的转移取决于先后活动紧张度的对比，如果新的活动比原来的活动更有趣更激烈，则注意容易转移；反之，注意的转移就比较困难。另一方面，注意的转移也与人的主观努力有重要关系。如果人们的意志坚强，对需要转移的活动意义理解深刻，那么即使原来的活动吸引力强，也能顺利地实现转移。

注意的转移对于学生的学习具有着重要的意义。学生每天要上许多门不同的课，要从事许多种不同的活动，这就要求他们具有迅速转移注意力的能力。因此，教师应有意识地根据转移与活动强度、个人需要及兴趣相互依存的规律，组织好教学，以培养学生注意转移的能力。

应当指出，注意的上述四种品质是密切联系的。一个人注意力的好坏，不仅取决于注意品质的个别特点，而且也取决于这几种品质的相互搭配和有机结合。

四、注意规律在教学中的应用

（一）课堂上学生注意力涣散的主要表现

在良好的教育条件下，中学生注意的抗干扰性能够较好地发展起来。一般说来，初中生就能够自主地调节和控制自己的注意了。但是在教学过程中同样还会有些中学生对学习不能集中注意而导致注意力涣散。学生注意力的涣散可能是偶发性的，也可能是经常性的。课堂上学生注意力涣散的原因是多方面的，它可能受学习积极性或兴趣的影响，可能受家庭或社会因素的影响，可能受学生自身机体疾病的影响，也可能受教学中的某些因素的影响。由于教学的原因造成注意力涣散的主要表现有下述几点。

1. 厌烦

教材内容过深或过浅，教师语言贫乏冗长，教学方式古板单调，都会使学生感到索然寡味而产生厌烦，从而导致注意力的涣散。

2. 情绪急剧波动

教师不恰当的表扬或批评以及一上课就分发上次考试卷子，或宣布考试成绩等事件，都会引起学生情绪的急剧波动，而使学生难以将注意及时转移到教学上来。

3. 反抗和冷漠

师生关系紧张以及学习屡遭失败等，都会导致学生对教师的反抗或对学业的淡漠。

4. 寻求注意和承认

有些学业成绩或品德、能力欠佳的学生，由于长期受到老师和同学们的冷落，他们当中有的人在上课时可能故意搞恶作剧，以获得教师或同学们的注意和承认。

作为老师，在发现学生上课注意力涣散时，就应查明其中原因，针对具体情况采取具体措施，以期使学生尽快把注意力集中到学习上来。

（二）如何运用注意的规律组织教学

1. 充分利用无意注意的规律

前已述及，无意注意首先是由刺激物的特点引起的。而这些刺激物既能帮助学生集中注意，也能分散学生的注意。因此，作为教师，首先应尽量防止容易使学生分心的因素的干扰。例如，教室周围的环境要安静；教室内的装饰不宜太多；教师的衣着打扮要朴素，言语表情要自然等。其次还应善于利用刺激物的特点去吸引学生的无意注意。教学内容的新颖性、科学性和系统性，教学方法的多样性、灵活性和启发性，教师语言的简洁流畅、快慢适中、抑扬顿挫等，都是吸引学生无意注意的条件。另外，无意注意的产生还有其主观因素，作为老师，在教学过程中还应当考虑学生的需要、兴趣、知识经验和情绪状态等。经验表明，教学内容符合学生的需要，切合学生的实际，教法能够激起学生的兴趣等，都能保持学生的持久注意。因此，作为教师，不仅应当深入地钻研教材，而且还应当经常了解学生的实际情况，激发他们的学习兴趣。

2. 善于运用有意注意的规律

学生的学习是一种艰苦的智力劳动，它必须依靠持久而稳定的有意注意来维持。因此，教师在教学过程中就必须根据有意注意的规律组织教学，以使学生把注意长时间地维持在学习上。为此，就要求教师：

（1）教育学生明确学习目的

学习目的越明确，学习的任务越具体，学习的意义越远大，学习的责任感也就越强烈，克服困难的意志力也就越坚强，维持有意注意也就越容易。

（2）对学生的要求要严格适当

一贯严格要求有利于培养学生有意注意的习惯。当然这种要求必须是学生力所能及的，太难，会使学生望而生畏，丧失信心；太易，又会使学生思想不重视，注意力不集中。实践证明，如同摘苹果，“跳一跳，够得着”的原则最为恰当。

（3）正确组织课堂教学

正确地组织课堂教学是吸引学生注意的一个重要条件。教师的授课内容和时间安排要有张有弛、富有节奏，教师还要善于提出新问题引导学生积极思维，使学生没有分散注意力的机会。另外，在教学过程中，把智力活动同操作活动有机地结合起来，也有利于注意的集中。比如，学习时要求学生记笔记，作摘要，编提纲，进行演算等，都会增强和维持学生的有意注意。

3. 运用注意转换的规律

有意注意虽然是搞好学习的重要保证，但是，完全依赖有意注意进行学习，则容易疲劳，不能长时间坚持，如果单纯依赖无意注意进行学习，还会因缺乏目的性而难以完成学习任务。所以在教学过程中，要做到几种注意交替运用，恰当地安排教学。一般说来，上课开始，就要通过组织教学，来引起学生的有意注意；接下来就要让学生对新课题或新内容产生兴趣，从而引起学生的无意注意；当讲授教材的难点和重点时，又应当设法使学生加强有意注意，认真思考和理解；而当学生逐渐被内容所吸引全神贯注地听课时，他们的注意便转化成有意后注意了；下课之前，学生的注意最易涣散，在布置作业时，又需要提出要求，引导学生的有意注意。总之，一堂课就应当这样有节奏地交替着，从而使学生的注意有张有弛，不易疲劳，从始至终保持着一定的注意。当然这种节奏性的变化，没有固定的模式，需要教师根据教材内容、难度和学生注意力的发展水平，进行巧妙的安排。

4．正确处理课堂上学生注意力涣散的问题

学生注意力涣散的原因是多方面的，教师应当针对不同的原因采取不同的措施。而当学生在课堂上出现注意力涣散时，教师可以通过以下手段予以制止。

（1）给予信号

当学生注意力开始分散时，教师及时给予信号，能有效地加以制止。主要信号有：凝视开始做小动作的学生，讲课中突然停顿，或忽然提高讲课声音等。

（2）临近控制

为使信号更加奏效，教师可以一边凝视学生，一边走近他。教师走近学生并站立在他身旁，若加以提醒（如轻拍其背等）效果更佳。

（3）提出问题

教师的提问能引起学生的有意注意。提问应面向全班，然后要让不注意听讲的同学回答。提出的问题应与正在进行的教学活动有关，以激发其听课的积极性，切忌提不动脑筋的问题（如“对不对”，“是不是”等），或招供式的问题（如“你在干啥”等）。

（4）特殊安排

教师在面向全班进行教学的同时，还要顾及“吃不饱”和“吃不了”的同学。“吃不饱”的学生会觉得授课内容太容易而分散注意力；“吃不了”的同学则会觉得授课内容太难而丧失信心，分散注意力。对“吃不饱”的学生，老师要提出更高的要求，而对“吃不了”的学生，教师则要求他们先从容易的问题入手等，都能够维持他们的注意力。

另外，对学生坐次的特殊安排也可防止有些学生上课时注意力分散。一般说来，每个班上都会有两三个比较调皮的同学，如果让他们凑在一起，他们会搞乱课堂秩序。如果让他们分布在比较安静的同学中间，即使他们有时也会调皮，但当多次得不到周围同学的响应时，他们便会慢慢安分下来。

（5）提出批评

对于经常不注意听讲、不遵守纪律的同学，教师也要给以严肃的批评，但批评最好在课下进行，以免分散其他同学的注意力。

总之，只要教师根据学生注意发展的特点，深入调查研究，设法消除注意分散的原因，巧妙地运用各种教学艺术，持之以恒地对有意注意加以培养，学生良好的注意品质是可以逐步培养起来的。

思 考 题

1. 感觉和知觉各有哪些规律，在教学过程中应如何运用这些规律？

2. 作为一名中学教师，应如何利用记忆的规律去组织或训练学生的记忆？

3. 试分析你个人的记忆品质，并尽可能多地提出一些改善你个人记忆的方法。

4. 试分析你个人的思维品质，并尽可能多地提出一些改善你个人思维的方法。

5. 什么是创造性思维，你认为中学教师应该如何培养学生的创造性思维？

6. 注意有哪些基本规律，如何利用注意的这些规律组织教学？

第四章　有意义学习

在第二章中，我们介绍了奥苏贝尔对于学习的分类，下面我们详细阐述对人类最富重要意义的学习——有意义学习。

第一节　有意义学习的实质

一、有意义学习的实质

奥苏贝尔指出，有意义学习的实质，就是符号所代表的新知识与学习者认知结构中已有的适当知识建立非人为性的和实质性的联系。这一论断既为有意义学习下了明确的定义，也指出了划分机械学习与有意义学习的两条标准。

（一）有意义学习的标准

从有意义学习的定义中我们可以看出，要判断学生的学习是有意义的还是机械的，就必须首先了解符号所代表的新知识与学习者认知结构中原有知识的联系（简称为新旧知识的联系）的性质。新旧知识联系的性质既要受学习者原有的知识背景的影响，也要受学习材料本身性质的制约。

有意义学习的第一个特征，就是新的符号或符号所代表的新知识与学习者认知结构中有关知识的联系必须是实质性的。所谓实质性联系，是指新的符号或符号所代表的新的知识与学习者认知结构中已有的表象，已经有意义的符号、概念或命题的联系。换句话说，就是当新的知识能与学习者已获得的知识产生联系时，那这种联系就是实质性的。例如，就“爸爸”这一名称的学习来说，如果儿童能将“爸爸”这一新的符号与已经获得的自己爸爸的表象联系起来，那这种联系就符合实质性联系的标准。在这种情况下，儿童就初步掌握了爸爸这一符号的意义，这是最简单的有意义学习。当然，儿童要真正掌握爸爸一词的含义，则还得需要更多的知识。在学习外语时，如果能将新的外语符号（如“dad”）与已经有意义汉语词（“爸爸”）联系起来，这样的联系也是实质性的联系。而对概念和命题的学习则是较复杂的学习，只有当儿童掌握了与这些概念或命题有关的基础知识时，儿童才能有意义地学习这些概念或命题。比如，在学习“等边三角形”这一概念时，儿童认知结构中就必须具备“三角形”和“等边”的概念，对小学低年级的儿童来说，也许还必须观察由等边三角形构成的实物或图形，他们才能把新的概念（“等边三角形”）与他们认知结构中已有的观念（“三角形”、“等边”或“等边三角形的表象”）建立实质性的联系。对于命题学习来说，当新的命题与学习者认知结构中已有的知识建立了实质性的联系之后，用形式不同的等值语言表达这一命题时，则引起的心理内容的实质是不变的。如将“等边三角形是有三条边相等的三角形”，改为“任何三角形，只要它们的三条边相等，则它们就是等边三角形”，尽管文字表达的方式发生了变化，但引起的心理内容都是等边三角形的概念或表象。所以，新旧知识的实质性联系是指实质的而非字面的联系。

有意义学习的第二个特征，就是新旧知识的联系必须合乎非人为性的标准。所谓非人为性的联系，就是指新知识与学习者认知结构中原有的有关观念建立在某种合理的或逻辑基础上的联系。仍拿“等边三角形”概念的学习来说，这里的新概念（“等边三角形”）与学习者认知结构中原有的一般三角形概念的关系就是非人为的，它符合一般与特殊的关系。

总之，凡是合乎上述二条标准的学习就是有意义的学习。而不合乎上述两条标准的学习只能是机械的学习。如对无意义音节和配对词（如红——黑，蓝——黄等）的学习，则只能是机械的学习。因为这样的材料不可能与人的认知结构中的任何已有的观念建立实质性和非人为性的联系。在学习这些材料时，就必须在逐个字母或项目之间建立联系。

（二）有意义学习的条件

有意义学习的效果既要受到学习材料性质的影响，也要受学习者自身因素的影响。前者是有意义学习的外部条件，后者是有意义学习的内部条件。

1. 有意义学习的外部条件

既然有意义的学习是符号所代表的新知识与学习者认知结构中原有的知识建立实质性的和非人为性的联系,那么有意义学习材料本身,必须合乎这种非人为性的和实质性的标准。也就是说,学习材料必须具有逻辑意义。这种逻辑意义指的是材料本身有与人类学习能力范围内的有关知识建立实质性和非人为性联系的可能性。例如,无意义音节和配对词之类的材料就无法同人的认知结构中的原有知识建立实质性的和非人为性的联系,因此,这类材料就不具备逻辑意义。相反,学生所学习的教材知识,则是对人类千百年来知识经验的概括,因此,一般说来都具备逻辑意义。

应当指出，这里衡量学习材料是否具有逻辑意义的标准仍然是心理上的标准。因为，逻辑上有意义的材料并不一定符合客观规律。例如，“地球是平的”，“重的物体比轻的物体下落得快”等，就具备逻辑意义，因为这些命题能与人的现实生活中的感性经验联系起来。但实际上地球并不是平的，重的物体也不见得比轻的物体下落得快。

2. 有意义学习的内部条件

有意义学习的内部条件主要有两个方面：其一是学习者必须具有有意义学习的心向，所谓有意义学习的心向是指学习者积极主动地把符号所代表的新知识与学习者认知结构中原有的适当知识加以联系的倾向性。其二，学习者认知结构中必须具有适当的知识以便与新知识进行联系。如果学习材料本身具有逻辑意义，而学习者认知结构中又具备适当的知识基础的话，那么这种学习材料对于学习者就构成了潜在的意义。

总之，在既具备了学习的外部条件，又具备了学习的两项内部条件的情况下，学习者就会积极主动地把具有潜在意义的新知识同自己认知结构中原有的适当知识联系起来，从而使旧知识得到丰富，使新知识获得实际意义，即心理意义。

（三）意义、有意义学习与有意义材料学习的相互关系

1. 意义与有意义学习的关系

从上面的论述中，可以看出心理意义（简称意义）是在具备有意义学习的条件下，有意义学习过程的产物。所谓意义，就是指与符号所对应的学习者能够清楚表达和精确区分的认知内容或意识内容。所以，对学习者个人来说，有意义学习就是符号获得意义的过程。应当指出，在实际生活或实际教学中，代表新知识的符号的意义是逐渐获得的。例如，就"爸爸"一词的学习来说，儿童在最初学会叫"爸爸"时，这是对"爸爸"一词的最简单的理解。只有当儿童有了抽象思维之后，他才有可能真正理解"爸爸"一词的含义。

2. 有意义学习与有意义材料的学习

有意义的学习不等于有意义材料的学习。通常所说的有意义材料的学习只是指对具有逻辑意义的材料的学习。这些具有逻辑意义的材料对学习者来说并不见得就具有潜在意义。因为潜在意

义不仅依赖于材料本身的逻辑意义，而且还依赖于学习者的认知结构中是否有适当的知识可利用。而且即使材料本身对学习者来说具备了潜在的意义，也可能因学习者缺乏有意义学习的心向而使这些材料不能获得心理意义。另外，有些学习材料可能就它的构成成分来说，学生已经获得了意义（如配对词中的每一个词），但作为一个学习的整体却没有意义。因此，即使具有潜在意义的材料，或整个学习材料的构成成分已经获得意义，仍然可能导致机械学习，而不是有意义学习。

总之，我们可用表 4-1 来表示有意义学习、逻辑意义、潜在意义和心理意义的相互关系。

表 4-1　有意义学习、逻辑意义、潜在意义和心理意义的相互关系

心理意义	产生于	有意义学习
有意义学习	需要	潜在的有意义材料和有意义学习的心向
潜在意义	依赖于	逻辑意义和学习者认知结构中有适当观念可以利用

二、有意义言语学习的类型

根据学习任务的复杂程度，我们可以把有意义学习分为三种类型，即：代表性学习、概念性学习和命题性学习。

（一）代表性学习

所谓代表性学习就是指学习单个符号或一组符号的意义。换句话说，就是学习这些符号代表什么。代表性学习的主要内容是词汇学习，即学习单词代表什么。在任何语种的言语中，单词都可以代表物质现象或精神现象。自然，这种代表关系是约定俗成的。对于新生一代来说，某个词代表什么，他们最初是完全无知的。为了与人交流，进而适应环境和改造环境，他们就必须学会这些单词代表什么。

代表性学习的心理实质，就是符号和它们所代表的事物或观念在学习者认知结构中建立起相应的等值关系。例如，“狗”这个符号，对初生儿童是完全无意义的，在儿童同狗打交道的过程中，儿童的长辈或年长的儿童多次指着狗（实物）说“狗”，儿童便逐渐学会了用“狗”（语音）来代表他们实际见到的狗。于是我们便说“狗”这个声音符号对于这个儿童来说就获得了意义，也就是说“狗”这个声音符号所引起的认识内容和实际的狗所引起的认知内容大致是相同的，同为狗的表象。这一过程可以用图 4-1 来表示。

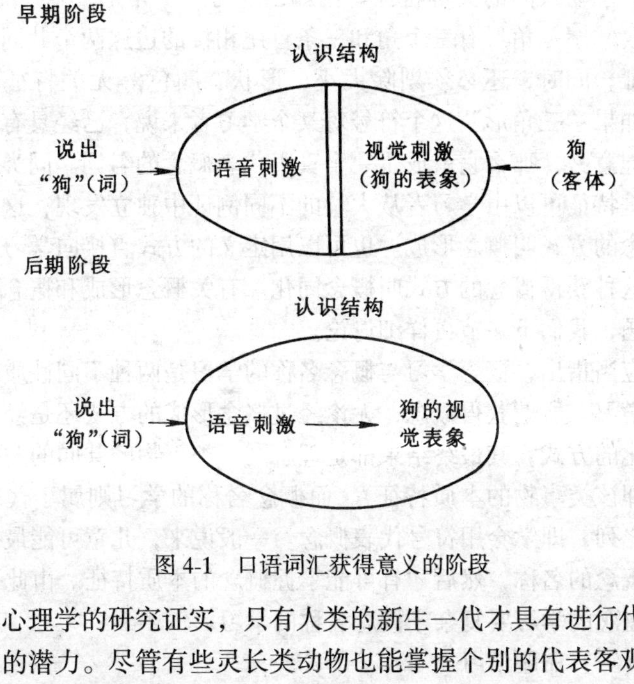

图 4-1　口语词汇获得意义的阶段

心理学的研究证实，只有人类的新生一代才具有进行代表性学习的潜力。尽管有些灵长类动物也能掌握个别的代表客观事物的符号，但其数量极为有限，而且需要经过长期的训练。至于代表真正抽象概念的符号，它们就更没有可能掌握了。

一般说来，儿童大约在一周岁左右，才能迈出实现代表性学习潜力的第一步。儿童在与周围人们的交往中，不断地听到他们用不同的名词代表不同类的事物，而用相同的名词代表相同的事物。于是他们便直觉地领悟到能够运用符号来代表他们所接触到的事物，从而也能代表他们头脑中的认知内容（即客观事物的表象）。这种领悟在认知结构中逐渐确立后，就为今后的代表性学习奠定了必要的基础。

（二）概念学习

概念学习是一种高级形式的有意义学习，它的实质就是掌握同一类事物共同的关键特征。例如，学习“三角形”这一概念，就是要掌握三角形有三个角和三条首尾相接的边这两个共同的关键特征，同时，还必须剔除大小、形状、颜色等无关特征的干扰。如果“三角形”这个符号对某个学习者来说，已经具有了这种心理意义，那么它就成了一个真正代表概念的名词。同类事物的关键特征可以由学习者从大量的不同例证中独立发现，这种获得概念的方式叫概念形成。也可以用定义的方式直接向学习者呈现，这种获得概念的方式叫概念同化。有关概念形成和概念同化的问题，我们下一节再详细讨论。

应当指出，概念学习与概念名称的学习是两种不同性质的有意义学习。所谓获得概念，无论经过概念形成的方式还是经过概念同化的方式，其最终结果都是理解同一类事物的共同的关键特征（即该类事物的本质特征）。而概念名称的学习则属于代表性学习之列，即学会用符号代表概念。一般说来，儿童可能最初先学会概念的名称，然后才有可能掌握概念的本质特征。由此可以看出概念的学习要复杂于概念名称的学习。

（三）命题学习

命题学习是有意义学习的最高形式。一般说来，命题可以分为两类：一类是非概括性命题，只表示两个或两个以上的特殊事物之间的关系，如“北京是中国的首都”，“上海是中国最大的城市”等。另一类命题是陈述一类事物的本质特征的，这类命题叫概括性命题，如“圆的直径是它的半径的两倍”，“三角形的内角和等于180度”等。无论是概括性的命题还是非概括性的命题，它们都是由单词联合所构成的句子来表达的，所以说在命题学习中也包含了代表性学习。又由于构成命题的单词一般代表概念，所以说命题学习实质上是学习若干概念之间的关系。换句话说，就是学习由几个概念联合所构成的复合意义。由此，我们可以看出命题学习在复杂程度上一般高于概念学习，它是有意义学习的一种最高级形式。很显然，如果学习者对命题中的有关单词以及由单词所代表的概念的含义没有掌握，那么，他就不可能理解这一命题。命题学习必须以代表性学习和概念学习为前提。

前面我们已经论述过，有潜在意义的新命题总是在同学习者认知结构中原有的适当知识建立了实质性的和非人为性的联系以后，学习者才获得心理意义。很显然，在新知识的学习中，认知结构中原有的适当知识起决定作用。正是由于这种原有的适当知识能够对新学习的知识起到固定作用，所以便称这种知识为起固定作用的知识。新的命题与认知结构中起固定作用的知识的关系大致可以分为三种：（1）原有的知识是上位的、新学习的知识是原有知识的下位知识；（2）原有知识是下位的，新学习的知识是原有知识的上位知识；（3）原有知识与新学习的知识是并列的，构成并列结合关系。根据新命题与原有的起固定作用的知识的这三种关系，我们可以把命题学习分为下位学习、上位学习和并列结合学习三种形式。

1. 下位学习

认知心理学认为，认知结构本身，在知识的抽象、概括和包容水平方面倾向于按层次地组织。新的命题将同原有的知识构成一种类属关系。当认知结构中原有的有关知识在包容和概括水平上高于新学习的知识时，这种新旧知识间的类属关系便称为下位关系，这种学习也便称为下位学习。这种类属过程的多次进行，就会导致知识不断产生新的层次，因而也就不断分化和精确化。类属学习的效率决定于认知结构中原有的起类属作用的知识的稳固程度，原有的知识越稳固，也就越容易固定新学习的知识，学习的效果自然也就越好。

类属过程也可分为两种不同的类型。其一是派生类属过程。当新的学习材料作为原先获得的概念的特例,或作为原先获得的命题的证据或例证而加以理解时,便产生了派生类属学习。在上述两种情形中,所要学习的新材料可以直接从认知结构中原有的具有更高包容性和概括性的概念或命题中推衍出来,也就是说新知识只是旧知识的派生物。在这样的条件下,学习比较省力,学习者很容易掌握新材料的意义。例如,当学生学习了正方形、长方形、正三角形并掌握了轴对称图形的概念后,再来学习圆时,“圆也是轴对称图形”这一命题会很快地纳入或类属于原有轴对称图形的概念,于是新的命题便获得了意义。派生类属作用的结果,不仅会使新的命题获得意义,而且还会使原有概念或命题得到充实和巩固。其二是相关类属过程。新的材料类属于原有的较高概括性的知识中,原有的知识得到扩展、精确化、限制或修饰,新的命题获得意义。这种形式的学习便被称为相关类属学习。例如,过去已经知道“挂国旗是爱国行动”,现在再来学习新命题“植树也是爱国行动”时,新命题就会类属于原先的“爱国行动”中,结果新命题获得意义,原有的“爱国行动”得到扩展和深化。应当指出,在相关类属的学习中,尽管新学习的材料与一些具有较高包容性和概括性的类属者也会发生相互作用,但新的命题的意义却并不完全蕴含在原有类属者之中,也不能为原有类属者所代表。通过类属过程,原有概念或命题是否发生本质属性的改变,是区分上述两种类属过程的关键。在派生类属学习中,新知识纳入到原有的旧知识中,原有的概念或命题,得到证实或说明,本质并不发生改变。但在相关类属学习中,每次新知识类属于原有的概念或命题时,原有的概念或命题都会得到扩展、深化、精确化或修改,也就是说原有概念的本质属性将会发生不同程度的变化。图 4-2 的上半部分说明了这两种类属过程的不同。

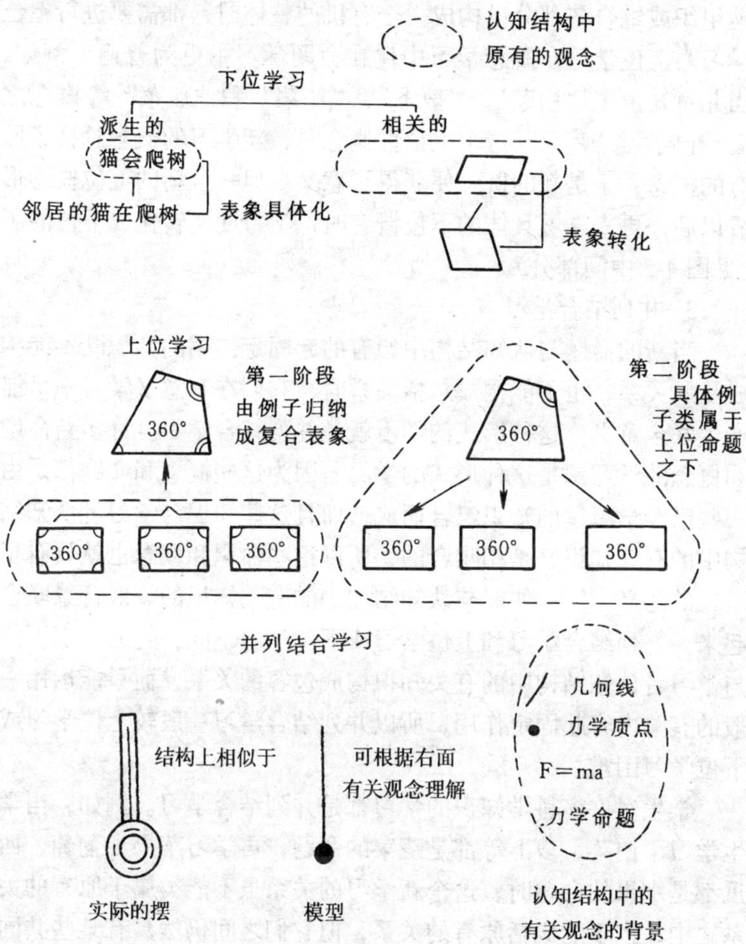

图 4-2　新观念与原有观念的关系

2. 上位学习

当认知结构中已经形成了几个概念或命题，现在要在这几个原有概念或命题的基础上再来学习一个包容程度更高的命题时，便产生了上位学习（又称总括学习）。在对被提供的材料进行归纳组织或综合各部分以构成一个有机的整体时，都需要进行上位学习。上位学习在概念学习中比在命题学习中更为普遍。例如，当儿童知道了“白菜”、“萝卜”、“芹菜”和“菠菜”等概念之后，再学习“蔬菜”这个上位性概念时，新学习的概念总括了原有的概念，于是新的概念便获得了意义。但一旦新的上位概念形成以后，再来学习具体的下位概念时，学习便又转化成下位的了(见图 4-2 中间部分)。

3. 并列结合学习

当新的命题与认知结构中原有的起固定作用的知识既不能构成从属关系，也不能构成总括关系时，它们在有意义学习中可能产生联合意义，这种形式的学习就是并列结合学习。许多新命题和概念的学习都是这种形式的学习。因为这些概念和命题都是由一些已经学习过的知识组合而成，而且这些知识与学习者认知结构中的有关知识又是相吻合的，所以这些命题和概念也就具有了潜在的意义，因而便能与认知结构中的有关知识的一般背景联合起来。并列结合学习和上位学习或下位学习不同，它的知识不能与学习者认知结构中的有关知识构成包容的关系，而只能运用一般的有关内容起固定作用，所以并列结合学习一般较上位学习或下位学习困难。

学生对许多科学知识的学习都是并列结合学习。例如，当学生学习了白菜、萝卜等都是蔬菜的命题，再学习苹果、葡萄、西瓜都是水果的命题时，这个新学习的关系虽不能类属于原有的关系之中，也不能概括原有的关系，但它们之间仍然具有某些共同的关键的特征，例如都是食物的类属关系等。根据这种共同的特征，新关系与已知的关系并列结合，新关系便获得了意义（见图4-2 下半部分）。学习中的"举一反三""触类旁通"就是并列结合学习的原理。

三、同化论

同化论是奥苏贝尔提出用以解释有意义学习的心理机制的理论。奥苏贝尔认为机械学习的心理机制是联想,而有意义学习的心理机制则是同化,那么奥苏贝尔所说的同化概念的含义是什么呢?

在心理学上，"同化"一词先是由瑞士儿童心理学家皮亚杰提出的。皮亚杰所说的同化概念是指将环境因素纳入到学习者认知结构中，以加强和丰富学习者的知识，从而引起认知结构量的变化的过程。当学习者已有的认知结构不能同化新的客体时，就必须建立新的认知结构或调整原有的认知结构，由此引起的认知结构的质的变化的过程，则被皮亚杰称为顺化。奥苏贝尔借用了皮亚杰的"同化"一词，但又赋予了这个概念以特有的内涵，以此来解释有意义学习的实质。

有意义学习的理论强调，新知识的获得主要依赖于认知结构中原有的适当知识，而且还必须通过新旧知识的相互作用，有意义学习才能实现。这种新旧知识的相互作用便被奥苏贝尔称为新旧意义的同化。很显然奥苏贝尔的"同化"，一方面是指新知识纳入到原有认知结构中去的过程，另一方面还是指新知识的纳入不仅给认知结构增添了新内容，而且还会对认知结构中原有的概念进行修饰、限制、改造和精确化，从而引起原有认知结构质的变化。奥苏贝尔的同化模式（见表 4-2），不仅有"下位的"，而且还有"上位的"和"并列结合的"。这些知识既可以解释知识由高位到低位的分化，也可以解释知识由低位到高位的不断概括化，还可以解释知识在横向上的融会贯通。总之，奥苏贝尔的同化论能够比较辩证地解释良好的认知结构如何形成的问题。

表 4-2　新知识的意义之获得的同化模式

1. 类属学习(下位学习)	
A. 派生类属	原有的关念 A 新的内容 → a_5　a_1　a_2　a_3　a_4
B. 相关类属	原有的观念 X 新的内容 → Y　U　V　W
2. 总括学习(上位学习)	新学习的观念 A → A a_1　a_2　a_3
3. 并列结合学习	新学习的观念 A → B—C—D

应当指出奥苏贝尔同化论的核心是相互作用观。它强调学习者的积极主动的精神,即有意义学习的心向,强调有潜在意义的新知识必须在学习者的认知结构中找到适当的同化点,然后才能通过新旧知识的相互作用把有潜在意义的知识转变为实际的心理意义,从而引起认知结构的变化。显然,这种变化既有质变也有量变。总之,奥苏贝尔的同化论包含有外因是变化的条件,内因是变化的依据的辩证思想。奥苏贝尔所提出的三种同化模式对于实际的教学是有着指导意义的。教师完全可以根据不同的教学内容,按照这三种教学模式来设计课堂程序,创造学习条件,控制学习过程,从而促进有意义的学习,使学和教都得以高效率地进行。

第二节　概念与规则的学习

从上一节的论述中，我们知道有意义的学习可以分为三种类型，即代表性学习、概念学习和命题学习。而命题学习又可分为概括性命题和非概括性命题。在本节中我们把概括性命题称为规则或原理。本节的任务就是在上一节的基础上进一步探讨有意义学习的最重要部分，即概念与规则的学习。

人类行为一般是通过概念与规则来调节的。如果没有概念和规则，人们的工作、学习和交往都无法正常进行。学习和掌握人类社会积累起来的大量概念和规则就成为教学的中心任务。掌握概念和规则也是解决问题和进行创造性活动的基础。

一、概念的学习

（一）概念的一般问题

1. 什么是概念

一个概念通常由以下四部分构成：

（1）概念的名称

人类的大多数概念都有其名称。如：“书”、“图形”、“学习”等词，若它们代表的是同类事物，则它们就是概念的名称。儿童能够获得一些具体的概念，但他们可能说不出这些概念的名称。例如二三岁的儿童可能就获得了一些口语概念，但他们并不知道这些概念在语言学上的名称。相反，儿童可能会说出许多概念的名称，但这些名称实际上并不等于概念。例如：儿童在一岁左右就可以叫“妈妈”了，但这里的妈妈并不等于概念。只有当儿童真正了解了“妈妈”的含义后，才能说他们掌握了这一概念。这种开始“囫囵吞枣”，而后逐步深入掌握的现象，不仅在儿童的概念学习中存在，而且也大量存在于青少年甚至成年人的概念学习中。

（2）概念的例证

由于概念是用符号，（即概念名称）所代表的同类事物，因而同类事物也就成了概念的例证。例如，“鸟”这个概念的例证有“画眉”、“大雁”、“燕子”、“麻雀”等等。它们同属鸟类，故称之为概念的正例。不属于这一类的事物则被称为概念的反例。

（3）概念的属性

概念的属性，也称为概念的关键特征或本质属性，是指概念的一切正例所共有的共同本质属性。例如，所有鸟都有羽毛，因而“有羽毛”便成了“鸟”这个概念的本质属性了。

（4）概念的定义

是指对同类事物共同本质属性的概括。例如，“平行四边形是两对边分别平行且相等的四边形”这一命题就是平行四边形这一概念的定义。

2．概念的种类

概念的分类问题是哲学、语言学、逻辑学和心理学等诸多学科所共同关心的问题，自然也是这诸多学科的一个共同的难题。不同的学科对概念有不同的分类方法。下面介绍四种在心理学上对概念的研究和分类有重要意义的分类。

（1）日常概念和科学概念

这是苏联心理学家维果茨基（L. S. Vygotsky）提出的分类。日常概念又叫前科学概念，是指那些未经过专门教学而在同别人进行日常交际或在积累个人经验过程中掌握的概念；而在教学中有计划地使儿童在熟悉概念内涵的条件下掌握的概念，则被称为科学概念。

由于受个人经验和知识范围的限制，日常概念可能会有错误和曲解。例如，很多未学过生物学的人认为：“鸟是会飞的动物”，从而认为蝙蝠是鸟，而不认为鸡、鸭也是鸟。曾经有人做过这样的实验，个别地询问 40 个 3.5～8 岁的儿童：“树、月亮有没有生命，是不是活的?”结果有半数以上的儿童认为树不是活的，没有生命，有 70% 的儿童认为月亮是活的，有生命的。在教学条件的影响下，随着儿童经验的不断扩大，日常概念才有可能逐渐提高到科学概念的水平。

应当指出，即使是成人，也不是对任何概念的掌握都达到了科学水平。成人有时也不能阐述他们所使用的概念的本质。比如，有些人经常使用气质、人格等概念，但并不是每一个使用这些概念的人都能给这些概念下一个确定的定义。

一般说来，儿童在入学前所获得的概念主要是日常概念。日常概念与科学概念可能一致，也可能有冲突。在前一种情况下，日常概念有助于科学概念的学习；在后一种情况下，日常概念可能干扰科学概念的学习。所以，在教学时，教师应当注意利用日常概念积极的一面，而防止日常概念消极的一面。

（2）难下定义的概念与易下定义的概念

这是美国心理学家赫尔斯（S. H. Hulse）等人提出的分类。易下定义的概念是指那些关键特征明显，易用某种规则揭示出来的概念。例如，三角形就是一个易下定义的概念。难下定义的概念是指那些关键特征不明显，并难以用某种规则加以揭示的概念。如游戏、智力、人格等都是难以下定义的概念。

（3）初级概念与二级概念

这是奥苏贝尔根据概念的抽象程度提出的分类。前面已经指出，每一个概念都有其关键的特征，这些关键的特征可以从概念的许多正反例中，通过分析，概括出来，也可以不经过观察概念的正反例子，直接用定义的形式揭示出来。学习者通过第一种形式获得的概念叫初级概念，通过第二种形式获得的概念叫二级概念。

（4）具体概念和定义性概念

这是美国心理学家加涅（K. M. Gagnl）提出的分类。具体概念是指可以直接观察获得的概念。例如，“书”、三角形”、“游戏”等概念，都可以通过正反例子的比较获得，这类概念都叫具体概念。另一类概念如“功”、“人格”、“气质”等，不能直接通过正反例子的比较获得，只能通过概念的定义才能获得，这样的概念叫定义性概念。定义性概念比具体概念更抽象、更难以掌握。因为定义性概念不只是单一的概念，它要涉及几个概念之间的关系。

应当指出上面所讲的是概念的四种分类，而不是说概念有上述八类。上述四种概念的分类有许多相似之处。如日常概念多半是难以下定义的概念。这样的概念也往往是初级概念或具体概念。科学概念则多半是易下定义的概念，也往往是二级概念或定义性概念。但这种分类标准并不完全一致。例如，日常概念并不都是难以下定义的概念，科学概念也不完全是易下定义的。加涅的分类和奥苏贝尔的分类表面看来十分接近，但也有不同之处。如按加涅的分类，等边三角形完全是个具体概念，可以通过观察获得；但在奥苏贝尔的分类中，等边三角形可以作为初级概念，也可以作为二级概念。所以，这四种分类不能彼此代替。每一种分类所强调的侧面不同。第一种分类强调学习者的概念来源于日常生活还是来源于系统的教学；第二种分类强调概念的本质特征是否容易下明确的定义；第三种分类强调概念的本质特征被抽象出来并被学习者所接受的不同方式；第四种分类则强调了概念是单一的还是复合的。每种概念强调的侧面不同对教学的含义也就不同。教师应针对不同的概念类型采取不同的教学方式，才能有利于概念的学习和掌握。

3. 概念在认知中的功能

由于概念的存在和应用，人们就可以对复杂的现实世界作简化的、概括的、分类的反映。也正是由于概念具有使语言简化和标准化的作用，才促进了接受学习、解决问题和人与人之间经验的交流与传递。例如：当谈到城市的住房过于拥挤时，这里的住房是指一般意义上的住房，而不是指某一特定的住房。它剔除了诸如房子的大小、形状、颜色、价钱等非关键特征的影响。这里的住房也就成了对所有具体住房的简化和概括的说明。这种说明则昭示了人们对“住房”的共同的关键特征的看法，而这种看法又往往是某个特定社会的全体成员所共同认可的。很显然，对住房的这种简化和概括促进了经验的传递和交流。

总之，概念的使用，可以使思想、学习和交流从物质环境的控制中解放出来，可以使人在没有直接经验的条件下获得抽象概念。而这些概念一旦获得又可用于日后的学习。

（二）概念学习和运用的不同形式

1. 概念学习的科学含义

概念学习的科学含义是指学生能够掌握一类事物的共同本质属性。由于概念的正例除了拥有概念的本质属性以外，还有许多非本质属性（又称无关属性或无关特征）。例如，鸟的本质属性是“长羽毛”，而“能飞”只是鸟的非本质属性。所以，概念的学习有时也意味着学生能辨别同类事物的本质属性和非本质属性。对于那些难下定义的概念来说，学生只要能列举出这些概念的多个例证，并能同时辨别它们与临近概念的异同，就说明他们已掌握了这些概念。对于那些间接推测出来的概念，学生则必须弄清楚这些概念是如何被推衍出来的，并弄清这些概念与推出它们的概念之间的关系，这样才能够说他们掌握了这些概念。

2. 概念学习的两种形式

心理学的研究和学校教学的经验都证实了学生主要是通过两种形式获得概念的。这两种形式就是概念形成和概念同化。

（1）概念形成

上面已经指出，所谓获得概念实际上就是要理解一类事物的共同的关键属性。这就是说，使符号代表一类事物而不是代表特殊事物。对于学前儿童来说，由于他们的知识具体而贫乏，他们尚未形成完善的认知结构，或者说他们的认知结构还很简单，很不完善。因而在他们的认知结构中就很可能缺乏适当的观念来同化以定义的方式揭示出其关键特征的概念。这就是说，对于学前儿童来说，让他们以概念同化的方式来学习概念是不合适的。他们只有从大量的具体例子出发，从他们所能经验着的肯定例证中以归纳的方式抽取出一类事物的共同属性，从而获得某些初级概念。儿童的这种获得概念的方式就是概念形成。

显然，儿童在日常生活中所获得的许多概念都是通过概念形成的方式得来的。例如，父母让孩子拿“碗”来，若拿对，便受到肯定；若拿了“杯子”来，父母就会说，“不对，这不是碗”。就这样，儿童经过拿大碗、小碗、陶瓷碗、塑料碗，用碗盛饭、盛菜等，最后终于掌握了碗这个概念，即掌握了各种碗的共同属性。但他不一定能给碗下定义，因为他所获得的只是一个具体概念。这个例子分析了概念形成的认知过程，同时也说明了概念形成必须具备两个条件：第一，内部条件（即学生自身的条件），学生必须辨别概念的正反例证；第二，外部条件，成人（教师或家长等）必须对学生所提出的概念的关键特征的假设作出肯定的或否定的反应，也就是说学生必须从外界获得反馈信息。

概念的形成不仅适用于具体概念的学习，而且也适用于定义性概念的学习。例如，圆周率（π）是个定义性概念，这个概念就可通过概念形成的形式掌握。在教这个概念时，先让学生测量直径分别为 1 厘米、2 厘米、3 厘米、4 厘米等圆的周长（绳子绕圆一周绳子的长度即为圆周长），接着再让学生计算各圆的周长与直径之比。这样学生自然会发现它们的值大致相同，是一个常数。这时老师就可告诉学生这个常数就是圆周率，它的精确值为 3.14159……为了加深学生的认识，还可以取直径为任意长度的圆，测量其圆周长，并计算其周长与直径之比。这样就会进一步证实原来的结论。

可以把概念形成概括为如下的一般模式：图中 a_1、a_2、a_3 等为概念的例证，虚线顶端的 A 是学习者所要形成的概念。箭头左面的 A 代表外界肯定的反馈信息。由于这种学习模式中 a_1、a_2、a_3 等是下位的具体例证，而 A 是基于下位例证得出的概括结论，故这种学习模式实质上就是上位学习。

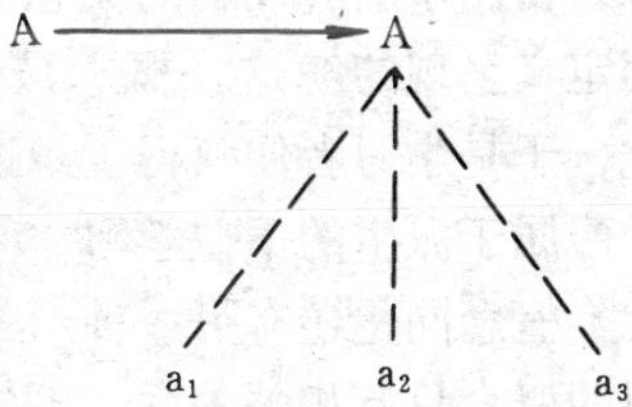

（2）概念同化

学龄儿童同学前儿童不同。一方面，他们随着年龄的增长，通过个人的经验和学前的教育，他们的认知结构中已经积累了许多初级概念；另一个方面，他们在学校条件下要接受系统的教学影响。因此，儿童入学后，概念同化逐渐成为他们获得概念的主要形式。所谓概念的同化，是指儿童用这种方式所获得的概念的关键属性是以定义的形式出现的，或者是体现在上下文中的。很显然，概念的同化所需要的内外条件与概念形成是不同的。在内部条件方面，要求学生认知结构中具有同化新概念的适当的上位概念。这一上位概念越巩固、越清晰，则新的下位概念的同化也就越容易。例如，假定要学习的新的下位概念是“鲸”。如果学生认知结构中已经具有清晰的“哺乳动物”的概念，“哺乳动物”概念对“鲸”概念来说是一个上位概念。在这种条件下，尽管学生可能未见过鲸，但通过查阅字典或通过教师讲解，了解到“鲸是哺乳动物，种类很多，生活在海洋中，胎生，形状像鱼，俗称鲸鱼”，就可使学生获得鲸这个概念。显然，这里的概念同化，其实质就是下位学习。

可以把这种概念同化过程概括为如下模式（实线表示认知结构中原有的有关概念）。

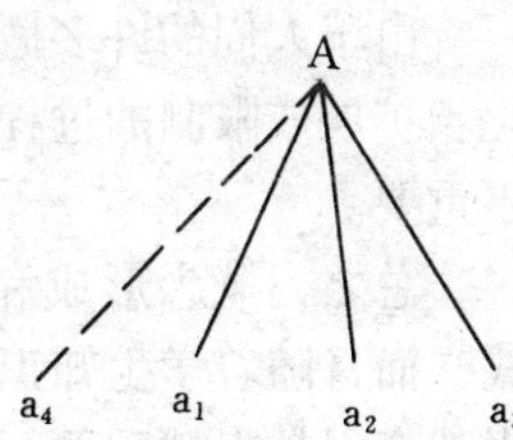

在上述例子中，学生原先通过 a_1、a_2、a_3 等下位例子（如大象、狗、老鼠

等）得出了哺乳动物的概念（即具有胎生和哺乳两个关键特征）。用定义呈现的鲸这一概念被认知结构中哺乳动物这一概念所同化，于是学习者便获得了鲸这一概念。显然，这里对鲸鱼一词的学习属于派生的下位学习。

概念同化还有另一种形式：原有认知结构中有关概念与新学习的概念只有相关关系，不能从原有概念中派生出来，新概念纳入原有概念以后，原有概念的本质属性就要发生扩大、限制或深化等变化。例如，对谁是中国革命的朋友的理解，在不同的时期有不同的含义。第一次国内革命战争期间，大资产阶级是中国革命的敌人，不能算作中国革命的朋友；但到了抗日战争期间，凡是一切愿意为抗日出力的大资产阶级也可算作中国革命的朋友。新概念“大资产阶级”不能从原有概念“朋友”中派生出来，但这一新概念纳入到原有概念“朋友”中去后，朋友这一概念的内涵便扩大了。

相关的下位学习可以用下面的模式图表示（实线表示原有有关概念）：

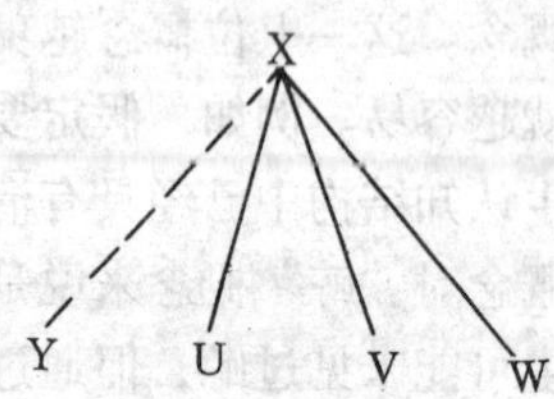

模式图中的 X 表示原先习得的上位概念，这一概念建立在几个相关的下位概念 U、V、W 的基础上。新学习的概念 Y 与原有概念 X 有关，但不能由原有概念推衍出来。原有概念同化新概念以后，其本质特征有所扩大，新的概念由于与原有的上位概念关联而获得意义。

由于人们的许多概念往往不是一次掌握的，而有一个不断深化、扩展或限制的过程，所以这种相关的下位学习在概念学习中更重要。

总之，概念形成和概念同化是学生掌握概念的两种重要形式，而且随着学生知识结构越来越复杂，概念同化这种学习形式也就变得越来越重要。概念形成和概念同化有不同之处。首先，两种学习形式所要求的心理过程是不同的。在概念形成中要求学生进行辨别，提出并验证假设从而导致概念本质属性的发现；在概念同化中，要求学生辨别新学习的概念与认知结构中原有上位概念的异同，同时要将概念组成金字塔形的按层次排列的系统。其次，两种学习所要求的学习条件也是不同的。在概念形成中，学生必须辨别正、反例证，同时还必须从外界获得反馈信息；在概念同化中，学生认知结构中必须具有同化新材料的有关概念。当然，概念形成和概念同化也有其相同之处，那就是两种形式的学习都要求学生将自己原有的知识与新呈现的概念在头脑里进行积极的相互作用。因为不如此，学生的学习就只能是机械的学习，学生也就不可能理解概念的真正含义。

3. 运用概念的不同形式

概念一旦获得以后，便可以在认识活动中应用，因为学习概念的目的归根到底是为了应用。已经获得的概念可以在知觉水平上运用，也可以在思维水平上运用。

（1）在知觉水平上运用

在人的认知结构中，已经获得了某类事物的概念后，当他再遇到这类事物的特例时，他就能立即把它看做是这类事物的具体例子，从而把它归入到一定的知觉类型中。例如，学生获得了“动物”这一概念后，当他再遇到“虎”、“狼”等对象时，他就会立即把它们归到“动物”的行列中。这就是“动物”这一概念在知觉水平上的运用。另外，已经有意义地学过的概念和命题，以后在新的地方出现，学习者不必经过一系列的认识过程，就可直接从知觉上觉察出它们的意义。这是认知结构中已有的概念在知觉水平上运用的另一种情形。

（2）在思维水平上运用

在接受学习中，新的概念或命题被类属于包摄水平较高的原有概念和命题中，或一类已知事物的一个新的不大明显的代表被识别出来（即在思维水平上分类），都是原有概念在思维水平上运用的情形。例如，学生在获得了鸟的具体概念后，他要判断鸡、鸭是不是鸟，就必须先抓住鸟的本质属性，然后看鸡、鸭是不是具备鸟的本质属性。当他经过一番思考作出了正确的判断后，我们便说他在思维水平上运用了鸟这一概念。但当他知道了鸡、鸭也是鸟后，日后再遇到鸡、鸭并把它们归结到鸟类中去时，就是在知觉水平上运用鸟的概念了。

在发现学习中，也常常需要运用原有概念。在解决比较复杂的问题中，原有的命题或概念必须重新组织，以满足解决当前问题的需要。这也是概念在思维水平上运用的一种情形。例如，当学生获得了平行四边形（两组对边分别平行且相等的四边形）的概念以后，当他运用平行四边形的其他属性（如对角线平分、对角相等等）来解决问题时，他便是在思维水平上运用了平行四边形这一概念。

二、规则的学习

（一）什么是规则

在上一节中，我们已经论述过命题可分为两类：一类是非概括性命题，它只表示两个或两个以上的特殊事物之间的关系；另一类是概括性命题，它表示的是若干事物或性质之间的关系。在此，我们把概括性命题称之为规则（或原理）。概念一般以词（或符号）来代表，规则是以言语命题（即句子）来表达。如“物竞天择，优胜劣败，适者生存，不适者淘汰”，表达了一条生物学规则；“饭前洗手”，表达了一条卫生规则等。自然科学的许多规则有时也常用公认的符号表达，如 $V=S\times h$（柱体的体积等于它的底面积和其高的乘积）。正如人们可能掌握了很多概念，却说不出概念的名称一样，人们也可能实际掌握了某些规则，但不能用言语表达这些规则。例如，语言学习中，就普通存在着这样的现象：儿童在入学前，他们的口语一般都合乎规则，但他们却说不出这些规则。反之，在科学规则的学习中，学生有时能口述这些规则，但他们并没有完全理解这些规则的含义，由此可见，规则的学习是比较复杂的。

规则同概念一样也有例证。不过，规则的例证不是一类事物的例证，而是若干类事物关系的例证，更进一步说，是若干个概念之间关系的例证。如“饭前洗手”的例证是众多的，可以是早饭前洗手，也可以是晚饭前洗手，可以是自己洗，也可以是别人给洗。同样，$(a+b)^2=a^2+2ab+b^2$，也可以找到无数例证来演示这种关系。所谓掌握规则，实质上就是指能用大量例证来说明规则所反映的关系，或者说，能运用规则在其所适用的不同情景中解决问题。

同概念一样，人类的规则也是按一定方式组织的。规则的组织同样也有上位的和下位的关系。如 $V=S\times h$（柱体体积等于底面积与高的乘积）对 $V=a^3$，（正方体的体积是其棱长的三次方）和 $V=a\times b\times c$（长方体的体积是其长、宽、高三者的积）来说就是上位的规则，而 $V=a^3$，和 $V=a\times b\times c$ 对 $V=S\times h$ 来说则是下位规则。

（二）规则的接受和发现

1. 接受学习和发现学习的划分

在第二章第一节中，已经论述过奥苏贝尔关于学习类型划分的理论。首先，奥苏贝尔根据学习的内容，把学习分为机械学习和有意义的学习；同时，奥苏贝尔还根据学习进行的方式将学生的学习分为接受学习和发现学习。关于机械学习和有意义学习的区别，我们在上一节中作了详细的阐述，下面再来论述一下发现学习和接受学习在学习外部条件、内部心理过程以及在认知活动中的作用等几方面的区别。区别之一是二者的外部条件不同。在接受学习中，要学习的主要内容是以定论的形式直接呈现给学习者的，在这样的条件下不可能有新知识的发现过程，学习者的任务只是接受新知识。当然，这里的接受可以是机械的，可以是有意义的。只要满足了有意义学习的条件，接受学习就可成为有意义的学习。而在发现学习中，学习的主要内容并未直接呈现给学习者，所呈现的只是一些有关的例子或一些提示性线索。学生必须通过这些例子或线索自主进行探索，发现并掌握学习的主要内容。区别之二是二者的内部心理过程不同。在接受学习的条件下，学习者只需把以定论的形式呈现的内容加以内化；在发现学习中，学习者则需要进行独立的或有指导的发现，然后才能将发现的结论内化到学习者的认知结构中去。区别之三是二者在认知活动中的作用不同。大量的知识主要是通过接受学习获得的，而各种问题的解决则主要是通过发现学习完成的。当然，我们不应因此而把它们的作用绝对化，因为通过接受学习获得的知识可以用来解决问题，而发现学习通常也有扩大知识和检查知识理解得如何的作用。

2. 关于接受学习和发现学习的效果

（1）如何看待接受学习及其作用

如何看待讲授教学以及由此而引起的接受学习，是一个有实际意义的问题，它直接影响到教师对教学方式的选择。

在改革教学方式、方法的问题上，讲授教学和接受学习曾受到过一些激进的教育理论家们的责难。他们斥责讲授教学为“填鸭式”“满堂灌”的注入式教学，并认为这种条件下的学习只能是“鹦鹉学舌”，机械而又被动。在这种思潮的冲击下，一些实际教育工作者开始对讲授教学和接受学习望而却步。但又苦于找不到或接受不了新的教学方式而一度使教学方式、方法的改革陷入混乱之中。

奥苏贝尔关于学习类型划分的理论有助于澄清人们在这一问题上的模糊认识。他的这一理论告诉我们接受学习可能是机械的，但也有可能是有意义的。如果学习活动符合有意义学习的条件，教师能指导学生将有潜在意义的学习材料同学生已有的认知结构联系起来，融会贯通，学生能采取并保持相应的学习心向来进行学习，那么，在此条件下的学习将是有意义的学习。

由于时间和精力的限制，人们在掌握人类数千年来所积累起来的文化科学知识时，不可能也没必要事事都去亲身经历。在此情况下，奥苏贝尔的“有意义接受学习是课堂学习的基本形式”的论断就不失为一种合理的建议。问题的关键不在于我们该不该采用讲授教学，而在于我们的讲授教学如何才能导致学生更有意义地学习。当然，在讲授教学的同时，自然也不能忽视其他教学方式的作用。

（2）如何看待发现学习及其作用

发现学习的思想并不是近代才产生的，早在古希腊时代苏格拉底就曾把自己看做是帮助别人产生自己想法的“助产士”。近代美国课程论者斯宾塞也曾说过，对儿童应该少教一些，要多给他们自己进行研究的机会，并使他们自己得出自己的结论。所有这些主张都不能不说是“发现学习”思想的早期萌芽。只是到了20世纪60年代，美国教育学家、心理学家布鲁纳才大力提倡“发现学习”，致使发现学习曾一度成为一种思潮冲击了整个教育界。

发现学习作为一种基本的学习方式，它的基本前提是，自然条件下的学习倾向于发生在有内在动机激励和有指导的发现中。正如许多热衷发现学习的人所说的那样，发现学习特别是有指导的发现学习的确有不少优点。

首先，发现学习要求学生更多地注意所面临的各种材料，作出更多的智力上的努力。而这种智力上的努力是可以提高学习价值的。因为，包含有学生方面更多注意、参与和智力努力的发现性学习策略，必然会导致学生更为有效的学习。

其次，发现性的学习也可以提高儿童自主解决问题的积极性。发现学习可以帮助儿童尽可能地实现“我能思考，我能解决问题”的欲望。教育的目的之一就在于不仅教会儿童一套特殊的认知规则，形成特定的认知结构，还要使他们相信自己还有创造性地思考问题、解决问题的能力。发现法比别的办法更能达到这个目的，因为他要求儿童在没有过多的指导下来“发现”解决问题的办法和原理。

事实上，发现学习备受推崇的原因并非仅仅因为它有上述优点，更为重要的是，许多积极主张发现学习的人都倾向于认为发现学习有助于培养学生良好的科学研究态度，可以帮助儿童学会思考，培养儿童的创造力。而所有这些期望都吻合了当时进步教育运动的要求。但是对于发现学习究竟能在多大程度上培养学生的创造力，人们尚未取得一致的看法。在谈到能不能把教会学生学会思考作为突出的教学目标时，美国教育心理学家加涅(R. M. Gagne)指出：“尽管难以找到对这一目标的重要性的不同意见，但是，有两个因素涉及到这个目标的可行性问题。一是人们应该认识到，不受教育影响的基因很可能在决定创造思维中起到很大作用。二是认识策略的内部组织性质意味着教学的条件只能对它的创造与改进有间接的影响，所以降低我们对这一目标的热情似乎是明智的，”加涅的建议是中肯的，我们不应花费过大的气力去追求不太实际的目标。

必须指出，发现学习的上述优点大都是有意义的发现学习才具有的。奥苏贝尔的学习类型划分的理论告诉我们，发现学习不仅可能是有意义的而且也可能是机械的（如老鼠发现迷津，学生记典型题后“照葫芦画瓢”)。有意义的发现学习是有条件的，如果不具备这些条件则会陷入机械的发现学习的泥坑，以致事倍功半，欲速则不达。

同时，我们还应看到，机械的发现学习，甚至是有意义的发现学习，也具有如下许多缺点和不足之处。

其一,发现学习的最大缺点也是发现学习备受责难的主要原因,是这种学习效率不高。运用这种方法进行教学,不能迅速有效地发挥学生的潜能,及时理解、掌握迅速发展的科学文化知识。

其二，它要求的各种客观条件比较苛刻。它不仅要求高度的物质条件，而且要求有高水平的教师为学生创造恰当的问题情境，而要达到这样的条件是不容易的。

其三，它要求学生不仅要有较高的动机，而且还要掌握许多复杂的技能。因而这种学习方法对于那些动机较低而又不重视思维技能、技巧的儿童及那些年龄较小、智商较低的儿童是不利的。事实上，布鲁纳当时大力提倡“发现法”就有着偏重天才儿童培养之意，而发现法的确对聪明儿童、年长的儿童有利。

3. 规则的接受与发现

根据学生原有认知结构的性质和新学习的规则的特点，规则的学习可以采取接受和发现两种形式。

（1）例子——规则法和发现学习

例子——规则法指先呈现规则的若干事例，让学生从例证中概括出一般结论的方法。在这种教学方法的引导下，学生所进行的是发现学习。

例如，在教学生学习从 1 开始的几个连续奇数和的简便计算公式时，就可采用这种方法。先给学生呈现下面的一组例子：

$$1=1^2$$

$$1+3=2^2$$

$$1+3+5=3^2$$

$$1+3+5+7=4^2$$

$$1+3+5+7+9=5^2$$

要求学生根据呈现的例子，找出规律，用最简便的方法求“1+3+5+7+……99”的和。结果学生多数可发现规则，这一计算规律即：从 1 开始的连续几个奇数之和等于奇数个数的平方。

运用例子——规则法进行教学时，学生的认知过程同学生概念形成中的认知过程有很大程度上的相似性，都需要进行辨别，提出假设，检验假设并进行概括。但这里对认知能力的要求更高，因为这里的认知对象已不再是具体的事物，而是由概念构成的关系。因此，规则学习必须以概念学习为基础。这是规则学习的内部条件。

由上述例子可知，规则发现的外部条件是教师呈现若干体现规则的例证。而且例证排列的方式也可能会提供重要的线索。例如，上述一组例子是有规律地排列的，因而，学生易于发现规则。如果这组例子按下述方式杂乱地排列则学生就难以发现规则。

$$1+3+5=3^2$$
$$1=1^2$$
$$1+3=2^2$$
$$1+3+5+7+9+11=6^2$$
$$1+3+5+7=4^2$$
$$1+3+5+7+9=5^2$$

在有些条件下，呈现直观教具，如模型、图表等，也有助于学生发现规则。此外，在学生遇到困难时，教师给予适当提示常常是必要的。提示越多，越明显，发现的难度也就越低。这样的发现学习被称为有指导的发现学习。在课堂教学情景中，完全由学生去独立发现的情况是少见的，大多是在教师指导下的发现学习。

（2）规则——例子法与接受学习

规则——例子法指先呈现要学习的规则，然后用实例说明规则的教学方法。在这种教学方法引导下，学生所进行的是接受学习。

例如，在教学生掌握从 1 开始的几个连续奇数和的简便计算公式时，我们可以直接告诉他们：从1开始的几个连续奇数的和等于奇数个数的平方，而后，举例说明。如果学生接受并掌握了这一规则，就说明对这一规则的有意义学习完成了。

规则的接受教学一般进行得较快。但是如果学生不具备有意义学习的条件，则有出现机械记忆规则的危险。为了确保规则的有意义学习得以顺利进行，教师事先务必要使学生掌握构成该规则的有关概念。当认知结构中建立了适当观念之后，学生就能将用言语命题的形式呈现的规则同化到认知结构中去。

在规则的接受学习中，一般也要列举规则的例子，但这里的例子同发现学习中的例子所起的作用不同。这里举例的目的不是让学生发现规则，而是起证实作用，帮助学生同化新规则。

三、影响概念与规则学习的因素

影响概念和规则学习的因素主要有学生自身方面的因素（内因）和学习任务本身以及教学方法等方面的因素（外因）。

（一）学生自身方面的因素

学生自身方面的因素主要是指学生的年龄、经验与智力。大量的研究与日常的观察都表明，儿童获得概念的能力是随着年龄与经验的增长而提高的。儿童在童年早期和中期学习概念时尤其要依靠亲身的经验。有人分析了学习概念的分数与经验和智力的关系，发现经验的丰富程度（由学校的年级或实际的年龄所代表）与概念学习的相关，高于智力与概念学习的相关。这说明：尽管有些儿童智力较高，但可能因缺乏相应的实际生活经验，而仍然不易理解概念。因此在教授学生掌握概念时，为他们提供丰富的感性材料和相应的知识经验就显得尤为必要。

（二）学习任务与教学法等方面的因素

1.学习课程的难度

就概念学习而言，其一般规律是，可以借助表象作支柱的概念比抽象的概念容易掌握。而且，概念的定义特征是否明确，也会影响到概念的学习。特征明显、易下定义的概念容易掌握，特征不明显，难下定义的概念较难掌握。

新的概念或规则与学习者认知结构中原有的有关概念的关系不同，也会影响到学习的难度。一般说来，下位学习比上位学习容易，在下位学习中，派生的类属学习最为容易，并列结合的学习相对来说最为困难。

2. 有效教授概念与规则的方法

(1) 运用变式，突出本质特征

变式是指概念或规则的肯定例子在无关特征方面的不同表现形式。运用变式，交替变更所提供的材料的形式，就可以使学习者从不同方面和角度，感知和把握事物的本质特征。

就新概念的学习而言，运用变式对于帮助学生消除日常概念的消极影响，突出事物的本质特征，防止扩大或缩小概念的内涵和外延有重要意义。学生在日常生活中所感知的多是事物常见而显著的特点，而这些特点常常会把事物的本质属性掩蔽起来。例如，大多数未学过生物学的儿童可能会认为"会飞"这个常见而显著的特征是鸟的本质属性，而看不到"有羽毛"才是鸟这一事物的真正的本质属性，从而出现对鸟这一概念掌握上的错误。因此，在教学生掌握正确的概念时，就必须帮助学生将常见而显著的非本质特征与被掩蔽的本质特征区分开来。这就要求在举例时要充分运用变式，如果举正例，就不仅要举那些既具有本质特征，又具有常见的显著特点的事物，更应举那些具有本质属性，但又不具备常见的显著特点的事物（如讲"鸟"时以鸡、鸭为例）；举反例时，则更要举那些具有常见的显著的特点但又不具备概念的本质属性的例子（如讲"鸟"时，以蝙蝠为例）。此外，还应从多方面呈现事物的本质特征。如讲压力的概念，就应既举上压力、下压力，还要举侧压力的例子；讲惯性时，不仅要举固体的事例，还应举气体和液体的事例，等等。

就规则的学习而言，应让学生了解规则的不同表达方式，并运用不同的表达方式去解决问题，从而加深对规则的理解。如在讲部分电路欧姆定律时，就不仅应当让学生掌握 $I=U/R$（通过电路的电流等于电路两端的电压与该电路的电阻的比值），还应当让学生知道 $U=I\cdot R$ 和 $R=U/I$。让学生利用规则解决实际问题时，这三种形式的练习题都应当有一些。

（2）突出关键特征，减少或消除无关特征

实验研究和教学经验都证明，概念的关键特征越明显，学生掌握概念就越容易；无关特征越多，则掌握也就越难。例如德怀尔（Dwyer，F.M）1967 年以大学生为被试者，组织他们学习人的心脏解剖结构。将学生分为四组：第一组一边听录音，一边看屏幕上录音中所提到的心脏各部位的名词；第二组，一边听录音，一边看屏幕上的轮廓图；第三组，一边听录音，一边看屏幕上带有阴影的较详细的图；第四组，一边听录音，一边看心脏的照片。实验结果如图 4-3 所示：

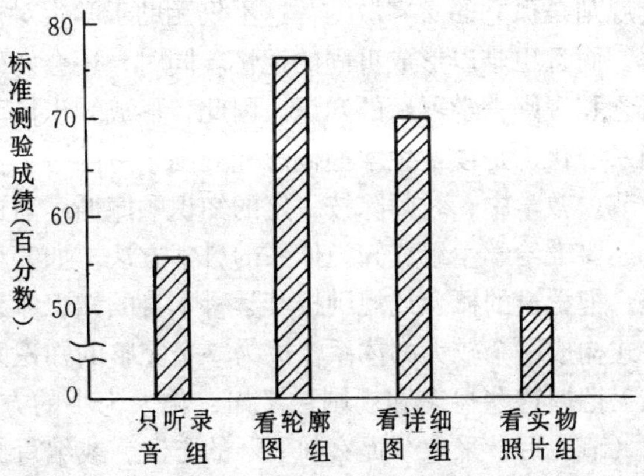

图 4-3　突出关键特征与非关键特征对概念学习的影响

结果表明，由于轮廓图突出了关键特征，消除了无关特征，所以效果最好；而实物照片中增强了无关特征，所以效果最差。

对任何年龄的儿童，在教授比较抽象的概念或原理时，若能采用直观教学手段突出关键内容，则效果一般较好。直观教学包括实物的、模拟的和语言的三类。教师可以根据不同的教学需要加以适当地选择。

（3）在实践中运用，使概念和规则具体化

学生掌握概念和规则的最终目的是为了应用。在实践中应用概念和规则可以使学生了解这些概念和规则的真实用途，增强学习的积极性和主动性，并且还能够使概念和规则进一步深化和丰富，使学生更全面、更深刻地理解概念和规则。

（4）形成知识体系，在完整知识体系中理解概念和规则

任何一个概念或规则都与其他一些概念或规则存在一定的联系，并由此而构成一定的知识体系。学生只有理解了某一概念或规则在该体系中所处的位置，并弄清了该概念或规则与其他概念或规则的关系后，才能真正地掌握该概念或规则。如果学生掌握的概念或规则是孤立的、零散的，这不仅无助于学生对概念或规则的理解，而且也难以形成巩固的记忆。同时，还会妨碍学生利用这些概念和规则去学习新的知识。因此，形成知识体系，使概念和规则系统化，是使学生掌握概念和规则学习的一个极为重要的终端环节。教学中，教师除按一定的知识顺序循序渐进地进行讲述外，还要教给学生组成知识体系的科学方法。如并小化大的方法，即：把学过的概念或规则按其学科本身的知识体系，通过联结的方式构成一个较大的体系，成为一个完整的知识网络，从而从宏观上把握这些概念和规则；又如：化大为小的方法，即：学完一章（节）后，采取“提玄勾要”的方法，或编写提纲、提要，或绘制图表、略图，或概括中心思想等方式，将概念和规则系统化。

第三节　解决问题

学习的最终目的是为了应用，而应用所学知识的最直接体现就是解决问题。解决问题是学习的自然延伸，也可以说是一种高级形式的学习活动。

解决问题能力的培养是学校教育的重要目标之一。教学生学会思考，教学生学会解决问题，显然是学校学习的一个非常重要的中心内容。因为这对促进学生的进一步学习与发展有着不可估量的意义。

一、解决问题概述

（一）什么是解决问题

学校和家庭环境经常将学生置于一种问题情景里，学生本身有时也感到自己处于某种问题情景之中。如果这些问题是学生初次遇到，又不能用现有的知识直接予以处理，这时，学生就必须改组自己原有的知识，来间接地处理问题。这种寻找问题"答案"的过程，我们就称之为解决问题。

解决问题的历程固然因问题的难易而异，但这种活动不论其领域如何，也不论具体的问题情景怎样，仍有如下一些共同特点。其一，解决问题是指解决新问题，即所解答的问题是初次遇到的。对于所面临的问题，如果不是第一次试行解答，而是第二次第三次甚至多次解答过，就算不上解决问题，而只能说是一种练习。显然，解决问题与练习不能等同。其二，在解决问题过程中，要把原已掌握的简单规则（包括概念）重新组合，找出对当前问题适用的地方。因此，原已习得的简单规则，是解决问题过程中的思维素材。正是在这个意义上，可以想见学习者原有知识结构对于解决问题的重要作用。其三，问题一旦解决，学生也就有所习得，他们的能力和倾向随之也就会发生相应的变化。在解决问题时，学生所习得的解决问题的办法和技巧，就会贮存下来，成为学生“知识宝库”的一个构成分子，以后遇到同类情景时，就可借助回忆来做出解答了。此类情景即是所谓不成问题的问题。所以，解决问题也是一种学习活动，只不过这种学习更主动、更复杂、更高级而已。

（三）解决问题的两个主要趋向和方式

根据学习者遇到新问题时寻求解答的趋向，可以把解决问题大致区分为两种主要方式，即尝试错误式和顿悟式。所谓尝试错误式解决问题是指先进行无明确定向的尝试，然后纠正错误的暂时性尝试，直至成功的解决问题方式。顿悟式解决问题是指“突然领悟”的解决问题方式。顿悟式解决问题，须具有一定的学习“心向”，须努力发现手段与目标之间的有意义联系，而这种联系正是问题赖以解决的基础。顿悟式解决问题就其特征来说，好像是突然出现的，并伴随着对作为解决问题依据的规则或原理的评价或识别。这种评价或识别可能是外显的，可以用语言来描述；也可能是内隐的，不能用语言来表达。

对于问题解决的办法，行为派心理学家和认知派心理学家一直存在着分歧。前者倾向于用尝试错误来解释问题的解决，后者倾向于用顿悟来解释问题的解决。行为派心理学家认为，在碰到新的陌生的问题，学习者运用已有的经验不能直接解决问题时，他就会求助于尝试错误，即从他的行为中发出一个又一个的反应，直至问题解决。认知派心理学家对于这样描述学习者的行为并不完全反对，但他们又进一步提供了前者所未曾提供的解释。他们指出，即使解决某一问题的各方面的经验都已具备，也决不保证学习者能用这些旧经验解决新问题。很可能新问题用这一方式提出，学习者能给予解决，而用另一种方式陈述时，学习者就不能解决。

为了使先前的学习有利于新问题的解决,学习者就必然把现在的描述问题的方式与他以前解决过的有关问题的描述方式联系起来,而这种联系的完成,便导致了对问题解决办法的顿悟。

应当指出，对于实际问题的解决，很可能既具有尝试错误的因素，又具有顿悟的因素。尝试错误式解决问题很可能是隐含在内而不表露于外的。

所以，看不出是尝试错误的，未必就是顿悟式解决问题。顿悟式解决问题，也不一定是彻底的、完善的和即时的。看上去解决是突然出现的，事实上却往往隐含着一定的、甚至相当曲折的试误过程。

在问题没有或辨不清意义联系时的场合，尝试错误式学习是不可避免的。所以，一般说来，它是动作技能学习和许多迷津及复杂的迷箱等课题学习的通用方式。而顿悟式解决问题，其间问题的条件和想要达到的学习目标与学习者现有的认知结构有着实质性的和非人为性的联系，因而学习者通过分析、综合，形成假设和检验假设等一系列反复的过程，往往便能产生解决问题的顿悟。显然，顿悟式解决问题是一种有意义的学习，说得更确切些，它基本上是一种有意义的发现学习。学生在课堂里解决问题，大都是在教师的组织和指导下进行的。教师的启发和指导，对于学生顿悟的产生有着重要的促进作用。

顿悟作为产物或结果，具有如下特征。第一，在主观上是一种“精于发现”、“看到光明”或“我找到了”的愉快之感。这个特征所指的是对于学习结果的强烈情感反应。第二，在客观上，是指直接的可利用性。意指顿悟一旦出现，学习者便可立即明了如何去利用它。

顿悟，作为解决问题的过程，不同于盲目的尝试错误式解决问题。意指存在着这一心向：为了理解构成问题基础的手段与目标的意义联系而指向着假设的产生和检验。顿悟式解决问题过程中的这一心向，显然与以“尝试”、“重复”、“改正”等办法改变反应直至碰巧成功的无定向的情况大大不同。

对于顿悟是如何产生的，我们作如下几点说明：

第一，顿悟的显现，并不仅仅依赖于对课题结构的感知，而且还需要学习者的已有经验作支柱。

第二，顿悟的显现，尽管其表现形式往往是突然的、立即的，但其内在思维过程并不见得如此。顿悟式解决问题同样也存在着一个探索或选择的过程，只不过这个过程可能是压缩的和快速的而已。

第三，假设的利用，是顿悟式解决问题的特征。但是，假设的利用并不一定保证学习者必然采取顿悟的方式去解决某个特定的同题。因为假设可以在纯实用、纯经验的基础上产生，而无千方百计地抓住问题的基本因果关系的任何意向。如一个不懂发动机原理，只具有修理发动机感性经验的汽车司机，在排除汽车发动机故障时，也可能提出许多故障原因和解决办法的假设，然后去一个一个地实际检验。很显然，他的这种解决问题的方式仍然是尝试错误式的，而不是顿悟式的。

第四，顿悟式解决问题，属于有意义的发现学习，因而，顿悟式解决问题即是有意义的解决问题。顿悟式解决问题，需要利用并改组已有的知识经验，以适合特定目标或手段与目标间联系的要求。应当指出，解决问题只是在这一方面属于发现学习，而在其他方面，如理解问题的条件，表述问题的答案等，则与有意义的接受学习有关。

总之，顿悟作为解决问题的结果显现以后，学习者必然清楚地意识到它的存在、它的意义和它的可利用性，不仅仅是满足于“行了”的正确答案而不去进一步理解为什么会有这种正确的答案。用言语表达解决问题答案的能力，的确能反映出领悟的完善和清晰程度，而领悟的完善和清晰性也可以通过语言的表述而进一步提高。因而在教学过程中，引导学生清楚地表达自己的思想，对于提高解决问题的能力是十分必要的。

二、解决问题的一般思维过程

由于所要解决的问题的性质不同，思维方式不同，因而解决问题的思维过程也就会有所不同。一般说来，大多数问题解决的思维过程都包含以下几个阶段。

（一）提出问题

解决问题首先从提出问题开始。人在日常生活和科学研究中总会遇到新的情景、新的问题，对于这些新情景、新问题，如果运用已有的知识就能解决，那就不必进行解决问题的思维。只是在遇到新问题，需要寻求答案，而单纯依靠已掌握的手段和方法又无济于事时，才会产生解决问题的思维过程。例如，汽车在半路上抛锚却不知道哪个部件出了毛病时，医生在遇到疑难病症时，学生在遇到困难的习题时，都会产生解决问题的思维过程。

一个懒于思考的人，对于许多现象都会习以为常，因而很少会产生认识上的困惑感，自然也就很少提出什么有价值的问题；而一个求知欲旺盛、善于思考的人，往往不会满足于对现象的通常的解释，因而，常常能在别人习以为常的现象中看出问题。如，伽利略在教堂作礼拜时，看到随风摆动的吊灯，因而产生出吊灯摆动一次的时间是否相等的疑虑，从而导致了“摆的等时性”定律的发现；牛顿从苹果落地这一极普遍的现象中，产生了“苹果何以会落地的疑虑”，从而导致了“万有引力”定律的发现。由此可见，强烈的求知欲望，敏锐的洞察力，思维的深刻性和批判性是人们发现问题并提出问题的重要前提条件。

社会实践是问题得以产生的源泉，人们在生产劳动、科学实验和艺术创作等活动中常常会遇到困难，有许多新情况需要去了解，有许多新问题需要去解决，这就会推动人们去进行积极的思考。知识的多寡与问题的提出有密切的关系。缺乏知识也可能推动人去提出问题。例如，幼小的儿童爱向成人提出各种各样的问题，这可以看成儿童求知欲的一种表现。作为父母或师长，应该爱护儿童的这种求知欲望，对于儿童提出的各种问题，都应尽可能作出合理的、儿童又能理解的解释。这样，就会不断提高儿童发现问题和提出问题的能力。当然，更深刻、更有价值的问题的提出，自然是在掌握了一定的知识之后。

总之，提出问题是解决问题的前提和先导。科学史上许多重大发现和发明，无一不是从提出问题开始的。因而培养学生发现问题和提出问题的能力，自然是十分必要的。

（二）分析问题

问题提出之后，接下来就要对问题进行分析。这是将思维活动引向问题解决的主要阶段。分析问题的要旨就在于审慎地分析问题的要求和条件，找出它们之间的联系或关系。其做法一般可分如下几步进行：

第一，明确问题及可供解决的条件。这是思维有序且有效进行的关键。如解题时要正确理解题意，命题作文时要仔细审题，了解目的、要求等等，否则，问题尚未明确就急着去解决，必然会把思维引向错误的方向。

第二，了解条件之间的联系以及与课题要求的关系。在众多的情况下，问题的条件并不能直接地引向问题的解决，但可以间接地通过其他中介得以实现。深入地分析条件之间的联系及与课题要求的关系，往往是问题症结突破的关键所在。

第三，进行综合分析。从整个问题情景出发，进行综合的、有方向的分析；对问题进行比较、分类，区分出主要的与次要的问题；分清问题的主流和支流，以及产生问题的原因，解决问题的有利和不利条件等等，将有利于问题的最后解决。

分析问题，或把笼统的不明确的问题改造成具体明确的一些局部问题，这可以从当前的已知条件开始，也可以从最后的所希望到达的终点开始。例如，解决比较复杂的算术应用题时，可以根据题目提供的条件，提出若干局部问题，也可以从最后问题开始倒逆着提出若干问题。这种从最后问题的答案开始，一步一步退向问题开始部分提出问题，是解题中常用的一种有效的方法。

分析问题也依赖于有关知识的掌握。只有具备了丰富的、系统的有关知识的人，才能够正确地分析问题，也才能看清问题的实质。因此，为了更好地分析问题，有时需要进行必要的调查或阅读有关的资料。

（三）提出假设

解决问题意味着从已知的达到未知的，从问题达到结果或答案。如果问题不难，情况不复杂，那么分析问题之后，可以立即找到解决的办法，得出所求的答案，如果问题复杂，那就必须逐步找出问题与答案之间的各种中间环节。

人在分析材料、探寻解决问题的方案时，并不总是后一步紧跟着前一步，更不是盲目地、机械地去逐个考虑和试用已知材料的每一个特征，而常常是依据已有的材料、事实和个人的经验，抓住事物的某种重要的特征，进行解题方法的推测，也就是说，提出假设。

假设最常见的表现形式是方案。解决问题的方案有时可以有多种。能否提出可供选择的多种不同方案，依赖于思维的灵活性，而能否选择某个最佳的方案，则取决于是否确立了正确的原则，以及个人的知识和经验水平。提出和选定方案的过程，也就是形成策略的过程。解决问题的策略一般可分为两种。一种是算法策略，即把解决问题的方案统统提出来，然后逐一进行试探，从中找出可行性方案；另一种是启发策略，即根据自己的经验和习惯，选择自己认为最佳的一种方案。算法策略浪费时间，但却能保证成功。启发策略虽不见得一定能解决问题，但可节省时间，也很方便，因而是人们经常采用的一种解决问题的策略。

当然，人不仅对于拟定整个课题的解答方案要进行推测，提出假设，就是在寻找问题与答案的各个中间环节时，也在不断地推测。总之，人在已有某种可依据的资料，但还不能确切指明问题的答案时，就要进行推测。正是在解题过程中的这种推测，才表现出了思维的指向性、选择性和因果决定性。

（四）检验假设

假设只是对如何解决问题的一种推测。这种推测是否正确，还有待于进一步的检验，检验的方法有两种：一种是实际动作检验，即按假设去具体解决问题。例如，假设某位同学最近学习成绩的突然下降，是因为他迷上了游戏机的缘故，那我们就去调查一下这个同学是不是经常去玩游戏机。如果是，那就证明假设正确。另一种是思维检验，即在思维和想像的参与下，推导出在某种假设情况下，事物将会发生什么样的变化，从而检验该种假设的方法。逻辑推理与想像活动的检验并不是最可靠的，但有时又是必不可少的，特别是在不能马上采取实际动作检验或马上采取实际动作检验有可能会带来重大损失的时候，尤其需要它。当然，对假设的最终检验还得靠人类的社会实践。

检验的结果如果证明假设是错误的，那么就得重新审查材料，提出新的假设。在考虑新假设时，认真分析先前假设失败的原因。将会有利于新假设的确立和解决问题的最终成功。

三、影响解决问题的因素

影响解决问题的效率和效果的因素是多种多样的，总起来说可以把它们分成两大类，一类是课题的因素，即外因；一类是人的因素，即内因。

（一）课题因素

1. 刺激呈现的模式

每一个问题中所包含的事件或物体，不论是实物或是以语词陈述的事物，当它们呈现在解决问题者面前时，总要涉及特定的空间位置、距离、时间的先后顺序，以及它们当时所表现的特定功能。所有这些具体特点及其间的关系就构成了特定的刺激模式，如果刺激模式直接提供适合于解决问题的线索，就便于找出解答的方向、途径和方法；反之，如果刺激的模式掩蔽或干扰了解决问题的线索，便会给问题的解答增加困难。

在图 4-4 中，O 为圆心，$ABCO$ 为一长方形。已知 OC 和 CD 的长度，求长方形对角线 AC 的长度。这一问题由于已知条件 OC 和 CD 与 AC 之间不存在直接联系，因而增加了解决问题的难度。实际上，如果先求另一条对角线 OB 的长度，人们便很容易看出 $OB = OD$（圆半径相等），而 $OB = AC$（长方形的两条对角线相等），则有 $AC = OB = OD = OC + CD$。问题便迎刃而解了。

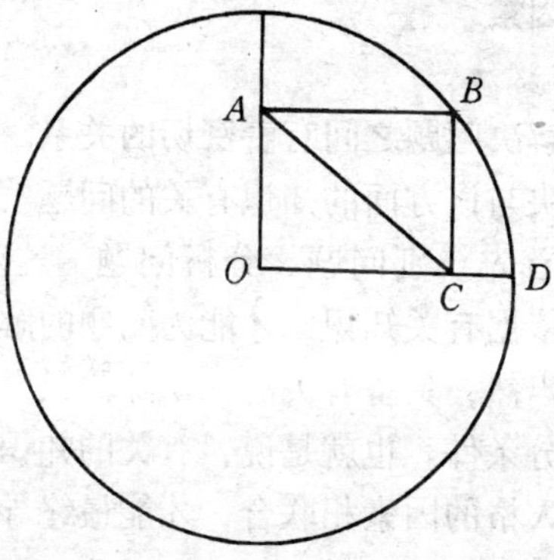

图 4-4　刺激呈现模式对解决问题的影响

2. 问题的具体性

在其他因素相当的条件下，问题本身的具体性是解决问题的一个重要的促进因素。在解决问题者是年幼儿童或解决问题者对问题所涉及的领域特别陌生时，问题具体性的作用更为明显。中小学生大都感到解应用题比解纯算式题难，其原因就在此。

3. 多余刺激的干扰

当一个问题情景中包含的因素太多，并且很多因素又与问题的解决无关时，这些多余刺激将会干扰问题的解决。例如，研究者曾以大学生为被试，让他们解决下面的问题：某布贩子用60元钱购进这匹布，以70元钱卖出，不久布匹涨价，他又以80元钱买回这匹布，最后以90元钱卖出。问该布贩子在这一买卖过程中，是赚还是赔，其数量是多少？结果在5分钟之内能做出正确答案的不超过80%，数学专业的学生也未见有何特别优异的表现。这就是多余刺激干扰的结果。

在教学过程中，如果不是旨在培养学生在复杂的刺激条件下鉴别特定对象的能力，而是为了让学生集中对某一问题思考，那就应尽量排除多余刺激的干扰。

（二）主观因素

1. 知识经验

知识经验与解决问题之间有着密切的关系。如果缺乏相应的知识，那么要解决与该方面的知识有关的问题就是不可能的。因为解决问题必须首先辨别问题、分析问题，这就涉及到有关知识。而且，只有依据有关知识，才能为问题的解决确定方向、选择途径和方法。当然，具备有关的知识经验只是解决问题的必要条件，而不是充分条件。也就是说，有关的知识经验还必须与其他许多认知的和人格的因素相联合，才能最终导致问题的解决。

2. 智慧水平

智慧是影响解决问题的极重要的因素。智慧水平高的学生，解决问题较易获得成功；智慧水平低的学生解决问题较易遭到失败。首先，推理能力是智力的一个重要的构成部分，它将在很大的程度上影响到问题的解决。其次，智力的其他构成部分，诸如理解力、记忆力、信息加工能力以及分析能力都将影响到问题的解决。研究表明，智商不但与顿悟式解决问题成正相关，而且与尝试错误式解决问题也成正相关。当然，对那些依靠日常积累的经验进行解决的问题来说，学生的经验因素较之智商因素更为重要。

智慧水平还影响到解决问题的方法的确立。聪明的儿童善于检验随时提出的解决问题的方法，而且他们在解决比较复杂的问题时，更喜欢作出这样或那样别出心裁的假设。

3. 动机强度

心理学的研究表明，在一定程度内，动机的强度与解决问题的效率成正比。一个人的动机越强、态度越认真，解决问题的效率也就越高。当然，如果动机过强，反而会导致解决问题的效率降低。这是由于主体心情急切、情绪过于紧张，从而不利于进行问题的定向和提出合理的设想。此即所谓“欲速则不达”。有利于解决问题的理想的动机状态是既要积极振奋，又要镇定从容的适中强度（见图 4-5）。学生在回答问题或考试时抱无所谓的态度或过度紧张，都是动机强度不适中的表现，都会影响到回答问题或考试的效果。

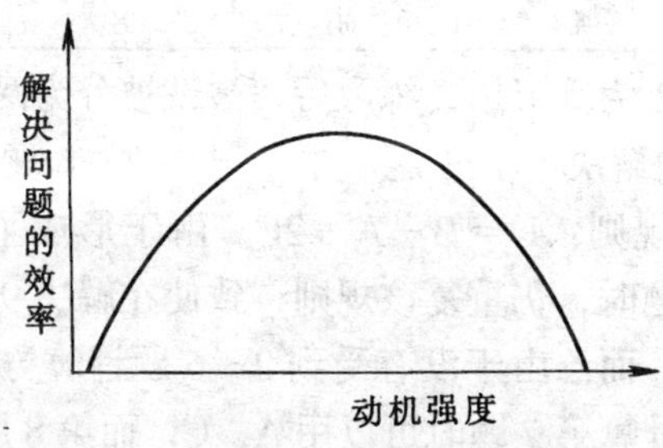

图 4-5　动机强度与解决问题效率的关系

4. 思维定势

思维定势是指由先前的活动造成的一种对新活动的特殊的心理准备状态，或特殊的活动的倾向性。在环境条件不变的情况下，思维定势能够使人应用已掌握的方法迅速地解决问题；而在情景发生了变化时，它则会妨碍人采用新的解决方法。心理学家陆钦斯（A. S. Luchins）的量水实验（见表4-3）清楚地说明了这个问题。实验要求用大小不同的三个水桶（A、B、C）取水，取水量符合表内D项的要求。

表4-3 陆钦斯用水桶取水的实验

题号	水桶容量			所求水量
	A	B	C	D
1	29	3		20
2	21	127	3	100
3	14	163	25	99
4	18	43	10	5
5	9	42	6	21
6	20	59	4	31
7	23	49	3	20
8	15	39	3	18
9	28	76	3	25
10	18	48	4	22
11	14	36	8	6

其中问题1为练习用，练习后，被试被分为两组。甲组解决2～11题，乙组解决7～11题。甲组解决2～6题时，发现了解决问题的共同规则：D＝B－A－2C。由于形成了这样的定势，在解决7～11题时，仍重复该规则，致使在解决9～11题时遇到了极大的困难：而乙由于没有受到2～6题计算方法的影响，他们很快发现在计算第7题时可以用A－C，而第8题可以用A＋C……显然，如果某种方法被多次强化形成习惯性的思维定势，那么这种定势越强，思维就越不灵活，越不利于用已有的知识去创造性地解决问题。因此，作为教师就不应该让学生长时间地进行解答类似题目的模仿性练习。

解除思维定势消极影响的方法是改变思维方向，运用多渠道思维。因此，教师应让学生多做变式题，使他们不能机械地套用旧有方法，而必须随时随地地动脑筋去创造性地应用已有的知识，寻求解决问题的新办法。只有这样才能获得问题的解决；也只有这样，才能不断提高学生解决问题的能力。

5. 功能固着

当一个物体或一件事情以其惯有的功能被使用时，人们往往难以考虑到它的另外的用途。这种现象被称为功能固着。经验表明，人们认识某种事物的作用越重要，对它的功能越熟悉，则其所表现的功能固着也就越大，也就越难看到它的其他功能。

美国心理学家亚当森（R. E. Abmson）在斯坦福大学做了这样一个实验，让两组大学生解决同一个问题：应用桌上的 3 个纸盒、几根火柴和几枚图钉，把 3 支蜡烛点燃后垂直地安置在软木屏上。第一组学生看到盒子里装着蜡烛、火柴和图钉，盒子是作为装东西用的。第二组学生看到的盒子是空的，与蜡烛、火柴和图钉放在一起，没有作为装东西的物体来用。实验结果，第一组只有 40％的学生解决了问题，而第二组却有 86％的学生解决了问题。其原因就是第一组的大多数学生开始只把纸盒子视为盛东西的器具，而忽略了它的其他功能，未能把纸盒也看成是解决问题的材料。

克服功能固着，取决于思维的灵活性和变通性，以及克服固有的经验和思维定势的束缚。

6. 个性

能否顺利地解决问题还与个人的个性特点尤其是性格特点有关。研究表明，解决问题，特别是创造发明，要借助于良好的个性心理品质。一个具有谨慎、细致、顽强、坚韧、进取、创新、自信、自制等个性心理品质的人比粗暴、畏缩、拘谨、动摇、怯懦，自负、自卑的人解决问题的成功率要高得多。

心理学家曾将解决问题获得成功的人，跟解决问题未获得成功的人的有关作业进行比较，发现解决问题成功的人大都具有以下特点：

（1）解决问题成功的人，较少慌乱。他们在选择“从何入手”的要点上果断。在许多情况下，这完全反映出他们能较好地注意并理解前进的方向。

（2）解决问题成功的人，能集中注意于所要解决的问题，较少注意那些与该问题无关的方面。

（3）解决问题成功的人，善于使自己业已掌握的有关知识对问题的解决发挥作用。他们较清楚地看到自己的知识对手头问题的含义及其运用，较少因用词或标记上的变化而弄错。

（4）解决问题成功的人，显示出一种主动而有力的探索过程。他们的探索方法少有被动、肤浅及凭印象办事的情况。他们也很少有机械地搬用以前的问题解答的倾向。

（5）解决问题成功的人，在进行探索时仔细、有条理，他们的努力较少偶然性，乱猜结果的迹象则更少。

（6）解决问题成功的人，倾向于遵循一条推理的思路达到逻辑的结论。他们能坚持完成作业，较少分心或烦乱。

（7）解决问题成功的人，对于推理的价值所持的态度比较积极，很少听天由命。

（8）解决问题成功的人，对于自己解决问题的能力显示出较强的自信心，很少因问题复杂而泄气。

（9）解决问题成功的人，在探索方式上比较客观，很少牵扯人事关系。他们不会受感情的或主观的因素的影响。

（10）解决问题成功的人，能够较为轻易地克服由于某种起干扰作用的心向而引起的负迁移。

以上我们论述了影响解决问题的一些比较重要的因素，其他诸如情绪、意志和人际关系等方面的因素也会影响到解决问题的成功。因此，这就启示我们，在遇到问题时，要尽可能地为问题的解决创造有利的条件，并尽可能地剔除不利因素的干扰。

思 考 题

1. 什么是有意义学习？如何组织学生进行有意义学习？

2. 概念的获得有哪两种形式，在教授概念时，应如何选择恰当的方式？

3. 规则的学习有哪两种形式？应如何辩证地看待接受学习和发现学习？

4. 结合具体例证说明有效教授概念与规则的方法。

5. 什么是顿悟？你是怎样理解顿悟的？

6. 影响解决问题的主要因素有哪些？

7. 联系实际论述中学教师应如何培养学生解决问题的能力。

第五章　学习迁移与技能掌握

在日常生活中我们常会遇到这样一些现象：已经掌握的某种知识或技能，会对另一种学习活动产生影响，它可能促进后一种学习，也可能干扰后一种学习。如学会滑旱冰后再学滑冰就会容易得多；学会拉手风琴后再学钢琴也比直接学钢琴要容易一些；而学习了汉语拼音往往会增加学习英语音标的困难。这些都是学习迁移现象。在本章中我们对学习迁移的涵义、迁移理论、迁移与教学工作的关系等问题作一讨论，然后阐述技能的掌握与培养问题。

第一节　迁移的概念和理论

一、迁移的一般概念

（一）什么是迁移

迁移是指已获得的知识、技能、学习方法或学习态度，对学习新知识、新技能和解决新问题所产生的一种影响。通常人们

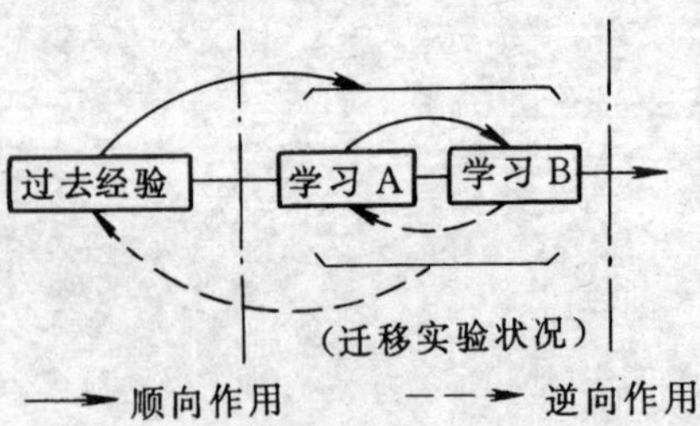

图 5-1　顺向迁移与逆向迁移

把先前的学习对后继学习的影响称为顺向迁移；而把后继学习对先前学习的影响称为逆向迁移。

无论是顺向迁移还是逆向迁移都有正负之分。凡产生积极影响的迁移称为正迁移，有的书上简称为迁移；凡产生消极影响的迁移称为负迁移，简称为干扰（如图 5-1）。

（二）学习迁移的意义

研究学生学习迁移问题在理论和实践上都有重要意义，它是教育心理学研究的重要课题，一直受到理论工作者的重视。

从理论上讲，学习迁移理论是教育心理学理论的重要组成部分。教育心理学既要研究学习现象的发生规律，也要研究已经掌握的知识、技能等是如何在变化了的情境中被加以应用并对新的学习活动产生影响的。

认知心理学把学习分为有意义学习与机械学习两种。在有意义学习中，学习者必须在新知识与已有的知识结构中的适当知识之间建立非人为的实质性联系。如果没有建立这种联系，学生的学习就只能是机械的学习。而这种新旧知识之间的联系的建立，其实质就是已有知识对新的学习的影响，这也就是一种迁移。因此在有意义学习过程中，迁移不仅是已有学习结果在新条件下的应用，而且也是新的学习的基本条件。

另一方面，研究迁移问题也有助于人们进一步探讨知识、智力、能力之间的相互关系，了解知识、技能向能力转化的规律。在教学中，学生能力的发展取决于学生能否将已学的知识、技能迁移到新的情境中，去解决新的问题。迁移的效果好坏直接影响到学生能力的发展。

从实践上讲，正确运用迁移规律对于提高教学工作质量，改进教学方法、培养学生的自学能力等都具有重要意义。许多教育家提出了“为迁移而教”的口号。研究表明，学习能力较强、成绩优良的学生，总是善于将学到的知识、经验迁移到新情境中，做到“举一反三”。在教学工作中，教师应了解学生学习迁移的基本特点，创设促进学习迁移的各种条件，提高学生的学习效率。学习迁移的规律对整个教学活动都有指导意义。在教材的选择、编排上，在教学方法的利用上，在教学活动的组织、管理上，都应该遵循迁移的规律以确保教学工作取得良好效果。

二、迁移理论

学习迁移现象早已为人们认识，历史上许多思想家都发现了这一道理，提出了“举一反三”、“触类旁通”等教学要求。近代以来，心理学家对迁移现象进行了大量研究，提出了多种解释迁移现象的理论。下面我们就对这些理论作一简要介绍。

（一）形式训练说

这是一种早期的迁移理论，也是最早对教育工作产生影响的迁移理论。它的理论基础是官能心理学。官能心理学认为，人的心是一种非物质的实体，它具有多种官能。这些官能可以分为认识官能和求动官能两大类。认识官能包括观察、注意、记忆、理解、想像等，求动官能包括愉快与不愉快的感情和意志。人的各种活动都是由相应的官能控制的。各种官能可以像肌肉一样通过训练得到提高。形式训练说认为，迁移是通过对组成心的各种官能的训练，提高各种官能的能力来实现的。一种官能的能力提高后，不仅能使相应的那一种活动效率得到提高，而且由于各种官能之间相互关联还能有效地提高其他官能的能力。

形式训练说认为，教学的首要目的不是向学生传授具体的知识，而是通过知识来发展学生的各种官能。因此，学习的内容并不重要，重要的是学习材料的性质，即材料的难度和训练价值。要使迁移取得最好的效果，就必须用难度很大的材料，经过痛苦的训练，发展各种官能，使这些官能能够在各种不同的情境中发挥作用。形式训练学认为，古典语言、数学和自然科学是训练官能的最好材料。如拉丁文可以训练推理、逻辑能力，数学可以训练注意力、推理能力等。训练越严格、越充分，心智能力的发展就越完善。

形式训练说在欧洲和北美流行了大约200年。在这一学说指导下，教学工作不重视教学内容的作用，一味强调形式训练，片面重视某些科目而忽视另一些科目。这种倾向曾经对学校教育课程的设置、教材的选择及教学方法等产生了重要影响。直至今天，这种影响依然存在。

（二）相同因素说

形式训练说只是一种假设，19世纪末和本世纪初，以美国心理学家詹姆斯（W. James）和桑代克为代表的心理学家开始用实验检验形式训练说的迁移理论。1890年詹姆斯通过记忆迁移实验证明：记忆能力并不受训练的影响，记忆的改善不在于记忆能力的改善，而在于记忆方法的改善。后来的一些研究也证实了这一结论的正确。继詹姆斯之后，桑代克和伍德沃斯（R. S. Woodworth）又进行了大量的实验研究，试图找出形式训练说的缺陷。桑代克从实验中发现，并不存在那种可以通过训练而普遍迁移的注意力、记忆力、观察力等。他提出了所谓相同因素说来解释学习迁移现象。后来，伍德沃斯也通过实验来支持这一学说。相同因素说认为，在学习中训练某一官能并不能使它的所有方面都得到改善，任何一种官能的改善都只限于一定范围。只有当两种学习在机能上具有相同因素时，一种机能的变化才能改变另一种机能。如毛笔字写好了，再写好钢笔字就容易多了。

桑代克的实验和共同因素说提示人们，在教学中如果忽视知识、技能和学习方法的掌握，单纯去培养学生的观察力、记忆力、注意力等是难以奏效的。只有在掌握丰富的知识、技能和科学的学习方法的基础上，学习迁移才能产生并有效地提高学习效率。

相同因素说片面强调相同因素的作用，认为如果两种活动之间不存在相同因素就必然不可能产生迁移，这一极端的观点使人难以接受。此外，桑代克对"相同因素"的理解也具有很大的局限性和片面性。

（三）概括化理论

概括化理论又称"经验类化说"，是由美国心理学家贾德（C. H. Judd）提出的迁移理论。这是与共同因素说截然不同的新理论。这一理论认为，先期学习A所获得的知识，之所以能对后期学习B产生影响，是因为在先期学习时已经概括出了A、B两种学习活动中的共同原理。这种共同原理可以全部或部分应用于学习A或学习B中。这一理论认为两种情境之间存在的相同因素对学习迁移的影响是次要的，这只是产生迁移的必要前提，而最重要的是学习者在两种活动中概括出它们之间的共同原理。故将这一理论称为概括化理论。这一理论的重要依据是贾德于1908年所做的"水下击靶"实验。

"水下击靶"实验是将5、6年级的学生分为两组，练习用镖枪投击水中的靶子。让第一组学生学习光学折射原理，另一组则不予学习，然后让两组儿童投击水中的靶子。起初投击水下1.2英寸的靶子时，二组学生成绩相同。当靶子放入水下4英寸再投击时，第一组的成绩明显优于第二组。贾德认为，由于第一组学生已将光的折射原理概括化了，从而能够在解决新问题时迅速发生迁移。

概括化理论对教学工作有一定的启发意义，教师应加强基本概念、基本原理的教学，培养学生的抽象、概括能力，运用变式等形式帮助学生真正理解和掌握知识的核心和本质，以促进学习迁移的产生。

（四）关系理论

这是格式塔心理学家提出的学习迁移观点。这种观点认为对情境中一切关系的顿悟是获得一般迁移的最根本要素。这一理论的主要依据是苛勒（W. Kohler）进行的一项实验。1929年，苛勒用小鸡、黑猩猩和一个三岁儿童做被试，训练被试在两张纸中的一张上找到食物。这两张纸一张是浅灰，一张是深灰。食物总是放在深灰纸上。通过训练，使被试学会只有在深灰的纸上才能得到食物。完成这个训练课程小鸡需要400次至600次，儿童需45次。然后，再用一张比原来用的两张更深的灰纸来代替浅灰的那一张。这时，如果它们还是到过去总是放着食物的那一张纸上去，就表明迁移是由于在两种情境中存在相同因素。如果它们到两个中间较深的那张纸上去，则表明它们不是对相同要素作出反应，而是对关系作反应。实验结果表明，小鸡对颜色较深的新刺激的反应为70%，儿童则始终是对颜色较深的新刺激作出反应。由此实验可以证明，对关系的领悟是获得一般迁移的真正手段。苛勒认为，人们越能发现事物之间的关系，则越能加以概括推广，迁移的作用就越普遍。

（五）认知心理学关于学习迁移的研究

美国认知心理学家布鲁纳（J. S. Bruner）和奥苏贝尔对学习迁移问题进行了更为深入的研究。布鲁纳认为，学习迁移可分为两类：一类是特殊的迁移，指习惯和联想的延伸，主要是动作技能的迁移；另一类是非特殊迁移，即原理和态度的迁移。后一类迁移是教育过程的核心。布鲁纳试图揭示教材的知识结构及学生的认知结构对学习迁移的影响。所谓认知结构是指学生头脑中的知识结构。他强调学生掌握各门学科的基本结构和基本原理是促进学习迁移的基本前提。奥苏贝尔进一步系统地研究了学生的认知结构对学习迁移的影响。他认为，如果学生的认知结构是清楚的、稳定的并经过适当组织的，就能促进新材料的学习和保持。如果他的认知结构是含糊不清的、不稳定的、无组织或组织混乱的，则会干扰新材料的学习和保持。因此，认知结构是影响学习迁移的重要因素。

第二节　促进学习迁移的教学措施

当今，教育界流行“为迁移而教”的口号，教学工作的目标应该是使学生在学校所学的知识，形成的能力能够对他们日后的学习或工作有较大的帮助。因此，如何在教学工作中促进学习迁移的产生已成为每个教师都面临的重要问题。要在教学中促进学生学习迁移，首先必须了解影响学习迁移的各种因素，然后根据迁移的一般特点并结合学生实际采取具体措施实现“为迁移而教”的目标。

一、影响学习迁移的因素

学习迁移是一种十分复杂的现象，它受到学习者所处的客观环境、教育条件和作用以及自身身心的特点等诸多因素的影响。了解影响学习迁移的因素对于更好地利用迁移规律提高教学效率有重要意义。下面对影响学习迁移的主要因素作一具体分析。

（一）学习情境的相似性

学习情境（学习场所、环境、教师、同学等）的特点是影响学习迁移的重要因素。如果前后两种学习的学习情境相差较大，则不利于学习迁移。如果两者比较相似，则容易产生迁移。如，学生在自己班级的教室里和同班同学一起参加考试，其成绩往往比在一个陌生教室与陌生人一起参加考试的成绩要好一些。因为在一个与平时学习情景相差较大的地方考试不利于迁移的产生。

（二）刺激与反应的相似性

如果两种学习材料具有相似性，则容易产生正迁移，即反应不变，刺激改变，易出现正迁移。如学好代数有助于学好几何。

对同一刺激，学习与原有反应不同的或相反的反应，则易形成负迁移，即刺激不变，反应改变，可出现负迁移。如学习英语后再学习俄语，由于有些字母形状相同，则容易出现将俄语字母按英语发音的错误。对同一刺激，学习的反应越是相异，负迁移的作用越显著。

（三）学习材料的连贯性

如果前后学习的两种材料之间存在相互关联，则先前的学习有助于后继的学习。学习材料之间的联系越紧密，迁移的作用越大。

在传统的以教材为中心的学校教学中，教师习惯于将教学内容分成若干单元，每一单元又分成若干具体问题来讲授。这样组织和讲授教材容易使学生只注意到一个个具体的问题，不利于培养学生的综合能力，学生掌握的只是零散的、孤立的知识，而缺乏对知识整体的把握。这对于学习迁移的形成是十分不利的。可见，在处理教材时，加强教材的整体性，注重内容之间的联系，使学生融会贯通地掌握教材，是促进迁移形成的关键。

（四）刺激的多样性

在学习中，刺激形式越是多样，越容易迁移到另一学习中；反之，刺激越单一，越难以产生迁移作用。例如，教小学生认识“飞机”，如果将各种类型的飞机图片呈现给学生，则当学生再遇到一新式飞机时往往也能认出是飞机。如果只给学生呈现一种飞机的图片，则当学生遇到另一类型的飞机时（如直升机），则很难产生迁移。

（五）原学习的熟练程度和已有知识的概括水平

学习迁移是对已有知识、技能的利用和改造过程。先前学习的熟练程度和已有知识的概括水平直接影响着迁移的效果。先前学习越熟练，其产生正迁移的可能性越大；反之，不熟练的学习则可能产生负迁移。比如，只有当学生熟练掌握了加减法之后，才能较好地学习乘除法。否则，加减法还没学会就去学乘除法，反而会对学习产生干扰。另一方面，原有知识的概括水平越高，越容易形成迁移。因此，教学中特别强调学生要真正理解基本概念和原理，使学生能够利用迁移解决大量具体问题。

（六）理解程度

对先前学习材料的理解程度也是影响迁移的重要因素。一般来讲，理解程度越深、越透，它对后继学习的正迁移作用越大；反之，一知半解的学习反而可能引起负迁移作用。所以，在学习中，死记硬背得到的知识既不能概括，也不能迁移，是难以运用于解决实际问题的。如果教师要求学生根据已有经验来理解所学的知识，则不仅能使学生更多地学到有用知识，而且也更有利于学生应用知识去解决实际问题。

（七）年龄

学习者的年龄对学习迁移也有一定影响。对于年幼儿童，由于他们缺乏学习的类化能力，即缺少抽象思维能力，因此，很难获得正迁移作用。此时儿童多以具体事物来认识客观规律。随着年龄的增长，儿童的抽象思维能力逐渐提高，开始真正理解事物的本质特点和规律。这时儿童的学习开始产生正迁移作用。

（八）智力

研究表明，学生的智力水平是影响迁移效果的重要因素。智力水平较高的学生能够更有效地发现两种学习之间的联系，把先前学到的知识迁移到新学习中去。在学习中不仅学得较快，而且善于用所学知识解决新课题，能够将新旧知识有机联系起来。智力水平较低的学生在感知、理解两个情境的相似性及其关系等方面存在较大困难，影响了学习迁移的产生。虽然智力对学习迁移有一定影响，但学习态度、学习方法等因素可以在一定程度上弥补智力的不足。如通过勤奋努力，增强熟练程度，同样可以促进迁移的产生。

（九）活动和学习指导

正规课堂教学之外的活动对学习迁移也有很大影响。研究表明，增加学生的活动，使他们在各种活动中学会将所学知识用于解决实际问题，不仅有助于巩固学生已学的知识，而且还有助于学生把已学知识迁移到新的学习情境中。

并不是所有活动都有助于学习迁移，学生的活动必须得到教师的适当指导。因此，把握对活动的指导方式和控制程度是至关重要的。对活动过多进行指导或约束会妨碍学生的自主性，不利于培养学生独立思考的能力。但是，过分放任学生自由地去活动也会带来许多消极后果，不利于及时纠正活动中的错误，也不利于培养学生自我控制的能力和办事情认真负责的态度。教师应当把正规课堂学习与活动结合起来。实验证明，在学习概念、原理时，由教师预先提供正确答案的指导方式与由学生自己在活动中经过思考发现和总结出原理相比，后者更有利于学习迁移的产生。因此，指导应该是在限制学生活动范围的同时，留给学生自由活动的一定范围，并启发学生通过主观努力去发现规律，掌握原理。学习指导的重点应是对学习方法的指导，学生已有的学习方法在新的学习情境中可能产生积极作用，也可能产生消极作用。这就要求教师进行适当的指导以促进正迁移的产生，避免负迁移的消极影响。

（十）定势

定势对新的学习活动既有积极作用（正迁移），又有消极作用（干扰）。如果新情境中的问题与原先已解决的问题相似，则定势有助于迁移的产生；如果两者相差较大，则定势会干扰新问题的解决，使学习者的创造性受到阻碍。

二、促进学习迁移的教学建议

根据迁移过程的特点和影响迁移的因素，教师在教学工作中应从以下几方面采取措施，促进学习迁移的产生，提高学生的学习效率。

（一）合理设计教材结构

为了促进学习迁移，教材内容应着重安排具有较高概括性、包摄性和较强解释效应的基本概念和基本原理。按照认知心理学的观点，掌握基本原理和观念是促进迁移的有效途径。学生学习活动所形成的知识结构是从教材的知识结构转化而来的。因此设计合理的教材结构对形成有助于迁移的学生的认知结构是至关重要的。一种好的教材结构可以简化知识，有助于新知识的掌握和运用，能够最大限度地适合学习者的知识水平和学习能力。

对于教师来讲，应根据学生学习特点对教材内容进行选择和调整，突出基本概念和基本原理。设计出合理的教材结构，具体讲，应注意以下问题。(1) 教材呈现知识的程度应是从一般到个别不断分化。由于人们认识新事物普遍遵循着从整体到细节的顺序，在学习一种未知的知识时，从已知的一般的整体中分化出细节，要比从已知细节中概括出整体容易一些。因此，在处理教材时也应从已知的一般整体中逐步分化为细节。如中学物理教材中对“力”的概念的处理就符合不断分化的原则：先教力的一般概念，然后分化出摩擦力、弹力、重力、电磁力等概念。这样既符合学科自身的内在逻辑要求，又便于教和学。(2) 教材的结构要做到由浅入深，从已知到未知逐步系统化。学生已有知识和能力水平是获得新知识的基础，无论是知识的掌握还是能力的提高都是由低到高逐步实现的。因此，教材结构和教学顺序都必须遵循这一规律，使学生避免因教材设计不当而跳跃某些必要的知识导致学习缺陷和障碍，保证教材内容的系统性和连贯性。

（二）充分利用各种可迁移的情境

首先，在教学中，教师要善于根据所教的内容及学生学习的特点，为学生创设各种情境，使当前所学的知识与原有知识之间建立密切联系，利用原有知识的迁移来促进学生对当前所学知识的理解和掌握。例如，有经验的数学教师总是善于启发学生利用已学的定理从多种角度验证新学的定理，而不仅仅按照书本上的现有方式去讲解这个定理。其次，教师应在学生掌握了一定知识之后（如在一章或一单元结束之后），为学生设计一些特定情境，使学生利用所学的知识，在这些情境中解决具体的实际问题或新的理论问题，让学生学会运用知识。这种情境的创设应注意两点：一是要使新创设情境与学生所学知识的情境之间保持相似性，否则会增加迁移的困难，达不到教学的目的；二是新创设的情境要给学生充分发挥创造力的机会，因而必须有一定的新意，不能与课堂原有情境完全相同，要让学生最大限度地调动各种知识去解决问题，这样，既促进了所学知识的迁移，又提高了学生的能力。

（三）提供丰富实例，帮助学生理解概念和原理

掌握概念和基本原理是促进迁移的重要条件，因此，教师在教学中应把基本概念和原理的掌握作为重点。要使学生更好、更快地掌握概念和原理，教师要在教学中为学生提供丰富的实例。概念的掌握有赖于学生对概念所反映的一类事物的认识程度。学生认识的同类事物越多，其本质特征就越容易被抽象出来，也就越容易将此本质特征概括到更广泛的同类事物中去。为此，教师可以运用举例、实验、演示、组织学生参观等手段对各类实践现象和事物的特征进行直观教学，以便学生从丰富的感性知识中真正理解概念和原理的实质，从而为学习迁移的产生打下良好的基础。

（四）帮助学生辨认所学材料的本质特征

为了防止出现负迁移，教师应特别注意帮助学生辨认所学知识的本质特征。在掌握概念、原理时，可利用变式让学生了解概念的本质，突出本质特征，避免将非本质特征作为本质特征。同

时，帮助学生认清容易混淆的材料之间的相同点和不同点，通过事例增强学生的感性认识。例如，中学物理教学中，重量和质量是两个既有联系，又有区别的概念。对于初学者来讲，很容易将两者混淆。教师应在一开始讲解这两个概念时就注意讲清楚二者是两个不同的概念，并可举例说明在一定条件下二者之间的异同点。实践表明，学习负迁移的产生在很大程度上是由于学生学习知识过程中没有真正掌握材料的本质特征，把一事物的特征与他事物的特征混为一谈，或将非本质特征作为本质特征，从而对后继学习产生干扰，如功能固着现象。因此，提高学生分辨材料特征的能力对于提高迁移作用，克服干扰是十分重要的。

（五）适当增加练习

理解学习材料只是促进迁移的一个方面，另一同样重要的方面是练习，二者缺一不可。缺乏理解的练习只是死记硬背，不可能迁移。缺乏练习的理解也不能运用自如。因此，教学中应在理解的基础上，适当增加练习，以使所学知识为学生牢固地掌握住，并通过练习使学生在许多相似的情境中学会将所学知识运用于解决问题。这样，既有利于加深知识的理解又有利于扩大知识的应用范围，促使学生学会在不同情境中实现学习迁移。

（六）帮助学生改进学习方法，学会学习

指导学生掌握科学的、适合本人特点的学习方法，学会学习，是促进迁移的重要教学措施。学习迁移的产生取决于学生已有的知识水平和认知结构。而学生知识水平和认识结构又取决于学生的学习活动效率和学习能力。因此，指导学生学会学习，全面提高学习能力，是全面提高教学质量的关键。教师应在全面了解学生学习方法特点的基础上，对学生进行专门的学习方法指导，并针对实际问题帮助学生学习、掌握具体的学习方法，如记笔记的方法，复习的方法，应试的方法等。在教学中应创造情境鼓励学生自学，培养学生自主学习、自我管理的能力。学生学习能力的提高必将促进学习迁移的产生。

（七）充分利用课外活动

课外活动应为促进学习迁移服务。具体来讲，在课外活动的内容设计、活动形式和时间安排上，都要与课堂教学相结合。使课外活动成为课堂教学的一种补充。如课堂教学讲授了电磁转换规律，课外活动就可以让学生自己动手制作一些电动机模型，组织他们参观电机制造厂等活动，以扩大学生的知识面。当然，课外活动的内容并不限于课堂教学的内容，应该允许学生在更广的范围内去从事各种认识活动和文体活动。教师的责任在于引导学生把课堂所学知识运用于课外活动中。同时，把课外活动中发现的问题与课堂学习的内容联系起来。这样才能使课外活动在促进学习迁移方面发挥出应有的作用。

第三节　技能的形成

一、技能的一般概念

（一）什么是技能

技能是指个体通过练习而形成的一定的智力动作方式和肌肉动作方式的复杂系统。技能的形成不是先天的，而是个体在后天的实践活动中通过练习获得的。技能发展有两个阶段：第一个阶段的技能叫初级技能，是指刚刚会做某件事情而没有达到熟练的程度；第二阶段的技能叫技巧，是指个体经过反复练习后，在某种活动上已达到了自动化的程度。

技能按其性质和特点可分为智力技能和运动技能两大类。智力技能也叫智慧技能，是在头脑中以词的形式进行的智力活动方式；而运动技能则是指由肢体动作而构成的外部活动方式，是由一系列动作构成的动作系统，如写字包含执笔、运笔等一系列动作。智力技能属于学习理论的范畴。本章所要阐述的主要是运动技能的理论。动作技能又叫心因性运动技能，意思是动作要受内部心理过程的控制，特别是受知觉的影响很大，所以有人把知觉与动作联系起来，称之为知觉——运动技能。

（二）技能与知识、能力的关系

技能与知识、能力是三个不同的概念。技能是完成某一活动的动作系统，是对动作和动作方式的概括；知识是在人脑中形成的经验系统，是对经验的概括；能力是顺利完成活动任务所必需的个性心理特征。

技能与知识和能力又有密切的联系。技能是知识转化为能力的中间环节；知识和能力是形成技能的必要前提，而技能的发展又有助于知识的掌握和能力的提高。因此，在教学过程中，教师应注意掌握知识、训练技能和发展能力三项任务并重，使学生在掌握双基的基础上发展能力，通过发展能力进一步促进知识和技能的掌握。

（三）动作技能的分类

动作技能依据不同的划分标准，可分为连续技能和非连续技能，封闭技能和开放技能，工具性技能和非工具性技能。

1. 连续性技能和非连续性技能

连续技能是指以连续的不间断的方式所完成的一系列动作，如骑自行车、游泳等。这些技能中动作的持续时间一般较长，需要个体根据外界环境的变化不断地调节动作方式。非连续技能只包括较短的序列，完成的时间一般少于 5 秒，如投篮、射箭、紧急刹车等。非连续技能一般是由突然爆发的动作组成。

2. 封闭技能和开放技能

根据动作进行过程中外部条件是否发生变化，技能又可分为封闭技能和开放技能两种。封闭技能主要是指完成活动依靠的是主体自身本体感受器的反馈信息的调节。如游泳时外界条件一般不会有较大改变，因此掌握游泳的技能就需要主体根据自身运动的反馈来进行协调，形成较固定的动作模式。

开放技能主要是指主体完成动作依靠的是周围环境信息反馈的调节。如，足球射门时周围环境瞬息万变，这种开放技能就要求个体具有迅速处理外界信息变化的能力和对突发事件的预见能力。

3. 工具性技能和非工具性技能

工具性技能是指进行技能活动时需操纵一定的工具或机械的技能，如加工机器零件、打字、播种庄稼等。非工具性技能是指不使用任何工具即可进行的技能，如唱歌、跳舞等。

一般认为动作技能不包括先天就有的无条件反射，如眨眼、打喷嚏；也不包括只含简单肌肉反应的动作，如摇头、点头等。人们通常把动作技能看做是包含有精细的肌肉控制的活动。

（四）动作技能中的心理成分

心理学家费茨（T. W. Fitts）调查了40名教练和体育教师，尽管这些人教授和训练的运动项目范围广、种类繁多，但他们一致鉴别出技能的四种成分：第一，认识成分。一般来说，运动水平越高，越是需要作出判断，采取对策，并要求有周密的计划；第二，知觉成分。知觉因素在技能学习中起着重要作用，学习者必须准确和敏锐地辨别需要作出反应的线索；第三，协调能力。它是技能学习的关键。学习者必须根据动作的要求和外界条件，通过反馈信息，协调自身的感觉系统和运动系统，改善自己的运动模式，才能使技能向自动化方向发展；第四，个性成分。各种个性和气质特征对不同技能学习的影响有很大差异。如：胆汁质的人较适合于学习举重、拳击、短跑等要求有较快爆发力、大强度肌肉紧张的项目；多血质的人则适合学习篮球、足球、乒乓球和体操等要求较大灵活性的项目；粘液质的人更适合学习要求耐久性较高的技能，如长跑、射击、棋类等。

二、动作技能形成的过程

动作技能的形成包括习得、保持、迁移几种形式，每一形式都有各自的形成过程和特点。

（一）动作技能的习得

一般认为，动作技能的习得是练习的结果。它要经历以下几个环节。

1. 认知——定向阶段

在学习一种技能的初期，学习者首先要在头脑中形成有关这种技能及其相关知识的最一般的表象。这就是动作技能的定向阶段。动作表象的形成在技能学习中有重要作用，正确的表象能帮助人们顺利掌握技能，错误的表象会使技能学习出现偏向。正确表象的形成，依赖于训练者的示范以及学习者对示范的感知，同时学习者已有的知识经验对形成正确的表象也有很大帮助。这一阶段的主要任务是领会技能的基本要求，掌握技能的局部动作。

在认识——定向阶段，人的动作显得不协调，多余动作较多，学习者不易察觉自己动作的全部情况，难以发现错误和缺点。

2. 动作系统初步形成阶段

在掌握局部动作的基础上经过练习，能把个别动作结合起来，克服动作的不连贯现象，逐渐减少动作中的停顿时间，初步形成动作系统。其中，注意力从认知转向运动，从个别动作转向动作的协调与组织是动作系统形成的关键。但由于是在初步形成阶段，所以动作之间的联系还未巩固，动作协调还不够完善，练习初期的心理紧张还未完全消失，稍有分心就会出现错误动作。如，初学游泳时，手、脚、头等身体部位的动作是相互干扰的，手划水、脚踩水和抬头呼吸等动作不易形成协调，往往是在水中游几下就不自觉地想用两脚着地。

3．自动化阶段

经过反复练习，一连串的动作被整合成一个完整的系统并固定下来。完成动作时的紧张状态和多余动作都已完全消失。最后，在熟练操作时，个体往往带有自我欣赏的心理，一面进行操作，一面有意或无意地用自豪的、满意的眼光来欣赏自己的操作。意识对动作的控制作用减少到最低限度，即可以一面熟练地进行操作，一面考虑其他的事情。

熟练的动作是技能获得的标志，它具有以下特征。

（1）反应协调迅速、自动化

在技能形成的初期，内部言语对技能的学习起着重要的调节作用。每一个动作的完成都要受到意识的调节与控制。这种调节控制稍有减弱，动作就会出现停顿或错误。而熟练的操作（即熟练的动作）则不需要注意个别动作的进行，整个动作系统已经自动化，对刺激的反应几乎是下意识地，并且非常协调、迅速。

（2）动作的反馈方式主要为内部反馈

在技能的形成中，反馈起着重要的作用，操作者要根据每一个别动作的反馈来调节反应。反馈分内外两种。外部反馈是由视觉和听觉等感受器官接受的外部信息所提供的反馈；内部反馈是由肌肉和关节提供的动觉反馈。

在技能形成的初期，学习者主要是靠外部反馈来调节自己的动作。例如，初学骑自行车的人总是盯着自行车的车把来判断自行车是否平衡；初学英文打字的人，反应几乎完全依靠视觉线索，在原稿上看到一个字母，然后在键盘上找到相应的字母，再按这个键。如果视线离开了键盘，便一个字也打不出来。再如初学编织的人，眼睛总是要盯着织物和自己的编织动作；初学跳舞的人，总是一边跳舞，一边看自己的脚等等。

熟练的操作则主要依靠动觉反馈，操作者的视线可以在操作时离开自己的动作及动作的对象，去注意其他的事物。如，会骑自行车的人可以一面骑车，一面观看周围的情景，熟练的打字员可以只看着原稿，仅凭动觉反馈进行打字；会编织的人，可以一面两手如飞地操作，一面观看电影、电视；会跳舞的人，不用视觉，仅凭脚步提供的动作反馈信息来判断自己的舞步是否正确。

（二）动作技能的保持

在日常生活中，似乎我们都有共同的体验，动作技能的学习和言语知识的学习不一样，它一经学会，便不易忘记。如学会了游泳或骑自行车后，几乎一辈子都能保持如故。有人（许尚侠，1986 年）研究发现，动作技能的遗忘进程同艾宾浩斯的无意义音节的遗忘进程有很大的区别（见图 5-2）。

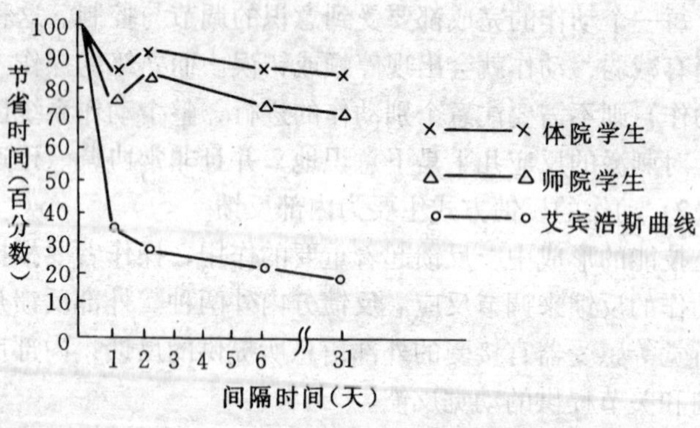

图 5-2　运动技能与无意义音节的遗忘曲线的比较

关于技能保持的类似研究，还有很多实验数据。总的结论是：技能的保持比知识的保持更巩固；越是复杂的技能，保持时间越长；越是简单的技能，保持时间越短。对这种现象有几种不同的解释。一种解释是，技能包括肌肉动作的成分，而肌肉动作之间的联系保持得较牢靠。这种解释不全面，因为简单的技能也容易遗忘。第二种解释认为，技能的学习总是过度学习，即超过了达到掌握标准的学习。一般来说，经过过度学习的任务是不易遗忘的。第三种解释是从生理机制上来探究原因的，认为动作技能的保持不同于知识的保持，它高度依赖于小脑和脑低级中枢，而这些中枢可能比脑的其他部位有更大的保持动作痕迹的能量。后两种解释是否正确还有待于进一步检验。

（三）动作技能的迁移

所谓动作技能的迁移，是指一种技能的掌握，对学习另一种技能的影响作用。这种作用有两种，一种叫正迁移，一种叫负迁移。正迁移是指一种技能的掌握对另一种技能的掌握有积极的促进作用。例如，乒乓球打得好的人，在学习打羽毛球时就要比其他人学得快。反过来，学习打羽毛球，又对乒乓球水平的提高有帮助。

运动技能的正迁移大致可分三类：

1. 动作——动作迁移。即学会的某种动作对一种新动作的学习和掌握有促进作用。这类迁移在日常生活、学习中较为常见。如，会骑摩托车的人比较容易掌握汽车的驾驶技能。

2. 两侧性运动迁移。即由身体一侧学会的技能迁移到身体的另一侧。这种迁移在人体的对称部位表现得最明显。如左手向右手迁移，左腿向右腿迁移；其次是同侧部位的迁移，如左手向左脚迁移，右手向右脚迁移；最困难的是对角线上的交叉迁移，如左手向右脚迁移，右手向左脚迁移。

3. 语言——动作迁移。即练习前的语言训练对掌握运动技能有积极的作用。有人（加涅，1950 年）曾做过一个实验：要求被试对某些颜色信号作出选择性的反应。被试分为两组。一组事先进行语言训练，“见红色按第一个按钮”、“见蓝色按第二个按钮”等，第二组则无事先训练。结果第一组学习选择性动作技能比第二组快得多。但只有当语言的反应不干扰被试的动作时，亦即语言反应就是运动动作，或语言能提高知觉的辨别能力时，事先的语言训练对运动才起正迁移作用。

负迁移是指一种技能的掌握对另一种技能的掌握有阻碍作用。如学习英语时，汉语拼音对正确的英语标准发音就有阻碍作用。反过来，学习了国际音标后，有时会一下子想不起来汉语拼音字母的发音。

动作技能的迁移在教学和实践中有重要意义。苏联心理学家研究发现，小学生在练习书写时，先练某些关键笔画，然后将这种技能迁移到书写单个俄文单词上去，大大提高了书写练习的效率。教师应力求使学生把在课堂上学到的技能，迁移到其他方面的学习及工作中去，即发展学生的能力，才能避免出现"学不能致用"、"高分低能'等现象。迁移在实际工作中也有很多的应用。如飞行员正式飞行前要进行地面模拟训练，但地面的模拟情景不可能和正式操作的情景完全相同，所以正式飞行时能否把从地面学到的技能迁移到正式操作上来，是考验飞行员是否真正合格的标准。这是航空心理学研究的一项重要课题。

第四节　影响动作技能学习的因素

影响动作技能学习的因素有很多。经研究，个体的智力、态度、动机、年龄、学习环境和指导方法等都对运动技能的学习与掌握有不同程度的影响。但归结起来，这些因素可以分为两大类：一类是内部因素；一类是外部因素。

一、影响动作技能学习的内部因素

（一）成熟与经验

一般认为，学习者掌握动作技能的能力随年龄和经验的增长而提高。美国心理学家格赛尔（A. Gesell）曾做过一个著名的

“双生子爬梯”实验。让双生子之一的T从第48周起每天做10分钟的爬梯训练，而另一个C不做训练。T经过6周训练后，即从第53周起，C每天也做10分钟的爬梯训练，训练2周即可赶上T的水平。由此他得出结论，不成熟（达不到一定的年龄）就无从产生学习，强调成熟对动作技能学习的重要性。

但另外一些心理学家则提出，在学习复杂的动作技能时，越从小（在不违背个体的发育阶段的条件下）开始训练，成绩就越好，并给予一定的实验支持。

这两种观点分别说明不同条件下，运动技能学习的主要影响因素不同。像弹琴、游泳等较复杂的动作技能，似乎从小开始学习较好；像爬梯等比较简单的运动技能的学习，则较大地受成熟因素的影响。

（二）个性

前面我们已讲过不同气质类型的人与不同种类运动技能的学习、掌握有关系。除此之外，个性心理中的其他品质，诸如动机、态度、自信及有关的能力等都对运动技能的掌握有影响。有人研究了“内向性”和“外向性”的人后，提出内向性与外向性的人在学习动作技能时有以下区别：

1. 外向性的人比内向性的人动机水平高；2. 外向性的人比内向性的人较难形成条件反射；3. 外向性的人适于进行力量大的大肌肉动作，内向性的人则适于进行精细准确的小肌肉动作；4. 外向性的人偏重速度，内向性的人注重准确性；5. 外向性的人比内向性的人内部变动大；6. 外向性的人易形成社会动机，而内向性的人易形成达到目标的动机；7. 外向性的人知觉敏锐度比内向性的人要差。

二、影响动作技能学习的外部因素

（一）有效的指导示范

在学习动作技能时，学习者只能觉察自己的一部分动作，难以看清整个动作。因此，指导者的评价、指导与示范就显得非常重要。指导时，不同的方法可有不同的作用。汤姆森(L. Thompson)曾对不同的指导方法作过比较性研究。他将被试分为5组，分别学习装配锯齿形的七巧板。主试先给被试不同的指导，然后由被试独立拼装，直到无错误为止（见表5-1）。

表5-1　不同指导方法的不同效果

组别	儿童观察时的活动	示范者的言语解释	拼七巧板所需的时间（容易的）	拼七巧板所需的时间（困难的）
1	连续加数2至100	无	5.7	25*
2	说出示范者所演示的	无	3.1	22
3	静默观看	不完整的描述	3.5	16
4	静默观看	完整的描述	3.2	14
5	说出示范者所示范的	纠正儿童叙述中的错误	2.2	12

*25名儿童仅有3名完成了任务

第一组在观看示范时，由于其他活动的干扰，效果最差。第2组和第5组都要说示范者的操作活动，就需对其加以注意。另外，由于言语指导不一样，第1组和第2组的学习效果相对其他各组较差；第4组的完整描述比第3组的不完整描述效果好；第5组的成绩最好，是因为指导者在学习者认真学习的基础上，对儿童叙述中的错误加以纠正。从这个实验中我们可以看出，言语指导结合示范是帮助学习者掌握动作技能的最有效的方法。因此，在教学中，教师要使学生注意观察，理解他所演示的动作技能，并将学生的学习效果及时反馈给他们，这对动作技能的掌握有积极的作用。

（二）练习与反馈

1. 练习曲线

练习是动作系统的重复。一般认为,练习可以使学习者发现技能掌握的程度,以改善动作方式,提高动作技能的学习效果。练习曲线是用来表示练习次数和练习成绩之间的函数关系的曲线图。借助于它,我们可以了解技能随练习次数的增加而改进的一般趋势。如沈德立、刘景全等人于1983年的一项实验(见图5-3)。

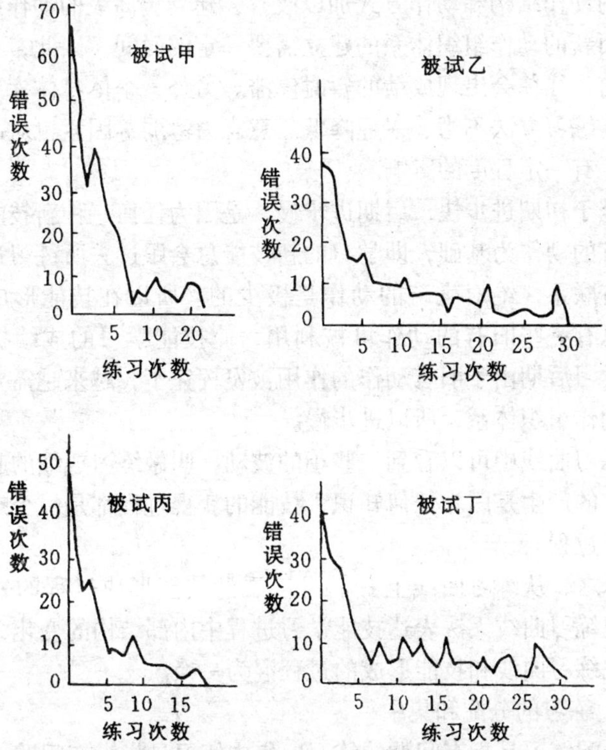

图5-3 四个被试的练习曲线

从图中可以看出，不同被试的练习曲线有显著差异。这主要是由于个人的知识经验、练习态度、练习方式等不同因素的影响而造成的。但这些被试的练习曲线也表现出一些共同的特点:

(1) 初期进步快，后期进步慢；(2) 除一些小的波动外，曲线中间有一个明显的停顿期，也就是高原期。

高原期亦即高原现象，是指在技能形成后期，练习成绩出现暂时停滞的现象。高原现象产生的原因主要是因为当旧有的动作组织体系的效率已达到最高点以后，要想再提高效率，就需要把原来的动作结构和动作方式加以改善，建立更高级的动作组织体系，而新的动作组织体系的建立需要一定的时间。因此，在它建立以前，往往会出现成绩的暂时停滞。另外，个体身体素质发展不够、练习方法不当、兴趣降低、意志力薄弱等因素也对高原期的产生有一定程度的影响。

至于初期进步快，后期进步慢，是因为任何一种新技能都要以原有的动作为基础，即学习的新技能总会跟过去所练习过的旧动作有联系，绝对生疏的动作是极少的。所以在技能形成的初期，总有一些旧有的动作可被利用，使技能学习的成绩提高较快。学习后期由于旧有动作的作用被发挥完了，越来越需要建立新的动作组织体系，所以进步慢。

练习曲线中可以看到一些小的波动，叫做练习成绩的起伏现象。它的产生是因为任何知识、技能的获得过程都是一个螺旋式的上升过程。

总之，从练习曲线上我们可以看清技能形成过程的外部表现。但练习曲线无法表达技能学习过程中内部结构的变化，所以不能把练习曲线和技能形成的过程混为一谈。

2. 练习的分配和集中

分配练习是指有间歇的练习，集中练习是指没有间歇地、连续地练习一项任务，直至掌握为止。大量的实验证明，有间歇的分配练习比没有间歇的集中学习效果要好。而且经过一长时间的间歇后，会出现动作记忆的恢复现象，即间歇后的再度练习，会获得突然的进步。这些规律和记忆中的某些规律是相吻合的。

3. 在练习中的反馈作用

在技能学习中，提供信息的反馈是最重要的外部条件之一。比尔（W.C.Biel）有一个实验说明了反馈对步枪瞄准练习的影响。被试分2组。甲组在开始练习时，有蜂鸣器发出的响声（反馈），以示击中了目标，乙组则无反馈。进行一个小时练习后，则甲、乙两组的反馈条件进行交换，即甲组无反馈，乙组有反馈，实验结果如（图5-4）。

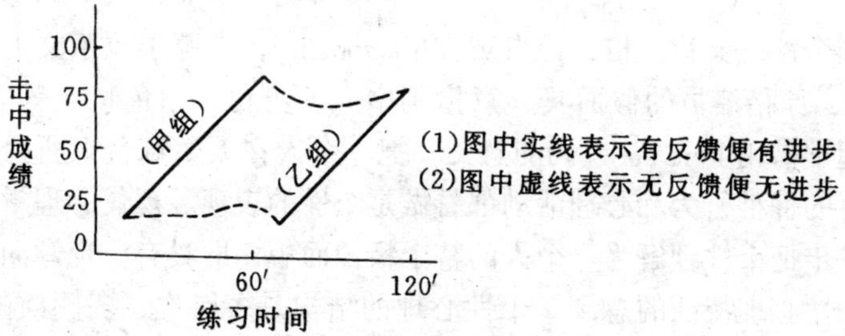

图5-4　反馈效应

从上图可以看出，无论哪一组在练习中的哪一段时间中，只要有了反馈信息，成绩就会大幅度提高；反之，则进步缓慢。但当技能已熟练掌握以后，反馈就不一定是必要的了。

思　考　题

1. 试论述迁移在教学中的意义。
2. 影响迁移的因素有哪些？如何在教学中促进迁移的产生？
3. 联系实际说明技能与知识、能力的关系。
4. 影响动作技能形成的因素有哪些？
5. 在教学中如何指导学生练习？

第六章 个性差异

个性，又称人格，译自英文 Personality，来源于拉丁文 Persona，原指演员的假面具，意指剧中人的身份、角色特点等等。心理学借用 Persona 一词的意义，把一个人在人生舞台上所扮演角色的种种行为和心理活动都看做是个性的表现。现代心理学则进一步把个性理解为一个人的整个精神面貌，即具有一定倾向性的个性心理特征的总和。个性心理的结构是多层次、多侧面的，是由复杂心理特征的独特结合构成的整体。个性主要由个性倾向性和个性心理特征两部分组成。个性倾向性是人进行活动的基本动力，是个性结构中最为活跃的因素。它制约着所有的心理活动，表现出个性的积极性。个性倾向性主要表现在对认识和活动对象的趋向和选择上，主要包括需要、动机、兴趣、理想、信念和世界观。个性倾向性的各个成分之间相互联系、相互影响、相互制约。其中，世界观在个性倾向性的诸成分中居于最高层次，决定着一个人总的思想倾向。

个性心理特征指个人身上经常表现出来的本质的、稳定的心理特征。包括能力、气质和性格，其中以性格为核心。这些特征影响着个体的举止言行，反映出一个人的基本精神面貌和意识倾向，集中地体现了人的心理活动的独特性。个性心理特征是在心理过程中形成的，它反过来又影响着心理过程的进行。

个性倾向性和个性心理特征相互联系、相互制约，共同构成了一个人完整的个性结构,并对人的行为和心理活动进行调节和控制。如果各种成分之间的关系协调,人的心理活动和行为就是正常的;如果失调,就会造成个性分裂,出现心理失常和行为异常。

第一节　能　力

一、能力概述

（一）能力的概念

能力是直接影响活动效率,使活动顺利完成的个性心理特征。

能力总是和活动相联系，在活动中得以表现和发展，并直接影响着活动的顺利完成。因此，人们总是通过某种活动来考察人们的能力。例如，曲调感是从事音乐活动必须具备的条件；而敏锐的观察力、稳定的注意力、良好的记忆力、严密的思维能力及丰富的想像力则是保证学习任务顺利完成所不可缺少的个性心理特征。可见能力实际上就是个体从事活动的能力。具有某种能力就能顺利地完成某种活动，能力的强弱决定活动效率的高低。所以，能力是顺利完成某种活动的必要条件。

某种复杂活动的顺利完成仅靠一种能力是不够的，还需要多种能力的结合，心理学中把多种能力的完备结合称为才能，例如，文学才能包括审美能力、鲜明的形象记忆力、丰富的想像力和组织语言的能力等。音乐才能主要是由曲调感、听觉表象、音乐节奏感构成的。高度发展的多种能力最完备的结合称为天才。心理学家认为天才是由深邃的洞察力、良好的记忆力、机敏的思维能力、丰富的想像力及创新能力等构成的。也有的心理学家把智商达到或超过 140 分者称为天才。天才并非是天生的。它是在较优异的先天禀赋的基础上，环境影响、教育培养及个人努力奋斗的结果。

(二) 能力与知识的关系

能力和知识既有区别，又有联系。二者的区别表现在两方面：①范畴不同。能力和知识的范畴是不相同的，能力是人的个性心理特征，而知识是人类社会历史经验的总结和概括。例如，学生在做数学题的过程中所表现出来的思维的创造性和逻辑性属于能力范畴，而做题时所使用的定理或公式则属于知识范畴。②能力的发展与知识的获得不是同步进行的。知识不等于能力，知识的掌握和增加并不一定意味着能力的获得和发展，二者并非永远成正比。随着年龄的增长，人的知识不断地积累和增长，但能力则有可能发展、停滞、甚至衰退。

能力和知识的联系表现在两方面。①能力是在掌握知识的过程中形成和发展的。学生在掌握知识的同时，能力也得到发展，知识是发展能力的基础和条件，知识越多，越有利于能力的发展。如果缺乏必要的知识，就会阻碍能力的发展。人们通常说的“无知必无能”就是这个道理。②掌握知识又以一定的能力为前提。能力特别是学习能力制约着掌握知识的速度、难度、数量、质量和巩固程度。智力发展水平高的学生，接受能力强，学习效率高；而智力发展水平低的学生在学习中会遇到更多的困难。可见，能力既是掌握知识的结果，又是掌握知识的前提。能力和知识相互制约，相辅相成。

(三) 能力的种类

根据不同的分类标准可以把能力分为不同的种类。

1. 一般能力和特殊能力

一般能力也称普通能力，是指人从事一切活动所必须具备的能力。一般能力也叫做智力，包括观察力、记忆力、注意力、思维能力和想像能力，其中，以抽象思维能力为核心。一般能力是各种特殊能力和创造能力形成和发展的基础。

特殊能力又称专门能力，指适合于某种特殊活动要求的能力。如音乐能力、绘画能力、操作能力、计算能力、社交能力等。特殊能力的形成和发展有赖于个体的先天素质，但主要是环境和教育影响的结果。

2. 再造能力和创造能力

再造能力是指能顺利地掌握前人积累的知识与技能和按提供的式样进行活动的能力。创造能力是指根据一定目的、创造出有社会价值的、新颖的、独特的思想与事物的能力。

二、能力的结构

能力是具有复杂结构的多种心理特征的总和。探讨能力的结构有利于我们认识能力的本质，更好地进行能力的培养，同时对于能力的测量和评定也有积极意义。

（一）二因素论

英国心理学家斯皮尔曼（C. E. Spearman）提出的能力结构理论。他认为：能力由一般因素（G 因素）和特殊因素（S 因素）构成，故称二因素论。G 因素是完成任何一种作业都必须具备的共同因素，S 因素是完成某种性质作业必须具备的特有因素。成功地完成任何活动都必须有这两种因素的共同参与。例如，完成一个算术推理作业需要 $G+S_1$，完成一个语言作业需要 $G+S_2$，而完成另一个作业需要 $G+S_3$，等。G 因素是能力结构中第一位的首要因素，它只有一个，参与所有能力活动。S 因素则是决定各种不同能力的因素。S 因素有许多，它们分别参与某些特定的能力活动。图 6-1 是二因素论的模式图。

（二）群因素论

美国心理学家瑟斯顿（L. L. Thurston）提出的能力结构理论。他认为大多数能力都可以分解为七种彼此无关、完全独立的原始因素。它们是：①计算（类似加减乘除简单算术运算的能力)；②词的流畅性（对图中的各种物体命名的速度)；③言语意义（找出相似词和反义词的能力)；④记忆；⑤推理（运用基础概念的能力)；⑥空间知觉（确定各物体的空间关系的能力)；⑦知觉速度（迅速确定各形状的异同点的能力)。但瑟斯顿测验的结果与其设想相反，实际上各种原始因素之间都有不同程度的正相关。所以，瑟斯顿在七种原始因素之外又提出了一种“二级的普遍因素”，即一般因素。

（三）智力三维结构模型

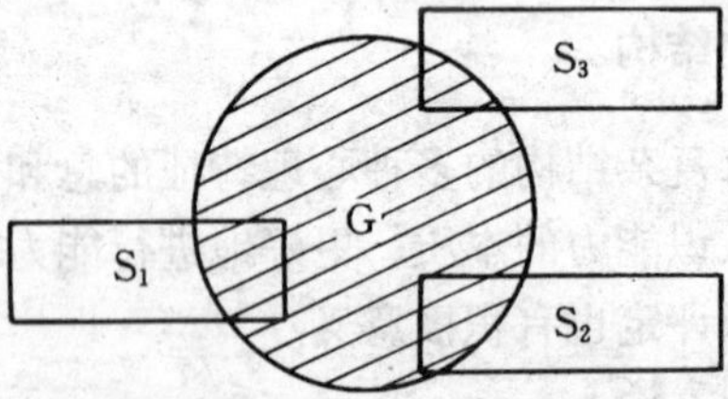

图 6-1　能力的二因素理论

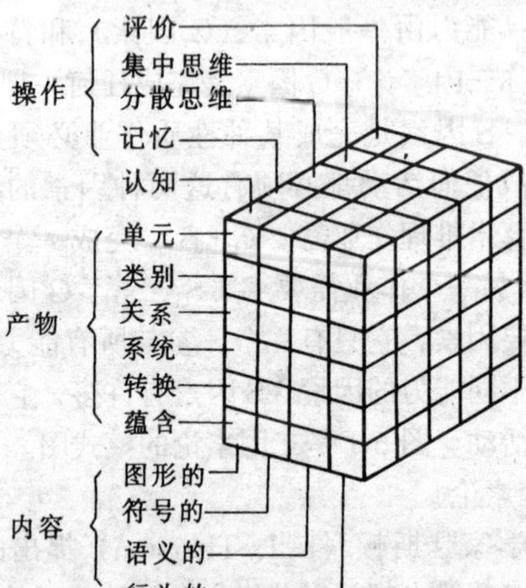

图 6-2　吉尔福特的智力三维结构模型

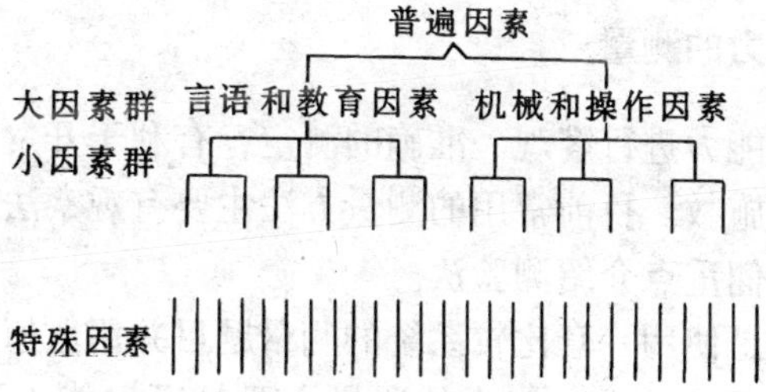

图 6-3　阜南的智力层次结构模型

美国心理学家吉尔福特（J. P. Guiford）提出的一种智力结构模型。他认为智力因素可分为操作、内容、产物三个维度，它的构成像一个有长、宽、高三个维度的立方体。智力的第一个维度是操作，即思维的方法。操作有五种：认知、记忆、分散思维、集中思维和评价。智力的第二个维度是内容，即思维的对象。内容有四种：图形的、符号的、语义的和行为的。第三个维度是产物，即智力活动的结果。产物有六种：单元、类别、关系、系统、转换、蕴含。三个维度相互结合起来共有 5×4×6=120 种智力因素（见图 6-2）。

吉尔福特的智力结构模型是对人类能力结构认识的深入。目前已测出近百种智力因素，预计最终会发现 120 种因素。

（四）智力层次结构论

英国心理学家阜南（P. E. Vernon）于 20 世纪 60 年代提出的智力结构理论。他认为智力的结构是按层次排列的。（如图 6-3 所示）。最高层次是智力的一般因素。第二层次分为两大因素群：言语教育方面的因素及操作和机械方面的因素，称为大因素群。第三层次是每个大因素群又分为几个小因素群，言语教育方面的因素分为言语、数量、教育等，操作和机械方面的因素分为机械、空间，操作、运动等。第四层次是各种特殊能力。阜南的智力层次结构模型是斯皮尔曼二因素论的深化和发展。

二、能力的测量

对人的能力进行客观、准确的测定，有利于开发智力、选拔人才和因材施教。目前常用的测量方法主要有观察法、实验法和测验法。我们重点介绍测验法。

测验法是使用一套比较系统的测量题目并用数值来表示个人能力发展水平的方法。能力的测量主要是通过能力测验来进行的。能力测验是测量个人能力差异的一种工具。能力测验分为普通能力测验（即智力测验）、特殊能力测验和创造力测验。

（一）智力测验

智力测验又称普通能力测验或一般能力测验，是目前世界各国普遍流行的用以测量人的智力水平的测验方法。智力测验的工具叫智力量表，智力量表有很多种。

世界上第一个正规的智力量表是法国的心理学家比内(A. Binet)和医生西蒙（T. Simon）于1905年共同编制的比内—西蒙智力量表。它主要用于鉴别智力落后儿童，以使他们转到特别班去进行特殊教育。1916年美国心理学家斯坦福大学推孟（L. M. Terman）教授对比内—西蒙量表进行了修订，制订了适合美国应用的“斯坦福—比内量表”。1949年美国心理测量学家韦克斯勒（D. Wechsler）编制了一套韦氏儿童智力量表，1955年编制了韦氏成人智力量表，1966年编制了韦氏学前和学龄初期儿童智力量表。韦氏的这三套智力量表是国际上公认的有权威性的量表。这些量表经过中国心理学家的修订，已广泛应用于教育、管理和医学等领域。

以上量表通常采用智商来衡量人的智力水平的高低。智商（IQ）是智力商数的简称，是测量个体智力发展水平一种指标。智商最早由德国心理学家施太伦（L. W. Stern）提出，其含义是智力年龄与实际年龄的比率，又称比率智商。推孟对此进行了改进，为去掉计算中的小数，将商数乘以100，其公式为：

$$IQ=\frac{MA}{CA}\times 100$$

式中 IQ 代表智商，MA 为智力年龄，CA 为实足年龄，也叫历龄，是用测验年月日减去出生年月日所得的年龄。例如，如果一个10岁的儿童通过了10岁的全部项目，那么他的智龄与实足年龄均为10岁，其智商 $\frac{10}{10}\times 100=100$，表明该儿童的智力水平为中等。

智商可以用来表示儿童的智力发展水平。凡智商大于100，则表示其智力发展水平较高；若低于100，则表明较低。

然而，比率智商不可避免地遇到了一个无法克服的困难，那就是到一定年龄阶段之后，人的智力便不再随实足年龄的增长而成正比的增长，甚至到一定年龄之后，智力便有可能停止发展，如果继续用上面的办法来求一个人的智商，势必会得出其智商逐年下降的结论，这显然与事实不符。为了解决这一问题，韦克斯勒根据智商呈正态分布的事实，提出了“离差智商”的概念，并编制了一套成人智力量表。韦克斯勒认为，人们的智商是以平均数值100和标准差为15的正态方式分布的。看一个人的智力高低，实质上就是看这个人在同年龄组人的分数分布中所处的位置。离差智商的计算公式是：

$$IQ=100+15\left(\frac{X-\overline{X}}{Z}\right)$$

式中，IQ 为离差智商，X 为个人测验的得分，$\overline{X}$ 为团体的平均分数，Z 为标准差，$Z=\sqrt{\frac{\sum(X_i-\overline{X})^2}{n}}$（$n$ 为个体数，i 代表 $1-n$）。

离差智商的提出是智力测验史上的又一个里程碑，在使用上优于比率智商，韦克斯勒量表遂成为国际上智力测验的通用量表。

（二）特殊能力测验

特殊能力测验指用于测量个人在音乐、美术、体育和机械等方面的特殊才能的测验。特殊能力测验能够预测人们从事某种活动的顺利性，是选拔人才的一种有效方法。特殊能力测验种类很多，包括操作能力测验、音乐能力测验、绘画能力测验、飞行驾驶能力测验、管理能力测验等。

要测定从事某种专业活动的能力，首先要分析并找出这种活动所需要的心理特征，以此为依据列出测验项目、设计测验。根据测验来测量人的特殊能力。

（三）创造力测验

智力不等于创造力。二者的关系极为复杂。表现为：①低智商的人不可能有高创造力；②高智商的人并不都有高创造力；③创造力低的人智商有高有低；④创造力高的人必须具有中等以上的智力。因此，为测定人的创造能力，许多创造力测验量表应运而生。目前常用的有吉尔福特的创造力测验，主要用于测量发散性思维；托兰斯的创造思维测验；美国芝加哥大学盖泽尔斯(J. W. Getzels)和杰克逊（P. W. Jackson）编制的创造力测验。创造力测验的主要特点是强调思维的流畅性、变通性与独特性。

四、能力的个别差异

能力的个别差异表现在量、质和发展三个方面。量的差异是指能力发展水平的差异，质的差异是指能力类型的差异，发展的差异则是指能力表现早晚的差异。

（一）能力发展水平的差异

人的能力有高有低，存在极大的个别差异。智力的个别差异在一般人口中基本呈常态分配，又称正态分布，即两头小，中间大。这就是说，智力水平极高与极低者均占少数，大多数人的智力居中等水平。

推孟等人根据测得的智商情况，列出了一个智力分级表（表6-1)。

表 6-1　智力分级表

智商	级别	%
139 以上	非常优秀	1
120～139	优秀	11
110～119	中上	18
90～109	中智	46
80～89	中下	15
70～79	临界	6
70 以下	智力迟钝	3

若将上表的智商作为横坐标，百分比作为纵坐标，可以画出一条曲线，这条曲线基本上呈常态分布（图 6-4)。

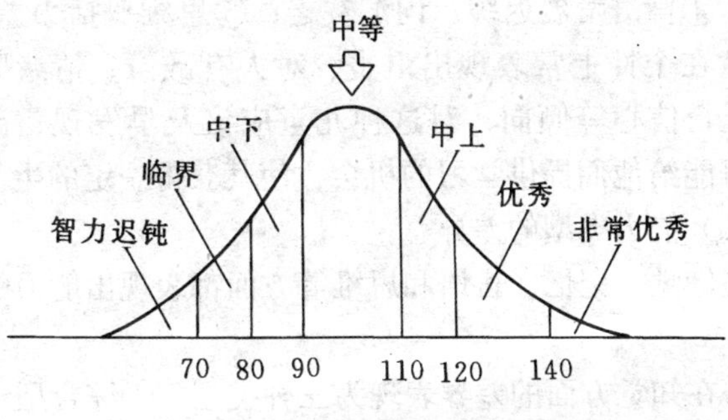

图 6-4　智商分布曲线

心理学家根据智力发展水平把儿童分成三个等级：超常儿童、常态儿童、低常儿童。超常儿童是指智力发展或某种才能显著超过同龄儿童平均水平的儿童。智力超常儿童智商一般在 130 以上；才能超常儿童无一定标准，但在某一方面有惊人的能力。

超常儿童一般具有以下特点：①浓厚的认识兴趣，旺盛的求知欲；②思维敏捷，理解力强，有独创性；③敏锐的感知觉，良好的观察力；④注意力集中，记忆力强；⑤进取性强，勤奋，有坚持性。超常儿童的才能有的表现在口头言语、语文和数学学习方面，有的表现在某些专门的活动方面，如音乐、绘画等。对超常儿童的教育可以通过特别超常班、课外个别辅导、加快教学进度、充实教学内容、实行弹性课程、跳级等方式进行。无论采用哪种方式，都应注意增强超常儿童的自理能力和社会适应能力，学习分量不能过重，以保证儿童身心均得到全面发展。

低常儿童是指智力发展明显低于同龄儿童平均水平并有适应行为障碍的儿童，又称智力落后儿童、弱智儿童或低能儿童。推孟认为，智商在70以下的都可以称为低能。低常儿童心理活动各个方面的水平都很低下，具体表现为：①知觉速度缓慢、范围狭窄，内容笼统、不精确；②对词和直观的识别能力差；③记忆保持差；④言语发展迟缓，词汇贫乏；⑤思维概括力差。另外，低常儿童在个性上常表现出沮丧、对人有敌意、情绪紧张、压抑、缺乏自信心等倾向，对这种儿童应该及早发现，诊断、治疗，尽可能给他们提供学习的机会，使其获得一定的生活能力。

（二）能力类型的差异

人在知觉、记忆、言语和思维等方面都表现出能力的类型差异。

能力在知觉方面的差异表现为三种类型：①综合型，知觉具有概括性和整体性，但分析能力弱；②分析型，知觉具有较强的分析能力，对细节感知清晰，但整体性较差；③分析综合型，具有上述两种类型的特点。

记忆的类型差异，根据人们怎样记忆材料分为：①视觉型，运用视觉记忆效果较好；②听觉型，运用听觉识记效果较好；③运动型，有运动觉参加时识记效果较好；④混合型，运用多种感觉，记忆效果较好，一般人多属于此类。根据识记不同材料的效果和方法，分为：①直观形象的记忆类型，这类人善于识记物体图画、颜色和声音；②词的抽象记忆类型，这类人善于识记词的材料、概念和数字；③中间记忆类型。

人的言语和思维也存在类型差异：①生动的思维言语型，这类人的思维和言语中有丰富的形象和情绪因素；②逻辑联系的思维言语型，这类人的思维和言语以概括的、逻辑的联系为主；③中间型。

（三）能力表现早晚的差异

人的能力表现有早晚差异。有的人能力表现较早，有的人能力表现较晚。具体有三种类型：

1. 人才早熟

人才早熟也叫能力的早期表现，有些人在童年时期就表现出某些方面的优异能力。例如，我国唐初的王勃，6 岁善文辞，10 岁能赋，少年时写了著名的《滕王阁序》。奥地利作曲家莫扎特，5 岁作曲，12 岁创作大型歌剧。美国控制论的创始人维纳，9 岁入高级中学，14 岁大学毕业，18 岁获哈佛大学哲学博士学位。

能力的早期表现在音乐、绘画等领域最常见，哈克（Heacker）和齐汉（Ziehen）的研究表明，儿童在 3 岁左右开始显露音乐才能的情况最多。

人才早熟者一方面是由于他们具有良好的先天素质，另一方面也离不开良好的环境、实践的锻炼及个人的主观努力。

2. 中年成才

中年是成才的最佳年龄阶段。因为中年人年富力强、身体健壮、精力充沛，既具有较强的抽象思维能力和记忆力，又掌握丰富的基础知识和实际经验，思维敏锐，有创新意识。

诺贝尔奖金获得者获得成果的最佳年龄区是 30～50 岁，美国心理学家莱曼（Lehman）认为科学家、艺术家、作家成才的最佳年龄是 25～40 岁。我国学者张笛梅曾统计了自公元 600 年至1960年，古今中外的1243名科学家、发明家获得1911项重大科学创造、发明成果时的年龄：（1）大多数人在30岁左右即开始作出重大发明创造；（2）40岁以前青年期即作出第一项重大发明创造者占2/3；（3）约有60%的重大发明也是由40岁以前的青年人做出的。由此可见，20～40岁是自然科学工作者创造力最旺盛、最容易获得成果的时期（见《人民教育》杂志，1979年第12期）。

3. 大器晚成

有些人的才能表现较晚。我国古代文学家李贽57岁才写出处女作《焚书》。我国画家齐白石40岁才表现出他的绘画才能，50岁才成为名画家。大器晚成的原因是多方面的。从主观方面来看，可能是早期不够努力，后来加倍勤奋学习造成的。从客观方面来看，可能是因为环境没有及时提供学习和施展才能的机会；或者是因为有些学科比较复杂，需要经过长期的努力奋斗才能取得一定成果。

第二节　气　质

一、气质概述

气质概念的形成经历了漫长的年代。最早提出气质概念的是古希腊的医学始祖希波克拉底（Hippocrates）。气质一词来源于拉丁语 temperamenturm，原意是搀和、混合、按适当比例把佐料调和在一起。

现代心理学认为，气质是人表现在心理活动的强度、速度和灵活性等方面的典型的、稳定的动力特征。它使人的全部心理活动都染上了个人独特的色彩。例如，有的人脾气暴躁，易动感情；有的人反应迅速敏捷，活泼好动；有的人反应较迟钝，行动缓慢稳重；有的人多愁善感，沉默寡言。

心理学中所说的气质与人们平时所说的气质的含义不完全一样。人们平时所说的气质是指一个人的风格、风度，或某种职业所具有的非凡特点。比如我们说某人气质好，意思是说他的风度好。而我们常说的“脾气”“秉性”实际上才是气质的通俗说法。

气质概念的含义具体表现为以下两方面。

（一）气质是心理活动的动力特征

心理活动的动力特征是指心理活动发生的速度、强度和指向性。心理活动发生的速度是指知觉的速度、思维的敏锐程度、注意力集中时间的长短和情绪发生的快慢等心理过程的速度。心理活动的强度是指情绪的强弱，意志努力的程度等心理过程的程度。心理活动的指向性是指心理活动指向外部现实还是指向自己的内心世界。气质以同样的方式表现在各种活动之中，使一个人的整个心理活动染上个人独特的色彩。

（二）气质具有天赋性，是典型的、稳定的心理特征

气质具有“天赋性”，受个体生物特性制约。例如，有的新生儿爱动、爱笑；有的安静、平稳。与个性其他心理特征相比，气质更具稳定性。但这并不是说气质是丝毫不可改变的，它在后天的影响下也会有所改变，只不过这种变化比较缓慢。

二、气质学说

对于气质这一复杂的心理现象，很多学者从不同的方面提出了不同的解说。下面我们介绍几种有影响的气质学说。

（一）体液说

由古希腊名医希波克拉底提出。他认为人的体内有血液、粘液、黄胆汁、黑胆汁四种液体。而这四种液体在人体内的比例是因人而异的。希波克拉底根据四种液体在人体内哪一种占优势把

人分为多血质、胆汁质、粘液质和抑郁质四种气质。血液在体内占优势者为多血质；黄胆汁占优势者为胆汁质；粘液占优势者为粘液质；黑胆汁占优势者为抑郁质。今天看来这种说法显然是不科学的，但它所描绘的四种气质类型的特征却在日常生活中具有典型性，因此现在许多人仍接受气质的上述四种类型的划分。

（二）体型说

德国的精神病学家克雷奇默尔（E. Krfrschmer）根据对精神病患者的临床观察，于 1925 年提出了按体型划分人的气质类型的理论。他把人的体型分为三类：肥胖型、瘦长型、筋骨型，认为人的体型与气质特征以及所患精神病种类有一定关系（表 6-2）。美国心理学家谢尔顿（W. H. Sheldon）1942 年也提出了体型与气质相关的理论。

表 6-2　克雷奇默尔关于体型和气质以及与行动倾向的关系

体　型	气　质	行　为　倾　向	精神病症候
肥胖型	躁狂气质	善交际，表情活泼、热情，平易近人	躁狂抑郁症
瘦长型	分裂气质	孤僻、不善交际、严肃沉静、神经质、多思虑	精神分裂症
筋骨型	粘着气质	迷恋、认真，理解缓慢，行为较冲动	癫痫症

通过临床观察收集资料，用人的体型划分气质类型虽然有一定的启发作用，但是缺乏科学论据，并不能为实践所证实。

（三）激素说

根据内分泌腺素的类型来阐明气质及其类型的学说。认为内分泌腺活动与气质类型有关。柏尔曼（L. Berman）等人根据人的某种腺体分泌激素的多少，把人分为甲状腺型、肾上腺型、脑垂体型、副甲状腺和性腺型五种类型。

①甲状腺型。如果分泌物多，表现为精神饱满、感知灵敏、意志力强；分泌物少，则表现为迟钝、缓慢、可能发生痴呆症。

②肾上腺型。皮肤干黑，毛发浓密，精力旺盛，健壮有力，情绪易激动，好冲动。③脑垂体型。如果分泌物增多，表现为骨骼粗大，性欲强，脑力发达，有自制力；如果分泌物减少，则身体矮小，肌肉萎弱。④副甲状腺型。分泌物多，表现为易激动，缺乏控制力；分泌物少，则表现为肌肉无力，精神不足，缺乏生活情趣。⑤性腺型。分泌物多，表现为进攻性行为猛烈；分泌物少，则进攻行为少，易对文学、艺术、音乐感兴趣。

从神经——体液调节来看,内分泌腺活动对气质确有较大影响。但激素说过分强调激素的作用,忽视了神经系统,特别是高级神经系统的活动特性对气质更为直接的影响,因而也是片面的。

（四）高级神经活动类型说

俄国心理学家巴甫洛夫用高级神经活动类型的研究来解释气质。巴甫洛夫通过动物实验研究发现，高级神经活动的基本过程——兴奋和抑制过程的特性是高级神经活动的个别差异和特点的产生基础。高级神经活动的兴奋和抑制过程特性的独特的、稳定的组合，构成神经系统类型，或叫做高级神经活动类型。

1. 神经活动的三个基本特性

兴奋和抑制过程具有强度、平衡性和灵活性三种特性。

兴奋和抑制的强度是指神经细胞和整个神经系统的工作性能,即是否能经受强烈的刺激或持久的工作。通常,神经细胞的兴奋与刺激物的强度相适应,强刺激物引起强的兴奋,弱刺激物引起弱的兴奋。可是,当刺激物非常强时,并不是每个个体都能以相应强度的兴奋对它产生反应。有的能够忍受高强度的刺激,说明其兴奋过程强,而不能忍受高强度刺激的,则说明其兴奋过程弱。

兴奋和抑制过程的平衡性是指兴奋和抑制两种过程的对比程度。如果兴奋和抑制两种过程是均衡的，就是平衡的；如果一种过程占优势，则是不平衡的。

兴奋和抑制过程的灵活性是指对刺激的反应速度和兴奋与抑

制相互转化替代的速度。如果两种神经过程能迅速转化，表明神经过程是灵活的；反之则是不灵活的。

2. 高级神经活动的四种类型

巴甫洛夫根据神经活动三种特性的不同组合，把动物高级神经系统活动划分为四种类型。

（1）强而不平衡型（不可遏制型）。兴奋过程强于抑制过程，特点是易兴奋，不易抑制。

（2）强而平衡，灵活型（活泼型）。兴奋和抑制都较强，并且二者易转化。特点是：反应灵敏，活泼好动，能很快适应迅速变化的外界环境。

（3）强而平衡，不灵活型（安静型）。兴奋和抑制都较强，但二者不易转化。特点是：安静、沉着、反应迟缓，较易形成条件反射，但不易改变。

(4)弱型(抑郁型)。兴奋和抑制都较弱,过强刺激容易引起疲劳,甚至会引起神经官能症。特点是胆小,畏缩,消极防御。

3. 高级神经活动类型与气质的关系

巴甫洛夫认为，高级神经活动类型是气质类型的生理基础，气质是神经系统类型的心理表现。高级神经活动的四种类型与古希腊学者所划分的四种气质类型相对应（见表6-3）。

表6-3　高级神经活动类型与气质

高级神经活动类型			气质类型
强	不平衡（不可遏制		胆汁质
	平衡	灵活（活泼型）	多血质
		不灵活（安静型）	粘液质
弱	（抑郁型）		抑郁质

三、气质类型及其特征

气质类型是表现在一类人身上共有的或相似的心理特性的典

型结合。气质类型有多种分类方法，最常见的并为大多数人所熟知的是将气质分为胆汁质、多血质、粘液质、抑郁质四种类型。这四种类型各有其特征。

胆汁质的人具有精力旺盛、坦率、刚直、热情、开朗等特征。但也容易出现情绪易于冲动、心境变化剧烈、暴躁、任性、感情用事等特征。他们的心理过程和活动具有迅速而突发的色彩。

多血质的人具有反应迅速，活泼好动，动作敏捷，喜欢与人交往等特点。但也容易出现注意力易转移、兴趣易变化、敏感、浮躁、粗枝大叶、缺乏一贯性等特点。

粘液质的人具有稳重、安静，反应缓慢、情绪不外露，注意稳定，忍耐力强等特征。但也易形成冷淡、迟缓、固执、淡漠等特点。

抑郁质的人具有情绪体验深刻，善于察觉细节，行动稳重、缓慢、持久，不喜欢交际等特征。但也容易形成孤僻、敏感、多疑、忧闷、怯懦等特点。

在现实生活中，只有少数人属于上述四种典型的气质类型，大多数人的气质或近似于某种气质类型，或是属于各种气质类型之间的中间类型。

四、气质类型的鉴定

（一）测定气质类型的主要指标

测定气质类型的主要指标是感受性、耐受性、灵敏性、情绪兴奋性、向性和可塑性。

1. 感受性。是指人对外界刺激的感受能力。感受性是神经系统强度特征的表现，可以根据人们产生心理反应所需要的外界刺激的最小强度来进行判断。不同的人对刺激强度的感受能力是不同的。

2. 耐受性。是指人在经受外界刺激的作用时，在时间和强度上的耐受程度。耐受性也是神经系统强度特征的表现，具体表现在注意力集中的持续时间，对强弱刺激的耐受性及思维活动的持久性等方面。有的人能长时间从事强度大的活动，有的人则不能。

3. 灵敏性。是指一般的心理反应和心理过程进行的速度，包括注意转移的快慢和难易，记忆的速度和准备性程度，思维的敏捷和灵活程度，活动的速度和频率，动作的灵活迅速程度等方面。灵敏性主要是神经系统灵活性的表现。

4. 情绪兴奋性。它是人的神经系统特征在心理上表现的重要特性。它既是神经系统强度的表现，也是神经系统平衡性的表现。包括情绪兴奋性的高低和情绪向外表现的强烈程度两方面。

5. 向性。即外倾性和内倾性的总称。外倾性是神经活动兴奋过程占优势，内倾性是抑制过程占优势。外倾性的人喜怒均“形于色”，内倾性的人则很少表露自己的情绪。

6. 可塑性。是指人根据外界事物变化的情况而改变自己的适应性行为的可塑程度。它主要是神经系统灵活性的表现。迅速适应环境、行动果断的人具有较大的可塑性；反之，则表现为刻板性或惰性。

这些指标在不同的气质类型中表现不同（见表 6-4）。

表 6-4　各种气质类型心理特性的不同组合

测定指标＼气质类型	胆汁质	多血质	粘液质	抑郁质
感受性	低	低	低	高
耐受性	较　高	较　高	高	低
灵敏性	快不灵活	快灵活	慢不灵活	慢不灵活
情绪兴奋性	高	高	低	体验深
向　性	外　倾	外　倾	内　倾	内　倾
可塑性	可塑性较小	可塑性大	稳　定	刻板性

（二）确定气质类型的方法

确定气质类型的方法主要有观察法、条件反射法和测验法。

1. 观察法

观察法是一种有目的、有计划地了解人的心理活动的具有普遍意义的方法。运用观察法确定气质类型，要求在观察、记录一个人在日常生活中的行为特征、智力活动特征、言语特征及情绪特征以后，对所得材料进行分析、判断、归纳和组合，然后对照表 6-4 中各种气质类型的指标，确定其气质类型。此种方法使用简单，易于掌握，若运用得当，所得结果还是比较符合实际的。这种方法很适合教师使用。

2. 条件反射法

条件反射法是指在实验室里运用一定的仪器使被试形成或改变条件反射，在此过程中，观察其神经过程特征，从而了解和确定其气质特征的方法。许多心理学家以不同形式的条件反射来测定神经过程特性。运用条件反射法所测得的结果比较可靠。但是，条件反射法需要一定仪器，主试者亦须经过特殊训练，因而不利于教师掌握和使用。

3. 测验法

运用气质调查表来测定人的气质类型，也是一种行之有效的方法。吉晋气质调查表是美国吉尔福特和晋莫曼（Zimmerman）于 1956 年发表的一种阅卷式的人格测验调查表。这个调查表共包括 10 个因素，每个因素代表一种人格特质。每种特质用 30 题测定，共 300 题。

波兰华沙大学心理学教授简·斯特里劳（J. Strelau）从 50 年代起，对气质问题进行了大量研究，编制了几种适合不同对象使用的气质调查表。其中最有特色、且已被译成多种文字在国际上广泛应用的是简·斯特里劳气质调查表（简称 S－TI）。简·斯特里劳气质调查表共有 134 个测验题目，包括兴奋强度、抑制强度、灵活性三个量表及一个第二级量表：平衡性。此调查表已被译成中文，经测试，基本适用于我国。

另外，还有一种通俗的问卷测验气质60题测验，简便易做，所测结果也比较符合实际，因而使用较广泛。

五、气质的意义

（一）气质本身没有好坏之分。气质只表明一个人心理活动的动力特征，不涉及心理活动的方向和内容。每一种气质类型都有积极的和消极的方面。胆汁质的人既有情感丰富、热情、勇敢、朝气蓬勃等积极方面，又有暴躁、任性等消极方面；多血质的人既有灵活、机敏、热情开朗、情感丰富、乐与人交往等积极的方面，又有轻浮多变、精力分散等消极方面；粘液质的人既有自制力较强、坚毅、冷静等积极的方面，又有呆板、冷淡、动作迟缓等消极的方面；抑郁质的人既有情感体验深刻而稳定、细心、认真、观察细致、敏锐等积极的方面，又有缄默、孤僻、多疑、多愁善感等消极的方面。人应当学会掌握和控制自己的气质特点，发扬积极的一面，克服消极的一面，使自己成为具有优良的个性品质的人。

（二）气质本身不能决定一个人活动的社会价值和成就的高低。在任何一个领域的杰出人物当中，都可以找到各种气质类型的人。如在俄国文学家中，普希金属于胆汁质，果戈里属于抑郁质，赫尔岑属于多血质，克雷洛夫属于粘液质。他们都在文艺领域内取得了杰出的成就。可见，每一种气质类型的人都能为社会作出自己的贡献。

（三）气质对实践活动的性质和效率产生一定影响，是职业选择的一个依据。研究和实践表明，某些气质特征为一个人从事某种工作或职业提供了可能性和有利条件。例如，胆汁质、多血质的人较易适应迅速灵活的工作，粘液质、抑郁质的人则较易适应持久而细致的工作。因此，在选择职业时，应考虑气质特征的影响，以便扬长避短，找到更适合于个人气质特征的职业或工作。另外，由于不同的职业和工作对人的气质有着不同的要求，因此在选拔和安置人员，尤其是在选拔和训练特种职业的工作人员时，应当特别注意个人的气质特征，并适当进行气质特征的测定。

六、气质与教育工作

了解和掌握气质的特点及意义，有助于教育工作者更好地进行教学和教育工作，做到有的放矢，因材施教。

（一）教师要正确对待学生气质类型的特点

教师对学生的气质不应有任何偏见，不能笼统地认为某种气质类型好，某种气质类型不好，更不能偏爱某种气质类型的学生，讨厌另一种气质类型的学生。应该认识到每一种气质类型既有积极的方面，又有消极的方面。

（二）发扬气质类型的积极方面，培养良好的个性品质

在对学生的气质类型保持正确态度的前提下，教师应利用和发扬学生气质特征中积极的方面，塑造和发展优良的个性品质，防止个性品质向消极方面发展。例如，对胆汁质的学生应着重培养勇于进取、爽朗、坦率、勇敢的个性品质，防止粗暴、任性等不良品质的发生。对抑郁质的学生，要着重培养细致、认真的个性品质，防止多疑、多愁善感等消极品质的发生。

（三）针对学生气质类型特点，采用不同的教育态度和方法

教师对不同气质的学生，应运用不同的教育方法。例如，严厉的批评，能使多血质和粘液质的学生认识到自身的错误，遵守纪律。但却有可能引发胆汁质学生的对抗情绪，也有可能使抑郁质的学生产生恐惧感，甚至丧失自信心。对这两类学生应予以更多的关心和鼓励，多采用温和、耐心的教育态度和方式。

（四）指导学生善于认识和控制自己的气质

教师要有意识地帮助和指导学生分析和认识自身气质特征的长处和短处，发扬积极品质，控制消极品质，帮助学生形成良好的个性品质，培养学生自我教育和自我控制的能力。

第三节 性 格

一、性格概述

（一）什么是性格

性格的英文“character”一词来源于希腊文，原意为“标志”、“记号”、“属性”、“特征”等。在日常生活中，既被用于标志事物的特性，也被用于标志人物的特征。

现代心理学把性格看做是人的个性心理特征的核心，是指一个人在个体生活中所形成的对现实稳固的态度，以及与之相适应的习惯化了的行为方式。性格是人在社会实践活动中，在与客观环境相互作用的过程中形成的。当客观事物作用于个体时，人往往会对它抱有一定的态度，并作出与这种态度相应的行为方式。个体对客体的态度和行为方式通过不断重复得以保存和巩固下来，就构成了个人特有的、稳定的态度和习惯化了的行为方式。这种主体对客体的态度体系和行为方式标志着性格的本质特点。例如，有的人宽以待人，对人热情、真诚；有的人对人尖刻，虚伪；有的人严于律己，谦虚谨慎；有的人则自高自大，盛气凌人；有的人遇到危险和困难时，勇敢无畏，有的人则怯懦退缩。这些表现在人对现实的态度和行为方式中的心理特征就是性格。

每个人对客观现实给予他的影响，都有其独特的、人各不同的对待方式（即态度）和与之相适应的行为方式。如果这些方式在他的生活中是经常的、稳定的，那么这些态度和行为方式就成了他的性格特征。如一个人经常见义勇为，对有利于集体的事情即使有危险也一往无前，我们就可以说这个人具有勇敢的性格特征。若一个人一贯畏首畏尾，前怕狼，后怕虎，偶然有一次在并不伤害其个人利益的情况下表现出勇敢的行为，那么，只能说他这次行为是“勇敢”的，但勇敢却并没有成为他的性格特征。可见，只有在生活中形成的稳定了的态度和习惯化了的行为方式，才是一个人的性格特征。

（二）性格与气质

由于性格和气质相互制约、相互影响，因而在实际生活中，人们常常把它们混淆起来，把气质特点说成性格，或把性格特征说成气质。性格和气质是两种不同的个性心理特征，二者既有联系，又有区别。

1. 性格与气质的区别

首先，性格是指人在对现实态度和行为方式中所表现出来的个性心理特征。它主要是在后天的生活环境中形成的，社会生活条件不同，人的性格特点亦有明显的区别。气质是表现在人的心理过程和行为活动的速度、强度、灵活性方面的动力特征，主要是由神经活动类型特点决定的，具有先天性。在不同的生活条件下，人的气质可能表现出相同的特点。其次，气质具有较强的稳定性，不易改变，即使有变化也相当缓慢。性格虽然也具有稳定性，但在社会生活的影响下，通过个体的主观努力，还是能够改变的。再次，气质类型无好坏之分，而性格则有好坏优劣之别。因为性格特征具有社会评价意义，可以用一定的道德标准和价值观进行评价。

2. 性格与气质的联系

首先，气质使性格带有某种独特的色彩。例如，一个胆汁质的人和一个粘液质的人均可形成勤劳和热爱劳动的性格特点，前者在工作过程中表现为精力充沛，动作迅速，后者则表现为踏实肯干，沉稳细致。其次，气质可以影响性格的形成和发展的速度。例如，粘液质和抑郁质的人比胆汁质和多血质的人更易形成自制、忍耐等性格特点；而胆汁质和多血质的人则比粘液质和抑郁质的人更易形成果敢、坚强的性格特点。再次，性格对气质也产生一定影响，在一定程度上掩盖和改造气质，使之服从于生活实践的要求。

二、性格的结构

性格是由各种不同的性格特征组成的，其结构十分复杂。一般认为性格包括：性格的道德特征、性格的意志特征、性格的情绪特征和性格的理智特征四个方面。

（一）性格的道德特征

性格的道德特征主要体现在人对现实的态度上。现实事物是多种多样的，因而人对现实的态度也是多种多样的。这类性格特征主要由以下几方面构成：

1. 性格的品德特征：个体对社会、集体、他人的态度中具有道德评价意义的稳定特征。

品德即道德品质，又称品行、德性。品德是个人依据一定的社会道德规范和准则行动时所表现出来的某些稳定的心理特征和倾向。品德是一种个体现象，是社会道德在个人身上的具体表现。在人的个性中，品德是具有道德评价意义的，如诚实或虚伪，利己或利他等。

品德是通过道德行为表现出来的，因此，道德行为是评价道德品质的客观依据。品德具有稳定的倾向和特征，偶尔的、一时的道德行为并不能说明一个人的道德品质。只有一个人掌握了一定的道德观念，并在这种观念支配下经常地、一贯地表现出相应的道德行为时，才表明他已具备了某种道德品质。人的品德不是天生的，而是在一定的社会关系和社会情境中习得的，是一定的外部要求在个体内心和行为中内化的结果。

2. 对学习、劳动和工作的态度特征。属于这方面的性格特征有：勤奋或懒惰，认真或马虎，节俭或浪费，有首创精神或墨守成规，等等。

3. 对自己的态度特征。属于这方面的性格特征有：谦虚或自负，自信或自卑，严于律己或放纵自己，大方或羞怯，等等。

（二）性格的意志特征

性格的意志特征是指一个人在自觉调节自己行为的方式和水平上表现出来的心理特征。它主要由以下几个方面构成：

（1）对行为目的明确程度的特征。属于这方面的性格特征有：独立性或依赖性，自觉性或盲目性，组织纪律性或散慢性，沉着冷静或轻率冲动，等等。

（2）对行为自觉控制水平的特征。属于这方面的性格特征有：自制或任性，主动性或被动性，等等。

（3）在紧急或困难情况下表现出来的特征。主要有：镇定或惊慌，勇敢顽强或软弱怯懦，果断或优柔寡断，等等。

（4）在贯彻执行决定上表现出来的特征。属于这方面的性格特征有：有恒心或见异思迁，坚韧性或动摇性，严谨细致或粗枝大叶，等等。

（三）性格的情绪特征

性格的情绪特征是指人在情绪活动中所表现出来的强度、稳定性、持续性和主导心境方面的心理特征。

1. 情绪强度方面的性格特征。这种特征表现为情绪对人的活动的感染和支配的程度，以及情绪受意志控制程度。例如，有人情绪高涨，富于激情，精力旺盛；有人则情绪安定，冷漠。

2. 情绪稳定性、持久性方面的性格特征。这种特征表现在情绪的起伏和波动的程度及情绪保留时间的久暂上。例如，有的人情绪平稳，持续时间长；有的人情绪易波动，忽冷忽热，持续时间短。

3. 主导心境方面的性格特征。指不同主导心境稳定表现的程度。例如，有的人精神饱满，欢乐愉快；有的人则情绪低沉，多愁善感。

（四）性格的理智特征

性格的理智特征是指人在感知、记忆、思维、想像等认识过程中表现出来的个别差异的性格特征。

1. 表现在感知方面的性格特征。这方面的性格特征有：被动感知型和主动观察型，详细分析型和综合概括型，描述型和解释型，等等。

2. 表现在记忆方面的性格特征。这方面的性格特征有：直观形象记忆型和逻辑思维记忆型，识记的快慢和保持信息时间的长短，等等。

3. 表现在思维方面的性格特征。这方面的性格特征有：独立思考型和依赖思考型，分析型和综合型，深刻型和肤浅型，等等。

4. 表现在想像方面的性格特征。这方面的性格特征有：主动想像型和被动想像型，狭窄想像型和广阔想像型，创造想像型和再造想像型，现实幻想型和空想型，等等。

三、性格的类型

性格的类型是指一类人身上所共有的性格特征的独特结合。由于性格的复杂性，至今还没有一种公认的性格类型的分类标准。下面简要介绍几种常见的分类：

（一）根据知、情、意在性格中的表现程度划分的性格类型

英国心理学家培因（A. Bain）等人根据理智、情感、意志三种心理机能在性格中何者占优势把人的性格划分为理智型、情绪

型和意志型。理智型的人，通常以理智来评价周围发生的一切，并以理智支配和控制自己的行动。情绪型的人，言行举止易受情绪左右，情绪体验深刻。意志型的人，具有明确的行动目的和较强的自制力。除了上面三种典型的性格类型，还有中间型，如理智—意志型等。

（二）根据心理倾向性划分的性格类型

瑞士心理学家荣格（C. C. Jung）根据人的心理活动倾向于外部还是内部，把性格分为外倾型和内倾型两类。外倾型的人，心理活动倾向于外部，开朗、活泼、善于交际、热情、随和，具有较强的适应能力。内倾型的人，心理活动倾向于内部，感情比较深沉，处事谨慎，反应缓慢，交际面狭窄，适应能力较差。另外，还有中间类型。

（三）根据个体独立性程度划分的性格类型

按照个体独立性程度划分性格类型是目前西方比较流行的分类方法。这种分类一般把性格分为独立型和顺从型两类。独立型的人不易受外来因素的干扰，善于独立地发现问题和解决问题，应变能力强，易于发挥自己的力量。顺从型的人独立性差，易受外来因素的干扰，常不加分析地接受别人的意见，应变能力差。

（四）根据人的社会生活方式划分的性格类型

德国哲学家、教育家斯普兰格（E. Spranger）根据人类的社会生活方式及由此而形成的价值观，把人的性格分为理论型、经济型、审美型、社会型、权力型和宗教型六种。理论型的人以探求事物本质为人的最大价值，哲学家、理论家多属此类；经济型的人以谋求利益为最大价值，实业家多属此类；审美型的人以感受事物的美为人生最高价值，艺术家多属此类；社会型的人以善于与人交往、帮助别人为最大价值，社会活动家多属此类；权力型的人以利用别人、掌握权力为最高价值，领袖人物多属此类；宗教型以追求信仰为最高价值，传教士多属此类。

（五）根据性格特征与职业选择的关系划分的性格类型

美国心理学家霍兰（T. L. Holland）根据性格特征与职业选择的关系，把性格划分为现实型、研究型、艺术型、社会型、常规型、企业型六种。这六种不同性格的人在职业的选择上存在着明显的差异。极少数人属于某种单一的类型，大多数人属于几种类型的结合。

四、性格的鉴定

由于性格的复杂性和特殊性，对性格的鉴定比对能力和气质的鉴定更为困难。对性格进行鉴定的方法很多，一般采用综合研究法、自然实验法和测验法。

（一）综合研究法

综合研究法又称“个案法”，是把观察、谈话、作品分析、调查等方法结合起来加以运用的方法。具体做法是，通过多种途径了解一个人在活动中对各种事件所表现的态度和行为方式，把获得的材料系统地加以分析整理，概括出能表明这种倾向的性格特征，从而鉴定其性格类型。

（二）自然实验法

自然实验法是在日常生活的情况下，适当控制一些条件进行性格研究的方法，是实验法在自然条件下的运用。实验者可根据研究目的，创设特定的实验情境，主动引起被实验者的某种性格特征的表现，经过观察、记录、分析和概括其行为表现，确定性格特征。

（三）测验法

性格测验包括问卷法和投射法两种方法。问卷法是性格测验中最常用的方法。一般是让被测试者按一定的要求依次回答问卷中的测验题目，根据标准答案和测验分数来推知其性格特征。目前国内外广泛运用的性格测验量表有：明尼苏达多相人格测验

(MMPI)、卡特尔十六个性因素问卷（l6PF)、艾森克个性问卷(EPQ)、加州心理测验表（CPl)、Y—G 性格检查表、向性检查表等。

投射法是运用多种含义的刺激物，让被测试者在不受限制的情况下，自由地作出反应，即在通过对刺激物不知不觉的反应中，表露出其内在的性格特点。投射法主要包括罗复测验和主题统觉测验。

第四节　个性的培养

一、个性形成和发展的制约因素

影响个性形成和发展的因素很多，概括地讲有三个方面：一是先天性因素或曰素质；二是后天环境因素，包括家庭影响、学校教育和社会实践活动的作用等；三是个人的主观努力。

（一）素质

素质是指有机体生来具有的某些解剖生理的特点，主要是神经系统、脑的解剖生理、以及感官和运动器官的解剖生理特点。素质是个性形成和发展的自然前提和物质基础，没有这个前提和基础就谈不到个性的形成和发展。例如，人的气质特点主要是由神经类型决定的。又如生来就失明的人很难成为画家，天生的聋哑人很难成为音乐家。但是，素质只为个性的发展提供了某种可能性，这种发展的可能性只有通过后天的教育和实践活动才能变为现实性。由于人的社会生活条件不同，受教育的机会不同，以及学习内容和活动领域不同，人的个性发展方向和水平也存在差别。

（二）环境

环境指客观现实，即人的生活条件和社会条件。如果儿童具备了良好的遗传素质，却未受到良好的环境影响，那么相应的个性特征也不会得到很好的发展。

1. 营养

胎儿和幼儿时期的营养直接影响脑细胞的发育，从而影响智力的发展。研究表明，神经系统的生长包括神经细胞数量的增加和神经细胞体积的增大两个阶段。其中，第一阶段大约在出生后一年左右完成。以后，神经细胞的数量不再增加。如果在此阶段营养不良，就会影响脑细胞的成长及造成脑细胞数量的减少。营养不良发生的时间越早，对儿童的影响越大。

2. 早期经验

儿童智力发展的速度是不均衡的，具有先快后慢的特点，特别是在儿童生活的早期阶段，智力的发展变化最快。美国心理学布卢姆（B. S. Bloom）指出，如果把 17 岁的智力水平视为 100%，那么从出生到 4 岁获得智力的 50%，4 岁到 8 岁获得 30%，8 岁到 17 岁获得 20%。可见早期经验对儿童智力发展起着极为重要的作用，在一定程度上影响一个人的性格特征和智力发展水平。因此，要充分重视早期教育的积极作用。

3. 学校教育

学校教育是一种有目的、有计划、有系统地培养人的活动，在能力的发展中起主导作用。学校教育不但能使儿童掌握知识和技能，而且能通过知识和技能的传授，促进儿童个性的发展。

教学方法是实现教学任务的手段，良好的教学方法有助于儿童个性的发展和培养。研究表明，利用汉字结构规律进行汉字教学，既有助于儿童掌握知识，又能促进儿童思维能力的发展。苏联心理学家列昂节夫曾经运用特殊的教育方法，使那些似乎缺乏音乐才能的儿童形成了音乐听觉。

4. 实践活动

虽然环境对个性的发展起决定作用，但它只是一个外部条件。这种外部条件必须通过主体的积极活动才能发生作用。这就是说个性是在人的实践活动中形成和发展的。

实践活动对各种特殊个性的发展起着重要作用。心理学家对从事不同职业的人的感觉能力的研究发现，有经验的染色工人能分辨出 40 种以上色调不同的黑色，而一般人只能辨别三四种左右。长期从事茶叶研究的人，辨别茶叶的能力特别强，仅凭观察茶叶的颜色和形状，闻闻茶叶的香味，就能说出茶叶的名称及产地。品酒师的品酒能力极强，炼钢工人辨别火焰的能力较一般人高，这都表明人的实践活动对个性的发展有重要影响。

（三）个人的主观努力

在个人素质相近、所处环境和所受教育以及所从事的实践活动大体相同的情况下，个人的主观能动性就成为制约能力发展的重要因素，个人所付出的主观努力越多，个人的成就就会越大。

二、个性的培养

个性是在社会实践中，在不同环境作用下，通过个人的主观努力而形成和发展的。要培养人的良好个性，就必须从影响个性形成的各种因素的改善入手。

（一）家庭环境的影响

家庭是最早对个体身心发展产生影响的环境因素，是文化和社会的缩影。它对人的个性的形成起着重要作用。通常父母的养育态度、家庭气氛，以及孩子在家庭中的地位等，都会对儿童的个性产生影响。

父母的养育态度对儿童性格的形成会产生极深刻的影响。心理学家非常重视父母的养育态度对儿童性格的重要影响。对父母的养育态度进行了分类后的研究表明，父母的养育态度不同，对儿童性格产生的影响也不同（见表 6-5）。

表 6-5 父母的养育态度与儿童性格之间的关系

父母的养育态度	儿 童 性 格
支配性的	消极、顺从、依靠、缺乏独立性
溺爱的	任性、骄傲、利己主义、缺乏独立精神、情绪不稳定
过于保护的	缺乏社会性、依赖、被动、胆怯、深思、沉默、亲切的
过于严厉的（经常打架）	顽固、冷酷、残忍、独立的、或者怯懦、盲从。不诚实、缺乏自信心和自尊心
忽视的	妒忌、情绪不安、冷酷、有厌世轻生情绪、攻击
民主的	独立、直爽、协作的、亲切的、社交的、机灵的、安全、快乐、坚持、大胆、有创造精神、有毅力

家庭气氛对儿童性格的形成有重要作用。和谐愉快的家庭气氛对儿童性格的形成会产生积极的作用，紧张压抑的家庭气氛则不利于儿童形成良好的性格。父母早亡或离异，会使儿童形成悲观、孤僻、冷淡、情绪不稳定、坚强、果断等特征。父母意见不一致，时常产生矛盾，会使儿童无所适从，也会导致儿童易怒、烦躁、警惕性高，或者养成两面讨好、投机取巧、好说谎等不良性格特征。

（二）学校教育的作用

学校教育对儿童个性的形成具有特别重要的作用。教师的性格、态度和行为，学生所在的集体，以及体育和劳动，均对学生个性产生一定的影响。

教师是学生学习的榜样，教师的品德和言行常成为学生衡量自身言行的标准。因此，教师的性格、作风将会对学生产生潜移默化的影响。研究表明，教师精神振作或沮丧，兴趣广泛或狭窄，性格暴躁或安静，情绪高涨或低落，意志坚强或薄弱，处事果断或犹豫不决等心理品质，对学生个性会产生较大的影响。另外，教师在教育过程中对每个学生的态度直接影响学生个性的形成。教师如果是专制的，学生就会情绪紧张，教师在与不在时表现不一；教师态度如果是放任的，学生就会无组织、无纪律，放任散漫；教师的态度如果是民主的，学生就会情绪稳定、积极、态度友好。

集体对学生个性的形成有特殊作用，有利于培养学生的集体主义品质，帮助学生克服孤僻、自私、任性等不良的性格特征，形成自制性、责任感、坚强、勇敢、自信等良好的性格特征。

（三）社会实践的作用

社会实践对人的个性也会产生很大的影响。人们在实践活动中，根据职业的要求，会逐步改变自己原有的个性特征，形成某些新的个性特征。如军人通常具有勇敢、大胆等性格特点，运动员通常具有坚强、勤奋、吃苦耐劳等性格特点。

（四）个人努力的作用

个性除了受外部条件制约，还要受到个人主观努力的影响，人是一个最高度的自我调节的系统，一切外部的影响都要通过自我调节而起作用。因此，在这个意义上说，每个人都在有意无意地自己塑造着自己的个性，这就是说自我教育对个性的形成也有很大意义。

总之，个性是在先天素质的基础上，在环境的影响和教育的作用下，在个人实践活动中逐渐形成的。

思考题

1．试论述个性心理特征的结构及各部分之间的关系。

2．联系实际说明，心理过程与个性心理之间的相互联系。

3．怎样理解培养学生良好个性心理品质的意义？

4．在教育工作中如何协调影响个性形成和发展的各种因素，促进学生个性的健康发展？

第七章　青少年身心发展与教育

个体从出生到成熟经历了不同的心理发展阶段，每一发展阶段都有着各自不同的身心特点。青少年期是个体从童年向成年的过渡时期，包括少年期和青年初期两个心理发展阶段。少年期指12、13岁～15、16岁这一年龄阶段，又称学龄中期，相当于初中阶段。这一阶段是个体从儿童向青年和成人过渡的时期，因而也称“过渡期”。青年初期是指15、16～17、18岁这一阶段，又称学龄晚期，相当于高中阶段。这一阶段是人的生理和心理发展接近成熟的时期。青少年时期是人生成长和发展的关键时期，也被视为教育的“困难期”、“危机期”。了解和掌握青少年身心发展特点，对教育工作者有着重要意义。教育工作者应根据青少年的年龄特点，有目的、有计划、有组织地进行教育，为青少年创造良好的生长环境，促使青少年的身心得到最佳发展。

第一节　发展的意义

一、发展的概念

发展是指一种连续不断地由低级到高级、从量变到质变的运动变化过程。个体从出生到死亡身心都处于这种发展变化的过程中。在心理学中，发展是指个体身心整体的连续变化过程，通常是指那些由于成熟或学习等因素引起的持续、有规律的心理变化，而由于疾病或疲劳所引起的心理上暂时的、偶然的变化不能称之为发展。发展不仅指向前推进的过程，也指衰退消亡的变化。这就是说，发展既包含着积极的、进步的变化，也包含着消极的、衰退的变化。在个体整个发展过程中，从出生到成年时期，积极的、进步的变化占优势，而到了老年时期，衰退则处于主导地位。

人的发展，包括身体发展和心理发展两个方面。人的身体发展指机体的正常发育和体质的增强。机体包括：身高、体重、骨骼、肌肉、血液循环系统、神经系统等。体质的增强是指机体的这些组织和系统的功能增强。人的心理发展是指感觉、知觉、注意、记忆、思维、想像、情感、动机、兴趣、需要、气质、性格、能力等方面的发展。人的身体发展和心理发展是密切相关、辩证统一的。身体的发展是心理发展的物质基础，心理的发展在一定程度上也影响着身体的发展。

儿童心理的发展是指个体从出生到成熟（青年初期）这一成长阶段上的发展。这一阶段的发展大体表现在下述四个方面：一是反映活动从混沌未分化向分化、专门化发展；二是反映活动从不随意性、被动性向随意性、主动性发展；三是反映认知机能从认识客体的直接表面现象向认识事物的内部本质特征发展；四是对周围事物的态度从不稳定向稳定发展。

二、心理发展的年龄阶段

（一）心理发展过程由一系列年龄阶段构成

根据唯物辩证法的发展观，心理发展是一个包含量变和质变的、具有内部矛盾的复杂过程。在不断变化的心理发展过程中，形成了一些相对稳定的发展阶段，每个阶段均具有独特性质。整个心理发展过程就是由一系列相互联系而又相互区别的阶段构成的。通常心理发展阶段以年龄来标志，所以叫“年龄阶段”。

心理发展的各年龄阶段具有不同的特点，各个年龄阶段是有规律地递进着的。每个新的阶段都是前一阶段的发展和提高。在个体心理发展的过程中，各个发展阶段之所以具有不同的特点，是由于各个阶段儿童的生理特点、社会生活、教育条件和活动方式不同，个体由此产生的新反映也就各不相同，从而形成了不同的本质特点。

在一定社会和教育条件下，在儿童发展的各个不同年龄阶段中所形成的一般的、典型的、本质的心理特征被称为儿童心理年龄特征。

（二）心理发展年龄阶段的划分

关于心理发展年龄阶段的划分问题，心理学家根据不同的划分标准，提出了各自不同的观点。

以内分泌腺发展作为划分的标准。柏曼（L. Berman）把心理发展分为：胸腺期（幼年期）、松果腺期（童年期）、性腺时期(青年期)。

以种系演化作为划分标准。施太伦（W. Stern）将儿童心理发展分为：幼儿期（6 岁以前）——哺乳动物到原始人类阶段；意识的学习期（入学～13 岁）——人类古老的文化阶段；青年成熟期（14～18 岁）——近代文化阶段。

以心理发展为划分标准。皮亚杰以智力或思维为划分标准，将儿童心理的发展分为四个阶段：

1. 感知运动阶段（从出生～1.5、2 岁）。儿童只有动作活动，开始协调感觉、知觉和动作间的活动，还没有表象和思维。智力活动还处于感知运动水平。

2. 前运算阶段（1.5、2 岁～6、7 岁）。儿童开始具有信号功能，产生了表象。具有表象思维能力，但缺乏可逆性。

3. 具体运算阶段（6、7 岁～11、12 岁）。这一阶段的儿童已能逐渐超出知觉的限制，形成守恒概念和可逆性，但一般只能对具体事物或形象进行运算。

4. 形式运算阶段（11、12 岁～14、15 岁）。这个阶段是达到成人思维水平的准备阶段，儿童能在头脑中把形式和内容分开，使思维超出感知的具体事物或形象，进行抽象的逻辑思维和命题运算。

以主导活动为划分标准。列昂节夫将儿童心理发展分为：婴儿期（0～1 岁），先学前期（1～3 岁），学前期（3～7 岁），学龄期（入学以后）。

以心理性欲发展为划分标准。弗洛伊德将儿童心理发展分为：口唇期（出生～1 岁），肛门期（1～3 岁），性器期（3～6 岁），潜伏期（6～11 岁），生殖期（12 或 13 岁开始）。

以行为模式，心理社会因素和心理性欲三者相结合为划分标准。埃里克森（Erikson）将整个人生分为八大阶段。每个阶段都包含着一个在与环境相互作用中产生的特殊矛盾，该矛盾处理得好，人的心理就会得到健康的发展；处理不好，人的心理健康就要受到影响。这八个阶段分别是：学习信任的阶段（从出生～18 个月左右）；成为自主者的阶段（18 个月～4 岁）；发展主动性阶段（4～5 岁）；变得勤奋的阶段（6～11 岁）；建立个人同一性的阶段（12～18 岁）；承担社会义务阶段（18～30 岁左右）；显示创造力感的阶段（中年期和壮年期）；达到完善的阶段（从成熟到晚年）。

我国心理学家根据一定社会教育条件下，个体心理发展在各个不同时期内的特殊矛盾或质的特点，综合主导活动、智力或思维水平和个性特征，将个体发展划分为以下几个阶段：

乳儿期（0～1 岁）

婴儿期（1～3 岁），先学前期

幼儿期（3～6、7岁），学前期

童年期（6、7～11、12岁），学龄初期　小学阶段

少年期（11、12～13、14岁），学龄中期　初中阶段

青年期：
- 初期（14、15～17、18岁），学龄晚期　高中阶段
- 中期（17、18～24、25岁）
- 晚期（24、25～27、28岁）

成年期（18～60岁）

老年期（60岁以后）

其中青年期与成年期有交叉。

在这些发展阶段中，我们着重探讨青少年期学生的身心发展特点。

三、心理发展的特点

（一）发展具有顺序性和阶段性

儿童从出生到成人，其身心发展是一个由低级到高级、由量变到质变的连续不断的发展过程。这一发展过程呈现出一定的顺序性。如身体的发展是按照“从头部向下肢”（头尾法则）和“从中心部位向全身的边缘方向”（远近法则）进行的。儿童的大骨骼和大肌肉先发展，小骨骼和小肌肉后发展。儿童记忆是从机械记忆发展到意义记忆，注意是从无意注意发展到有意注意，思维是由动作思维、形象思维发展到抽象思维。儿童先有高兴、悲惧等一般情感，而后逐渐有理智感和道德感等高级情感。

在个体身心发展的过程中，不同的年龄阶段表现出一些不同的特征，体现了个体发展的阶段性。每个阶段都有其特定的、典型的和本质的特征，即年龄特征。以个体思维发展为例，童年期儿童的思维特点具有较大的具体性和形象性，抽象思维能力还比较弱，对抽象的道理不易理解。少年期学生的抽象思维已有很大发展，但还需具体的感性经验支持。青年初期学生的抽象思维已

占主要地位，能进行理论的推理和判断。

（二）发展具有不平衡性

儿童身心发展的不平衡性表现在两个方面，第一个方面表现为身心同一方面的发展，在不同年龄阶段的发展是不平衡的。例如，儿童身高体重的发展有两个高峰期。第一个高峰期是在出生后的第一年，第二个高峰期是在青春发育期。在这两个高峰期儿童身高体重的发展极为迅速。又如，大脑发展的最迅速时期是出生后的5～10个月，其后脑的发展又经历了两个显著加速期，一个是在5～6岁之间，另一个是在13～14岁之间。

发展的不平衡性表现的第二个方面是身心不同方面的发展不平衡，有的在较早的年龄阶段即已达到较高的发展水平，有的则要到较晚的年龄阶段才能达到较为成熟的水平。例如，幼儿的感觉已达到较高水平，思维则到青少年期才能达到较成熟的水平。

（三）发展具有稳定性和可变性

发展的稳定性是指在一定的社会和教育条件下，儿童发展的阶段和顺序，以及每个阶段的发展速度与年龄特点，大体是相同的。

发展的可变性是指发展的年龄特征随着社会条件和教育条件的变化而变化，同一年龄阶段的儿童，在不同的社会生活条件下，发展可能是不同的。如解放后的青少年儿童就超过解放前同龄青少年儿童的发展水平。1975年北京市城区11岁男性儿童比1937年同龄男性儿童，身高平均增长2.8厘米，体重增长1.96千克，胸围增长2.39厘米。教育条件不同，儿童的身心发展也会发生变化。如果在教育工作中使用新的教学手段和合理的教学方法，就可以在一定程度上加速儿童的发展。

（四）发展具有个别差异性

发展既有共同规律，又表现出个别差异，即共同性中包含着特殊性，共同性是从多样性中概括抽象出来的。发展的个别差异首先表现在身心同一方面发展的速度和水平不同。例如，有的儿童身高增长较早，有的则较晚；有的儿童在 8 岁时抽象思维就已经有了较好的发展，有的抽象思维到 14、15 岁时才有显著的发展。

身心发展的个别差异还表现在发展的优势领域有所不同。有的儿童长于抽象逻辑思维，数学能力强；有的长于形象思维，艺术能力强。

发展的个别差异还表现在儿童具有不同的个性心理倾向。例如，人的性格有外倾、内倾之别。性格外倾的儿童好动，善于与人交往，言语流畅；而内倾者喜欢安静、独处、沉默寡言、不合群。

第二节　青少年的生理特点与教育

一、青少年的生理特点

青少年期已经进入青春期的发展阶段。青春期是由儿童生长发育到成年的过渡时期，占人的一生生长发育时期的一半或稍多一些，一般在 10～20 岁之间，分为前后两期。10～14、15 岁为发育迅猛的青春前期，相当于少年期；14、15 岁～20 岁为发育逐渐缓慢的青春后期，相当于青年初期。青春期是以性成熟为主的一系列形态、生理、生化、内分泌及心理、行为的突变阶段。青春期的开始年龄、发展速度、成熟年龄以及发育的程度都有很大的个别差异。女孩一般比男孩早二年左右进入青春发育期。无论男女又都有早熟、平均及晚熟三种正常类型。

青春期生理机能的变化主要表现在三个方面：即身体外形的改变、内脏机能的增强和性的成熟。其中性的成熟是人体内部发育最晚的部分，它的发育成熟标志着人体全部器官接近成熟。青春发育期的这些显著变化，为青少年心理的急剧发展提供了重要的物质基础。

（一）身体外形的改变

青少年外形的改变主要表现在身高、体重、坐高、胸围、头围、肩宽、骨盆等方面。

儿童身高体重的发育有两个加速期，又称高峰期。第一高峰期是 0～1 岁左右，即乳儿期。出生时身高 50 厘米左右，一岁时长到 70～75 厘米，增长 50%；体重从 3 千克增加到 6～7 千克，约两倍左右。第二个高峰期是 12～15 岁，即青春发育期，身高年增加一般为 7～8 厘米，最快达到 8～10 厘米；体重年增加一般为 5～6 千克，最快达到 8～10 千克。第二次生长发育高峰的特点是下肢首先迅速发育，然后是躯干（见图 7-1）。

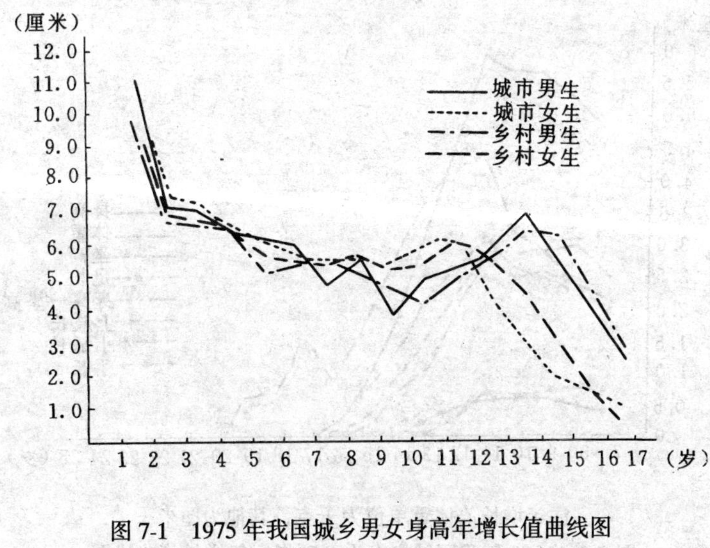

图 7-1　1975 年我国城乡男女身高年增长值曲线图

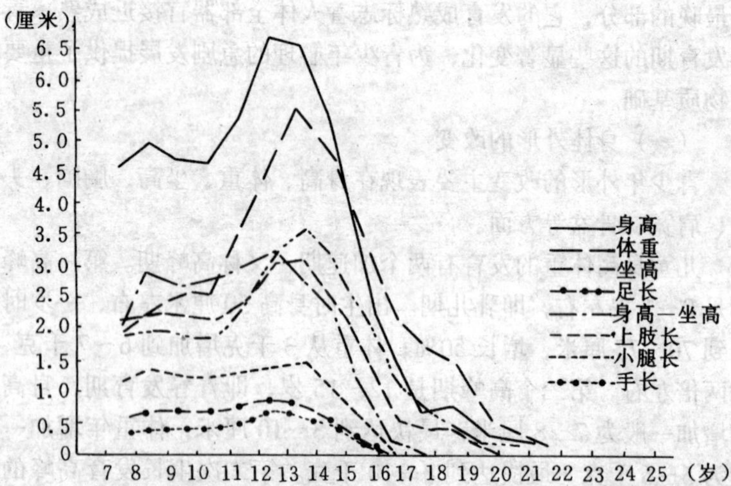

图 7-2　1979 年我国城市男生 8 项指标年增长值曲线图

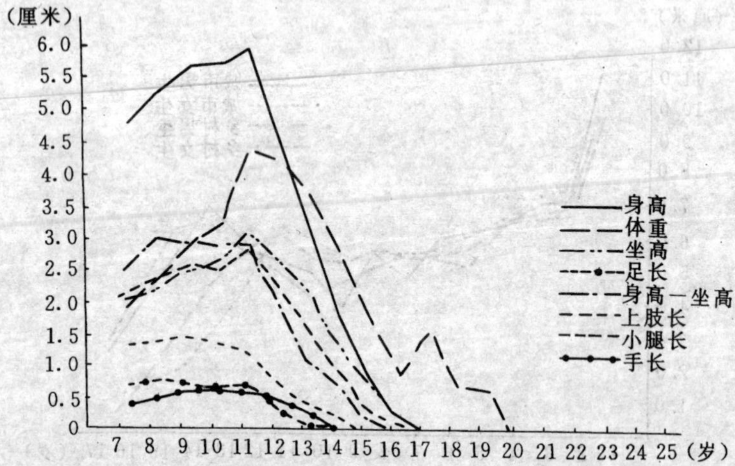

注年增长值体重单位为千克，其他为厘米

图 7-3　1979 年我国城市女生 8 项指标年增长值曲线图

从图 7-2 和图 7-3 中可以看出，青少年身体发育各项指标均存在明显的高峰期，男生相对比女生滞后，发育停止的时间也比女生滞后。

在青春发育期，青少年体内各种机能迅速增强，并逐步趋向成熟。

心肺急剧增大。心脏体积加大，而动脉直径的增长与心脏体积的加大不相适应。有时会出现供血不足、心跳较快、血压升高、头晕、头痛、易疲劳等现象。随着年龄的增长，作为肺发育重要指标的肺活量也随之上升。男性肺活量的均值一直高于同龄女性。年龄越大，差距也越大，形成男女性在成年期机能水平的显著差别。脉搏频率、血压在 18～19 岁时趋于稳定；肺活量在 19～20 岁时趋于稳定，在青春后期达到成人水平。

骨骼肌肉系统迅速发展。整个肌肉的重量占体重的 44.2%，肌肉比重加大。男性显得壮美，女性脂肪增多，显得丰满。肌肉力量极大增强。男性的握力大于女性，14 岁以后，差距更明显。由于肌体发展和肌肉力量的增长超过运动调节能力的发展，因此，这一时期的个体动作往往不协调，不灵活，显得有些笨拙。

脑和神经系统是心理发展的直接前提和物质基础。青少年期脑重和脑的容积基本达到成人水平，脑电波主要是 α 波。在少年期，大脑的结构和机能显著发展，主要表现在神经元联系的复杂化，神经纤维髓鞘的形成，沟回的发展并导致神经活动机能的分化和完善。第二信号系统的作用显著提高，兴奋过程强于抑制过程。同时，兴奋与抑制的相互转换较快。此外，由于机体第二性征的出现和性激素的产生，对脑垂体的正常活动产生了极大影响，导致兴奋过程和抑制过程交替时的不稳定性，降低了第二信号系统对行为活动的调节作用。到了青年初期，神经系统特别是大脑皮质的结构和机能已经逐步发展成熟，神经系统的兴奋过程和抑制过程趋于稳定，动作也更加协调。

（三）性的成熟

少年期性机能开始成熟，表现在第一、第二性征上。第一性征的变化是指生殖器官的增大。第二性征是指在第一性征影响下于青春期出现的身体形态上的性别特征，如性器官的发育，遗精和月经，变声，男女性体态的特点等。男性第二性征表现为：喉头突起，音调低沉，长出胡须及阴毛、腋毛，肌肉骨骼发育坚实，出现魁伟的男性体态。女性第二性征表现为：音调高尖，乳房隆起，长出阴毛、腋毛，骨盆宽阔，皮下脂肪增多，形成丰满的女性体态。

通常女性比男性早1～2年进入性成熟期，女性和男性进入性成熟期的时间分别为11～12岁和13～14岁。

二、发展的任务与教育

1.加强营养，为青少年生长发育提供物质基础。青少年的发育成长需要消耗大量营养，孩子在这个时期所需要的营养甚至比成人还要多。比如，一个成年男子一天需要的热量约为2400千卡，而一个16岁的少年约为2800千卡，显然比成人多。就具体营养而言，青春期的孩子所需要的蛋白质、钙和铁等微量元素以及多种维生素等都要比成人多。如果在青春发育期不注意营养供应，就有可能推迟发育，甚至可能发生某些疾病，如贫血、营养不良、结核病、骨骼发育不正常等。所以，必须改善食物结构，注意营养搭配，保证青少年获得丰富、充足的营养。

目前，随着我国经济水平的增长，人们的生活水平有了很大程度的提高。然而，由于我国普遍不注意饮食调节，致使我们所面临的营养问题更加复杂。正如一位营养学家所说：“在某种程度上，中国同时承受着营养不良和营养过剩的双重负担。”据调查，1985年至1995年10年间，7～18岁男生的肥胖率从2.7%增加到了8.65%，女生从3.38%增加到了7.18%。城市学生的肥胖率远高于农村。另据国家教委对全国十省市两万名中小学生所进行的调查检测，发现中小学生缺铁性贫血发生率为44%，其中中学生为22.4%，小学生为45.7%。这些数字足以说明重视孩子营养的重要性和紧迫性。

一般说来，在孩子的营养方面，应注意几条：一是注意营养要平衡，饮食搭配要合理；二是对于青春期的孩子，各餐的质量都要保证，尤其是早餐和晚餐的质量也要保证；三是注意各种维生素和钙、铁、碘、锌等微量元素的补充；四是注意男女有别，女孩应特别注意补铁。

2. 加强体育锻炼，增强体质，促进青少年的生理发育。

3. 培养良好的生活习惯。教师和家长要善于引导青少年合理安排休息时间，注意劳逸结合，注意饮食起居卫生。保护青少年的视力，注意坐立走的姿势，尤其要注意纠正那些突然长高的少年弯腰曲背的不良姿势。

4. 进行必要的性知识教育。身体各部的发育，尤其是性器官、性机能的发育，对青少年的心理发展产生重要影响。必须及时进行性知识教育，以防止青少年产生不正常的心理，如害怕、好奇、害羞等。

5. 积极开展心理卫生教育。生理的急剧变化会给某些青少年心理的正常发育带来消极影响，易于出现心理卫生问题。因此，教师要及时引导，帮助青少年及时解决各种心理卫生问题和其他心理不适，保证青少年心理向着正常、健康的方向发展。

第三节　青少年的心理特点与教育

一、少年期的心理特点与教育

少年期是儿童期向青年期过渡的时期。由于这个时期的发展极其迅速、复杂，充满矛盾，因此，又称为“困难期”和“危机期”。这个时期是儿童心理发展发生巨大变化的转变期，在整个心理发展阶段中占有特殊重要的地位。在少年期，个体的主要特点是半成熟和半幼稚，独立性和依赖性，自觉性和冲动性等各种矛盾互相交错。

(一) 少年期心理发展的特点

1. 智力的发展

(1) 感知能力的发展

各种感觉的发展达到完善，感受性的发展达到或超过成人水平。迈尔斯（W. R. Miles）将少年感知能力的水平定为100，他们视知觉的敏感度较高，听知觉最灵敏，在人的一生中处于最佳状态。

少年知觉的有意性和目的性明显提高。少年学生能较自觉地根据教学目的和要求，主动地知觉有关的事物，知觉的范围不断扩大，并能长时间稳定地知觉某一对象。

知觉的精确性和概括性显著提高。在教学条件下，少年学生的观察力得到训练而变得比较深刻和全面。他们在观察自然现象或社会现象时，不仅能感知事物外部的特征，而且能抓住事物的主要特征和属性，更加全面地感知事物。

但在不良条件的影响下，少年学生的知觉（观察）品质也有一些弱点，如不随意性、片面性、不稳定性、粗枝大叶等。

(2) 注意的发展

少年学生的有意注意有了进一步发展。他们能够根据预先提出的活动目的和任务，随意地、较长时间地把注意力指向特定的活动和特定的对象上。但是无意注意在活动中仍起较大作用，直接兴趣和客观对象的鲜明特点仍有强烈的吸引力。

少年学生注意品质已得到较好发展。注意的集中性和稳定性不断提高，注意的范围不断扩大，分配和转移注意的能力也不断提高。学生注意的持续时间，随年龄增长而延长，年龄越小，注意持续时间越短。有材料表明，5～7岁儿童持续注意某一事物的平均时间为15分钟，7～10岁是20分钟，10～12岁是25分钟，12岁以后是30分钟。在良好教学条件下，初中生注意的稳定性一般能保持40分钟左右。

由于知识经验的积累和扩大，少年学生的注意范围亦相应扩大，逐步学会分配自己的注意。在课堂上，少年学生既能听讲，又能抄写；既能注意主要内容，又能兼顾前后联系。在注意转移方面，少年学生一般比小学生有更大的自觉性和灵活性。开始上课后能自觉、迅速地把注意转移到课堂学习上来。

少年学生注意的另一特点是注意的外部表现不如小学生明显，这是由于初中学生的自我控制能力有了较大的发展。

(3) 记忆的发展

少年的记忆是在童年期的基础上继续向前发展的。在良好的教学条件下,少年学生的记忆有较大发展。记忆的有意性有了较大提高,有意识记日益占主导地位。但初中学生识记的目的性还较被动,识记的目的、任务往往需要由教师提出。意义识记的能力更加发展。实验研究表明,年级越高,意义识记的成分越多,机械识记的成分相对减少。对词的抽象记忆能力有较快发展,但对具体形象材料的识记仍高于抽象材料,因此直观教学仍占重要地位。

(4) 思维的发展

抽象逻辑思维日益占主导地位，思维中的具体形象成分仍起重要作用。少年学生的逻辑思维虽然得到发展，但还是一种“经验型”的抽象思维，思维活动还需要具体、直观、感性经验的支持。只有到了青年初期，学生的思维才能达到“理论型”水平。因此，少年思维的发展具有过渡性。

少年思维的这种过渡性表现在以下三个方面。

首先，在概念的掌握方面，随着抽象逻辑思维的发展，初中学生日益掌握更多的抽象概念和概念系统，包括自然概念、社会概念、哲学概念和生活概念。概念是事物的本质属性在人脑中的反映。学生对事物的本质的认识可分为五级水平：①不会解释定义或做出错误的定义；②语义重复；③对事物的功用或具体形象加以描述；④接近本质的比较具体的解释；⑤能对事物的本质下定义。一些研究认为，初一学生一般处在第三级水平向第四级水平转化时期，初二、初三年级学生一般达到第四级水平，或者开始向第五级水平转化。高中学生达到第四级和第五级水平的比初中学生多。研究表明，学生概念分类能力有四种水平：①不能正确分类，也不能说明分类根据；②能正确分类，但不能说明分类根据或说明中有重大错误；③能正确分类，但只从功用上说明分类，不能从本质上说明分类；④能正确分类，并能从本质上说明分类根据。初中学生的概念分类多处于第三级向第四级过渡的水平，高中生一般可达到第四级水平。

其次，在理解方面，少年学生理解事物的复杂性和内在规律性的能力日益增强。研究表明，少年期学生对谚语和成语的理解水平可分为三级：①完全停留在了解故事具体情节和对词的表面理解上；②受到具体经验的局限而作出接近本质的形象理解；③摆脱故事情节和自己的生活经验，充分领会成语的隐义或转义。初一学生以第二级水平较多，初二学生处于过渡阶段，初三学生已达到第三级水平。

再次，在判断推理方面，少年学生能对事情自觉地做出恰当的判断，逻辑推理的能力不断发展。研究表明，他们可以进行归纳推理和演绎推理的思维活动，但是其发展还是很不完善的。初一学生在这些方面的发展还是初步的，其归纳推理成绩的正确率已超过60%，而演绎推理成绩的正确率要到初三才开始接近60%。

少年思维发展的另一个特点是，少年思维的独立性和批判性显著发展，但容易产生片面性和表面性。进中学后，少年就进入一个喜欢怀疑、争论、探索、辩驳的时期。他们常常不满足于教师、家长或书本上关于事物现象的解释，而要自己寻根究底，不轻信别人的意见，要求独立地批判地探讨各种问题，提出自己的见解。但是，由于少年知识经验有限，因此考虑问题容易产生片面性、表面性和急躁性。看问题以偏概全，固执己见，一方面怀疑一切，另一方面又易受暗示，其行为往往表现出偏激、轻率、盲从等特点。

2．情绪和情感的发展

个体在少年期情绪情感的发展既丰富又复杂。许多心理学家都认为12～14岁是情感发展最困难、最令人操心的年龄阶段。少年情绪情感的发展表现在：情感内容日益丰富，情绪情感体验日益深刻，情感的自我控制能力逐渐增强。

少年充满热情，精力充沛，富有朝气。在教育及社会环境共同作用下，社会性情感得到进一步发展，主要表现在道德感、理智感、美感的发展上。少年的道德感具有更大的自觉性，他们开始自觉地运用道德规范对自己的言行进行评价，道德感的体验日益丰富和深刻。少年的理智感更加深化，对学习活动作用的认识也日益增强，美感亦不断发展。

少年的情绪、情感体验具有半外露、半隐蔽性。表达情绪的方式越来越多。随着自我控制和自我调节能力的提高，少年有选择的情绪反应能力也逐渐提高。情绪外露性减少，隐蔽性增加。但由于调控能力有限，他们仍容易外露出一时的激动情绪。

少年的情绪极易受到外界刺激的影响，具有易动性。他们会为一件小事而欣喜万分，也会因一件小事伤心落泪。研究表明，处于少年期的11～13岁的女孩和13～15岁的男孩，情感的易受刺激性和反应性有明显的提高。

少年不善于调节、控制自己的情绪，情绪带有很大的冲动性。他们在发怒时时常采取过分激烈的方式，异常暴躁；有时会因某项活动的成功而过分激动，而遇到失败或挫折时，又容易悲观失望，心灰意冷。

由于少年期面临的生理变化和心理发展上的矛盾，易使他们产生紧张情绪，这在少女身上表现得尤为明显。少女的紧张情绪往往与月经的周期有关，经前情绪低落，精神不振，易发怒，烦躁不安；经期过后则情绪高涨。

少年的情绪具有不稳定性，有时会同时表现出互相矛盾的情感。他们有时对别人富有同情心，爱护老人，关心有残疾的同学和病人，有时又讥笑小同学或身体不健全的人，随便取笑别人；有时对人积极热情；有时又对人消极冷淡。

3. 自我意识的发展

自我意识是指个体对自己的认识、评价和调节。个体通过实践活动，不仅能认识客观事物，并且能认识自己，认识自己与客观事物的关系，自己与他人的关系，自己在集体中的地位和作用等。自我意识有许多形式，包括自我观察、自我评价、自我体验、自我控制、自我监督、自尊心、自豪感等。

自我意识的发展过程是个体不断社会化的过程，也是个性特征形成的过程。它的成熟标志着个性的形成。

个体的自我意识从无到有，最后达到成熟，经过了一个漫长的发展过程。成熟的自我意识表现在三个方面：能意识到自己的身体、身体特征和生理状况；能认识并体验到内心进行的心理活动；能认识和感受到自己在社会和集体中的地位和作用。

少年期的自我意识，已由童年期的模糊、不大自觉和被动的状态转向比较清晰、更自觉和主动支配行为及关心自己发展的状态。这种变化与少年学生社会交往范围的扩大，在社会和集体中的地位的变化，以及志向、态度的形成和抱负水平的提高等因素有着密切的联系。少年的自我意识是在意识到自己身体已达到初步成熟的基础上，逐渐认识到个人与社会的关系而发展起来的。

少年学生自我意识的发展具有下列特点。

（1）成人感的产生

由于身体的迅速成熟，处于少年期的初中学生意识到自己不再是一个孩子，而是个大人了。随着这种成人感的产生，少年一方面更加自觉地希望参加成人的活动，另一方面也更加希望得到别人的尊重和信任。希望别人把他当成人看待，让他享受与成人同样的权利。少年期学生的这种成人感是少年自我意识的急剧发展的一个特征，也是个性发展的转折点。教师家长应尊重他们的意见，满足他们的合理要求，与他们平等相待，运用恰当的方法对他们进行教育和帮助，使他们的个性得到健康发展。

（2）自我意识的强度和深度不断增加

少年强烈地渴望认识自己，了解自己。他们常常会在镜子面前左顾右盼，研究自己的相貌和体态，注意自己的衣着和仪表，注意别人对自己的评价和反应。少年开始关心自己的内心世界，关心自己的个性心理品质，对自我的认识越来越深化。埃尔金德(Elkind. D)发现，青少年不仅十分关心自己，而且以为别人也都在关心着自己。他们往往把自己看做是一个被人观察的对象，而极少把自己看成是个观察者。

（3）评价别人与自我评价能力不断提高

首先，评价标准发生了质的变化。少年学生对别人和自己的评价逐渐由以外在特征为主转向以内部特征为主，他们开始从行为的动机、道德面貌和个性品质方面来评价自己和他人。

其次，少年自我评价能力落后于评价别人的能力。少年的自我评价能力是在评价别人的基础上发展起来的。少年在评价别人时能一分为二，分清主次，能注意到较全面客观地进行评价，而在评价自己时则不易做到这一点。

再次，少年对别人和自己的评价还不够全面和稳定，带有很大的片面性、主观性和易变性。他们对自己的评价往往偏高，而对别人的评价偏低，而且对自己和别人的评价很不稳定。喜欢某个同学时就说他处处都好，不喜欢他时又说他一无是处。成功时认为自己很了不起，遇到挫折时又对自己全盘否定，认为自己一钱不值。

自我评价能力的发展是自我意识形成与发展的重要标志，影响着学生行为和个性的形成，也影响着他们的学习及人际关系。自我评价适当的学生，学习目的比较明确，能合理分配时间，善于控制自己的行为。自我评价不适当的学生，不能正确地对待自己，与同学关系常出现矛盾，甚至养成一些不良的个性特点。

(4) 独立性与自我控制能力不断增强

自我意识发展的另一个重要标志是个体不仅能认识自己，正确地评价自己，并且在一定程度上能够自觉控制和调节自己的行为，即随着独立性的发展，少年的自我控制能力也得到了发展。

总之,少年自我意识的发展具有开始关心人的精神世界和个性品质,要求了解别人和了解自己,更自觉地评价别人和自己的个性品质等特点,而且自我评价影响着少年整个个性结构的发展。

4. 社会性的发展

社会性指人的社交和群居倾向。少年社会性的发展主要表现在以下三个方面。

第一，同伴或同伴团体对少年行为的影响日益加强。如果说童年期儿童受成人和同伴的影响近似对等的话，那么到了少年期，同伴或同伴团体对少年发展的影响已开始超过成人对少年的影响，成为少年发展中一个最重要的影响因素。这一方面是因为青少年面临着同样的问题，而且彼此的地位是平等的，因而有更多的共同语言；另一方面是青少年想从同伴、集体对自己的反应中发现自己，认识自己，进而完善自己。少年有了问题不愿与父母商量，而愿意对同伴诉说。国外的调查表明，在 10～11 岁的少年中，有心事愿向父母诉说，11～12 岁学生愿意与家长一起消磨时间的占 62.1%，愿意与伙伴一起消磨时间的占 12.9%，中立者占 25%。14～15 岁的少年，选择家庭的占 20.9%，选择伙伴的增加到 40%，中立者占 39.1%。

第二，少年的友谊比较稳定，少年选择朋友往往以共同的兴趣、爱好、相似的或互补的个性特征为基础，把真诚、坦白、亲密当做友谊的宗旨。“什么时候结交朋友最多”的问卷调查表明，在 500 名青年中，中学交友最多，占 54.4%，小学占 36.7%，中学以后只占 8.9%。少年非常重视同伴的友谊，往往把小团体中的一些人的行为准则作为自己的准则。常为了所谓“义气”而庇护同伴，或为同伴打抱不平。

第三，男女同学关系疏远，界线分明。开始时男女同学互相疏远、对立，以后男女之间显得很拘谨、腼腆，害怕接触，后期出现一种表面回避而内心希望交往的背反现象。

（二）少年心理发展的任务与教育.

1. 继续发展抽象逻辑思维，注意克服思维中的片面性和主观性。

2. 教育学生善于控制自己的情绪和情感，尊重别人。

3. 尊重少年的独立性、自尊性，充分调动少年学习的积极性、主动性和创造性。

4. 利用少年自我意识迅速发展的有利条件，发展学生的自我评价能力，引导学生正确客观地评价自己的优缺点，引导学生自己教育自己，也可利用现实生活和艺术作品中的优秀形象来教育学生，逐步完善他们的个性。

5. 注意培养学生正确的友谊观，引导男女同学正常交往，充分发挥班集体的作用，组织丰富多彩的活动以吸引学生。

二、青年初期的心理特点与教育

青年初期是青年期的一部分，是个体在生理、心理上接近成熟的时期。青年期是人一生中最宝贵的黄金时期，是充满青春活力、朝气蓬勃的时期。霍林沃斯（L. S. Hollingworth）称青年期是心理性断乳期，也就是想摆脱父母的监护而形成独立人格的时期。青年期心理的主要特征是封闭性、社会性和政治性，青年初期是智力特别是抽象逻辑思维新的发展时期；是形成自我意识、世界观、决定未来生活道路的时期；是充满幻想、提高创造需要和激起新的情感的时期。

（一）青年初期的心理特点

1. 智力的发展

青年初期学生由于学习任务的复杂化和实践过程中的专门训练，更由于抽象逻辑思维的发展及自觉性的提高，他们的智力发展跃到了一个新的水平。

（1）感知能力的发展

青年的知觉和观察水平有了很大的提高，知觉和观察更具有目的性、系统性、全面性和深刻性。但是，青年在观察事物时还存在不细致、精确性不够、有时喜欢过早下结论等缺点和问题。因此，还需进行具体指导。

（2）注意的发展

青年初期学生注意力的发展一般已达到成人水平。注意的集中性和稳定性已达到较高水平。注意的范围也达到了成人水平。有人用速视器进行实验，在十分之一秒的时间内，小学生平均只能看到2～3个客体，初中生已能看到4～5个客体，高中生已经达到成人水平，能看到4～6个。高中生在复杂的活动中能很好地分配和转移自己的注意，对一些重要而不感兴趣的材料，也能有意识地集中自己的注意。但青年初期注意水平的提高不是自发地获得的，而是在良好的教育条件下逐步发展起来的。同时，注意的发展存在着明显的个别差异。

（3）记忆的发展

青年初期学生的记忆一般已达到成熟的水平，记忆力的发展进入最佳时期。由于学习的目的性加强了，所以记忆具有较高的随意性。他们已较少运用机械记忆的方法，更多地运用意义记忆的方法来进行识记。对一些需要机械识记的材料，如历史年代、外语生词、科学术语等，也能试图运用意义识记的方法来识记。能自觉地分配复习并检查记忆效果。因此青年初期记忆的效果明显地超过了少年期的水平。研究表明，相同的时间内，记忆内容随年级增高而增加，高中一二年级的学生，比小学一二年级的学生要多四倍，比初中一二年级的学生要多一倍多。

(4) 思维的发展

青年初期学生的思维具有更高的概括性，理论思维开始形成。少年学生的抽象逻辑思维基本属于经验型，理论思维水平较低。高一学生的思维仍带有这种特征。从高二三年级开始，学生的抽象思维明显地由经验型向理论型转化，理论型的抽象逻辑思维逐渐取代了经验型思维。他们不仅能够以经验材料为基础作出理论的说明，而且可以摆脱具体材料在理论上进行推导论证，即依据理论命题去获得新的知识，并能用理论把材料贯穿起来。这一过程既包括从特殊到一般的广义的概括，又包括从一般到特殊的具体化，这标志着青年初期的抽象逻辑思维达到了较高水平。

青年初期思维的组织性和深刻性，独立性和批判性进一步发展。青年在思维过程中逐渐学会进行逻辑的分析、综合，能够从本质上看问题，理解现象的主要原因，找出事物的本质。在一定程度上克服了少年思维中的片面性和表面性。思维的独立性和批判性表现在青年人往往不满足于教师和教科书给予的现成的关于事物的解释。他们富有创新精神，渴望独立思考得出结论，常常提出一些新的设想和见解。他们对别人提出的思想、观点一般不愿轻信和盲从，对自己的观点、想法也常常反复思考，力求论据充足。然而，由于思维独立性和批判性的发展，青年往往会表现出固执、偏激、不易改变已有看法。因此，对青年的教育不能简单生硬，更不能强制，而要运用疏导的方法，摆事实，讲道理，帮助他们从问题的各个方面去进行分析论证，提高分析问题和解决问题的能力。

2. 情绪和情感的发展

在教育以及社会生活环境的共同作用影响下，青年的生活范围日益扩大，生活内容也更加丰富多彩。他们喜欢参加体育活动，喜欢歌舞、诗词、书法、绘画及散文，以此来表达自己丰富多彩的情感。青年的情感愈来愈多地与不断增长的高级的社会需要相联系，因此，情感体验更加深刻。社会性情感开始占主导地位。情感的发展与世界观的联系日益紧密。这些情感常受到社会政治生活，广泛流行的社会价值观念，及个体对人生意义的理解等因素的制约。共产主义的情操，爱国主义，集体主义感以及正义感、责任感、义务感等，在这一时期都得到迅速发展。

青年的情感表现强烈，富有热情和激情，具有鲜明的两极性。遇到愉快的事时欢呼跳跃，不满时气愤不已。青年对社会生活、对人生已有了一些初步的认识，因此对符合自己的信念、观点和理想的事件或行为会迅速产生强烈、肯定的情绪；反之，则产生否定的情绪。常从一个极端走向另一个极端。取得成绩时非常高兴，而一旦失败又会灰心丧气。情绪来得快，平息得也快，常带有明显的两极性。但是与少年相比，青年情感的稳定性有所发展，情感的坚定性有很大加强，控制自己情感的能力也有所增加。

青年情感常有文饰、内隐和曲折性。青年由于自我调节能力和自制力的增加，以及独立意识和自尊心的发展，其情感的表现不再是直接外露的，而是根据一定的情况以适当的方式进行表达。有时情感的外部表现与内心的体验不一致，常带有文饰、内隐和曲折的特点。如在一定的情况下，他们对厌烦的事，会表现得无所谓，甚至还很热心；对自己羡慕和内心中很想接近的人，在行为上反而表现得冷淡。这说明随着社会适应能力的增强，青年能够有意识地调节和控制自己的情感。

3. 自我意识的发展

青年初期自我意识的发展有这样几个特点：

要求深入地了解自己和关心自己的成长。青年开始探索社会的发展和人生的意义，开始思考自己在社会上将要成为一个什么样的人和怎样渡过这一黄金般的年华。由于知识经验的积累，认识水平的提高，接触社会面的扩展，加上面临着未来生活和职业的选择，青年内心世界更加丰富。青年要求深入了解自己，关心自己成长的兴趣日益增长，他们很想知道自己是什么样的人，有什么价值，能做些什么，该成为怎样的人等。他们通常在日记、作文及谈话、信件中流露出对这些问题的看法。他们要求了解自己的性格和品德上的优缺点，非常关注别人对自己的议论和态度，并经常从书刊上、名人传记与作品中挑选一些警句和格言来鞭策自己，教育自己。青年非常关心自己的才能、性格和品德的发展。

自我评价逐渐趋于成熟。少年对别人和对自己的评价常有很大的片面性、主观性、不稳定性和被动性。青年的自我评价具有连续性、全面性和稳定性。连续性是指青年能够把自己的过去、现在和将来联系起来，能够由当前推想到将来，从而主动地评定自身的优缺点，并下决心克服缺点。全面性是指青年能对自己心理活动的整个面貌进行评定。稳定性是指青年对自我的评价不再轻易发生变化，在一定时间内保持相对稳定。另外，青年自我评价的独立性日益增强。他们逐渐学会独立地评价自己，而不是盲目听信和接受成人或同伴对他的评价。

自尊心较强。自尊心是个体在一定的班级或社会群体中希望受到别人尊重并取得合格成员的资格与地位的一种意识表现。自尊心是青年前进的动力，是一种积极的心理品质。绝大多数青年都期望自己在集体中居于适当的地位，得到较高的评价和重视。当他们通过学习与活动，认识到一个人学习成绩良好，能够出色地完成集体任务，在日常生活中、在社会交往中持有公正的态度和义务感会给社会带来积极的后果，并引起周围人的肯定评价时，就会体会到自己是集体中起作用的成员，因而产生人的尊严感。在各种社会交往的实践活动中，青年逐步认识到群体生活的社会意义，认识到要得到别人的尊重首先要自尊和尊重别人。青年自尊心的强弱与活动的成败存在一定联系。如果他们在活动中不断获得优异成绩，得到好评，并产生胜任感和成就感，自尊心就会相应地得到增强。反之，若是在活动中常常不能胜任或落后于别人，在集体生活中经常受到责备、批评，自尊心就会减弱并导致自卑感的产生。自尊心过强或过弱均不利于学生个性的正常发展。

职业的选择。青年初期是初步确定自己未来生活目标的时期，在这个时期，他们经常考虑的重要问题之一是选择职业。从年龄的发展过程看，学生对职业的选择可以划分为四个持续时间不同的阶段：第一阶段为儿童游戏期，第二阶段为少年幻想期，第三阶段为选择职业预备期（包括整个少年期和青年期的大部分），第四阶段为实际做出决定的时期，这是具体选择职业的时期。选择职业包括两个方面的内容，即选择具体的专门职业和选择职业的规格水平（如决定考大学或上中专）。通常影响职业选择的关键因素有三个：一是选择职业的年龄。学生的年龄越小，独立进行选择的能力越差；年龄越大，对职业的选择与社会价值观念的联系越多，对未来的职业或生活的方案，从多方面考虑的可能性也越大。二是对未来职业了解的信息水平。选择职业的信息水平越低，对职业进行评价的绝对性越大，选择的盲目性就越大。

4. 社会性的发展

随着年龄的增长，生活范围的扩大，青年的社会交往也有了很大发展。青年自发组合的团体数量增多，这些自发组成的集团与学校班集体不同，其社会成员比较复杂，成员年龄差异大，有着各自的活动内容和规则，对青年的影响极大。参加这些团体的青年常常按本团体的观点和规则看问题和采取行动。这些组织对青年的要求与学校和社会的要求可能不一致，造成青年行为角色的冲突，为教育带来一定的困难。在外界因素的影响下，这些自发的小团体既有可能向积极的方向发展，也有可能向消极的方向发展。

在这一时期，青年对个人亲密友谊的需要急剧增长。高中学生友谊的稳定性显著增强。青年时期建立起来的深厚友谊是终生难忘的。这一时期是人的友谊发展极快的时期。青年友谊的选择性也相应得到加强。他们认为友谊的标准是互相帮助和信任，心理上的亲近。青年初期学生的择友对象一般是同龄人，上下不超过一两岁。研究结果表明，男女青年友谊交往的年龄向性不一致。男性青年与同龄人交友者占 75%～85%；女性青年也喜欢和同龄人交友，但与年长者交友较男青年多一些，可占 39%～50%。青年友谊亲密性的深度得到了很大的发展。青年认为亲密、温暖的情感、相互间的真诚、坦白，对友谊来说是最重要的。青年在结交朋友的个数、依恋程度、友谊交往内容及稳定性等方面，存在个别差异和性别差异。女生之间友谊的稳定性和持久性不如男生。

男女同学间开始出现异性亲近感。一般表现为青年开始注意自己的仪表和装束，喜欢在异性面前表现自己，炫耀自己。对异性的爱慕一般都是纯理想主义和精神主义的，有的青年出现主观愿望的“迷恋”，而少数早熟的青年男女则已开始产生最初的爱情。

（二）青年初期发展的任务和教育

1. 进一步发展青年学生思维的逻辑性、独立性和批判性，从“经验型”的抽象概括上升到“理论型”的抽象概括。培养学生自学能力。扩大知识面，培养学生独立地发现问题和解决问题的能力。

2. 帮助学生形成高尚的情操，防止某些不健康、颓废、消极的情感，促进学生情感的健康发展。

3. 培养学生自我教育的能力，引导学生加强自我修养。充分发挥学生的特长，给学生提供成功的机会，提高学生的自信心。

4. 做好职业指导工作。给学生提供职业信息，帮助学生了解自身的特长，指导学生根据自己的身心特点和职业爱好选择职业发展方向。

5. 注意非正式群体对青年学生的影响，帮助学生选择朋友。鼓励青年在学习期间把精力集中在学习活动上，防止因早恋而分散精力，影响学习。对已出现的早恋现象要正确认识，妥善解决，尽量消除不良影响。

6. 不断增强学生自身的社会责任感，更加自觉地把学习与社会的发展联系起来。不断引导学生经常按照社会化的目标来评定自己的个性，完善自己的个性。

思 考 题

1. 你如何理解人的发展？人的发展有哪些特点？

2. 了解青少年学生的身心特点对教育工作有何意义？

3. 怎样根据青少年学生的心理特点对学生进行教育？

第八章　心理健康教育

开展心理健康教育，促进学生身心发展是教育工作的重要内容之一，伴随着素质教育的不断深入，心理健康教育也越来越受到广大教育工作者的重视。心理健康教育的目的就是保持受教育者的心理健康。每个教师都有责任运用心理学的理论和技能对学生进行心理健康教育，帮助学生克服心理障碍，发挥心理潜能。在本章中，我们将首先论述学校心理健康教育工作，然后探讨学校心理健康教育的重要组成部分，即心理卫生和心理咨询。

第一节　心理健康概述

一、心理健康的标准

联合国世界卫生组织（WHO）曾提出一个口号："健康的一半是心理健康！"并把健康定义为"不但没有身体的缺陷和疾病，还要有完整的生理、心理状态和社会适应能力。"可见，一个健康的人既要有健康的身体，又要有健康的心理。

从总体上看，判断一个人心理是否健康大致有三条标准：1. 心理活动与外部环境之间是否具有统一性；2. 心理活动自身是否完整、协调；3. 个性心理特征是否具有相对的稳定性。然而，具体的评判标准则很难确定，这是因为常态与变态是相对的，两者之间只有程度的不同，而无严格的界限，在心理卫生学界，一般是把心理健康的人所具有的特点作为标准。

比较有代表性的有下面几种观点。第一种是心理学家奥尔伯特认为心理健康有6条标准：①力争自我成长；②能客观地看待自己；③人生观的统一；④具有与别人建立和睦关系的能力；⑤人生所需的能力、知识和技能的获得；⑥具有同情心和对一切有生命的事物的爱。

第二种是人本主义心理学家马斯洛提出的自我实现者（极端心理健康者）的标准：①能认清现实并与之保持良好关系；②能接受自然、他人和自己；③表现出自然、朴实和纯真的美德；④以问题为中心；⑤具有独处和稳静的品质；⑥能独立自主，不受文化、环境约束；⑦能欣赏生活，对生活有持续的新鲜感；⑧带有神秘的高峰体验；⑨关心社会，能同情、帮助他人；⑩与少数人建立深厚久远的友谊；⑪民主的性格、能宽容和接受一切人；⑫有很强的伦理观念；⑬有非敌意的幽默感；⑭富有创造性；⑮非尊奉主义，有内在的超脱感。

第三种是新精神分析的代表人物弗洛姆所列的具有健康人格之心理的新人的特点：①愿意放弃一切占有的方式；②相信自己的存在；③在彻底独立自主的基础上关心他人；④不加雕饰，充分显现自身；⑤从给予与分享中获得快乐；⑥从各方面表现对生活的热爱和尊重；⑦尽可能消除贪欲、仇恨与种种幻想；⑧不崇拜偶像，不抱任何幻想地生活；⑨培养自己爱的能力和批判思维、理性思维的能力；⑩抛弃自恋，承认人类的种种可悲的局限性；⑪让自己与自己的同胞得到全面的发展；⑫遵守纪律，正视现实；⑬发挥自己的想像力；⑭不欺人也不为人所欺；⑮正确认识自己；⑯努力认识自然、同自然通力合作；⑰自由、但不随心所欲；⑱认识到罪恶和毁灭乃是生长停滞的必然结果；⑲认识到只有少数人具有所有这些品质；⑳在不断充满生气和活力的发展过程中获得幸福。

第四种是我国的学者们提出的看法，归纳在一起，心理健康的标准有以下几条。

（1）智力正常。智力正常是保证一个人正常地工作、生活、学习的最必需、最基本的条件。一个人只有具备正常的智力才能正确地认识和解决学习、工作、生活中所面临的各种问题、困难和矛盾。从智力测量角度，智商在60以下的都属于智力低常，即心理不健康。

（2）乐于工作。心理健康者能将自己的智慧和能力，在其工作中发挥出来，以获得成就，同时能从工作中得到满足感。因而他能乐于工作，从不把工作看成是负担或痛苦。心理不健康的人常有不必要的怀疑或恐惧感，使之经常陷入紧张的情况之中，而不能把全部精神和注意都放在工作之上，其效率自将降低，不能与其原有的知识、能力相称。学识才能无法运用到工作上去，因此个体身心功能不能发挥，这就表明其心理有障碍，成为不健康的征兆。

（3）正视现实。心理健康的人能和现实保持良好的接触，对周围的事物和人有清醒、客观的认识，对生活、工作、学习中遇到的各种问题，矛盾和困难，能以切实可行的方法去处理和解决，表现出积极进取，不怕困难的品质。

（4）适应性强。心理健康者能适应自己所处的各种环境，能正确处理人与环境的关系，能了解自己在周围环境（人群）中的地位和各种社会规范，能自觉地用各种规范要求自己，不致发生越轨行为。他们的行动符合时代和社会的要求，为社会所接纳和承认。

（5）善与人处。心理健康的人乐于并善于与人交往，能与很多人建立良好、和谐的人际关系，他们待人是真诚、宽容、尊重、信任、公正的。喜欢关心、帮助别人，善于容忍别人的不足和缺陷，尊重别人的人格、劳动、成果和意见，并善于让别人了解自己，从不掩饰、伪装自己。

(6) 情绪乐观。心理健康者心胸开阔，活泼开朗，情绪稳定，乐观向上，遇到烦恼也能很快摆脱。一个人的情绪是否稳定乐观是判定一个人心理是否健康的重要标志，如果一个人常常多愁善感、愁眉苦脸、灰心绝望，心理很难说是健康的。如果一个人总以愉快的心情体验生活，乐于进取，从学习、生活中寻找乐趣，能保持平静的心态，清醒的头脑和控制行为的自觉性，那他肯定是心理健康的。

(7) 自尊自制。心理健康的人思路清晰，行动有明确的目标，能自觉地调节自己的行动，遇到困难和障碍也不随便打退堂鼓，而是想方设法，坚持到底。他们能自尊、自重、自信而不自大、自卑，对未来和前途充满信心，并不懈地追求和奋争。

(8) 自我悦纳。心理健康者对自己的认识是比较接近现实的，即有“自知之明”，他们不但了解自己的优点、缺点及各方面的条件，而且也了解自己的性格、能力、需要、动机、理想和爱好，并能在实践中加强心理修养，按照自己的实际水平安排学习、工作和生活。他们对自己的优点和长处感到欣慰，并产生相应的自尊，但不狂妄。对自己的缺点和不足既不回避，也不自暴自弃，而是持积极的态度对待自己，想办法克服缺点、超越自我，这称为“自我悦纳”。

(9) 人格统一。心理健康者具有稳定的人生观和信仰，并能形成高尚的理想和远大的抱负，他们有长远的打算和目标，不太计较眼前的小恩小怨、小得小失。他们能使自己的认识和行为相一致，不会因私欲而放弃追求、背离信仰，他们能使自己的需要、目标、理想受完整人格的制约。

二、影响青少年心理健康的因素

（一）生理因素

1. 遗传因素影响青少年的心理健康。人的某些心理健康问题的产生，与其父母的某些遗传因素有直接联系。我国学者的研究表明，与正常学生相比，在有心理健康问题的学生中，家系中有癔病，活动过度、注意力不集中病史的学生所占的百分数亦大些。说明某些家族病史可能会对学生的心理健康产生不良的遗传影响。德国精神病学者卡尔曼的研究证明：父母均为精神分裂症患者，子女发病率为68.1%；有一方为精神分裂症患者，子女发病率为16.4%；家庭无精神病患者，发病率为0.85%。国内资料表明，多动症儿童家庭成员中有多动症病史的占13.6%，其中父辈或同辈有类似病史者各占50%，表明了多动症的家族倾向。

2. 母亲在孕期的营养、情绪及身体健康状况都会对胎儿的发育产生影响，进而影响青少年的心理健康。研究表明，有心理健康问题的中小学生，其母亲在孕期出现营养不良、情绪不佳、身体不健康等情况的百分数极为显著地高于正常学生。以身体不健康为例，有心理健康问题的中小学生，其母亲在孕期身体不健康的占14.36%；而心理正常的学生，此类情况仅占3.83%。母亲孕期营养不良可引起胎儿脑发育的受损，从而影响其心理功能的正常发展。母亲孕期的生理状态和血液中循环的激素、矿物质及其他物质都可以通过胎盘的联系而影响胎儿的生长。母亲孕期的情绪也影响儿童青少年的心理健康。妊娠期间保持平稳的情绪和愉快的心境，避免紧张和焦虑，对胎儿的正常发展极为有利。

3. 母亲分娩过程异常也是影响青少年心理健康的因素。调查表明，有心理健康问题的学生，其母亲在分娩过程中出现早产、难产、窒息等异常情况的百分数均明显高于正常学生。例如，我国由于母亲分娩过程异常而造成多动症的儿童约占 7%～11.76%。

4. 发育迟缓、生理疾病、外伤、中毒等原因对心理健康也有不良影响。

（二）家庭因素

家庭是对儿童青少年产生影响的最直接的环境，它对青少年心理健康的影响表现在以下几方面：

1. 家庭的自然结构是否完整对青少年的心理健康有很大影响。健全完整的家庭对青少年的身心发展有良好作用。不完整的家庭对青少年的身心发展具有不良影响。不完整的家庭是指由于死亡、离婚、遗弃或其他原因而失去双亲的一方或双方的家庭。研究表明，没有母爱或父爱都会对青少年的身心发展产生消极影响。

2. 家庭气氛是否愉快、和谐同样影响儿童青少年的心理健康。许多心理疾病是在不良的社会环境中，特别是在有冲突的家庭中滋生出来的。通常，遗传因素只是一些心理健康问题的原发因素，如果家庭环境良好，父母关系融洽、和谐，某些遗传因素就可能受到抑制。家庭气氛和谐愉快，儿童就表现出自信、情感丰富、友善、乐于助人；家庭气氛紧张、压抑，会使儿童产生心理压力和消极情绪，从而影响儿童的身心健康。

3. 家庭教育方式直接影响青少年的心理健康。不良的家庭教育方式对青少年的心理健康产生不良的影响。研究表明，学生的许多心理健康问题都与不良的家庭教育方式有直接关系。家长态度不一致、压制、歧视、支配、溺爱、过于严厉、过于保护、忽视等都会对儿童青少年的性格产生不同影响，易于使学生形成某些消极的个性品质，进而影响学生个性的健全发展和心理健康。

4. 家庭抚养方式对青少年心理健康产生影响。母爱的剥夺和部分剥夺等不良的家庭抚养方式会对儿童青少年的心理健康产生不良影响。从小与家长接触较多的学生和从小与家长接触较少的学生相比，更少有心理健康问题。斯皮茨（Spitz）研究了长期住院或生活在孤儿院的儿童所受到的有害影响，认为母亲和孩子之间情感的交流和接触十分重要。这不仅有利于儿童情感的正常发展，而且也利于儿童身体和行为的正常发展。而剥夺了情感交流的儿童，其个性的发展必将受到影响。此外，家长的文化素质低也影响学生的身心健康。

（三）学校因素

1. 学校教育指导思想的影响。学校教育的指导思想是否正确对青少年学生的心理健康产生极大影响。目前，许多学校仍存在片面追求升学率的倾向。在这种思想的指导下，教师在教学中往往加班加点，搞题海战术，布置大量作业，频繁考试，注重分数，这种违反心理健康原则的做法，必将使学生产生沉重的学习负担和心理压力，使学生终日处于高度紧张之中，导致神经衰弱，记忆力减退，精神恍惚，食欲不振，严重时会出现心理疾病。

2. 教师教育态度的影响。青少年的心理健康问题与教师对学生的教育态度有很大关系。不良的教育态度，如消极、缺乏耐心、横加责难、讽刺挖苦、不予理睬、主观武断等，会对学生的心理产生不良的影响。

3. 师生关系及同学关系的影响。师生关系及同学关系也影响到学生的身心健康。具有良好的师生关系和同学关系的学生，情绪稳定、乐观，容易产生安全感和归属感，有利于其心理健康发展。

4. 校风的影响。校风对青少年的心理健康也有很大影响。良好的校风往往表现为纪律严明，教师教学水平较高，学生学习气氛浓厚，同学之间、师生之间关系融洽、友好，这些均对学生的心理健康产生积极影响。

（四）社会因素

社会文化、社会政治局面、社会意识形态及社会风气等均对学生的心理健康产生影响，安定的社会政治局面，良好的社会风气及健康的社会信息，有助于学生心理健康的发展。动荡不安的社会局面，不良的社会风气及不健康的社会意识形态和道德观，对学生的心理健康会产生不良影响。

（五）心理因素

影响心理健康的心理因素主要有需要、焦虑、动机冲突以及各种形式的挫折等。

1. 需要。需要是个体和社会的客观要求在人脑中的反映，是个体的心理活动与行为的基本动力。需要常常使个体在主观上感受或体验到一种不满足感和欠缺感，需要长期得不到满足，或需要不合理、不健康都会影响人的心理的正常发展。

2. 焦虑。焦虑是指个体由于不能达到目标或不能克服障碍的威胁，致使自尊心与自信心受挫，或使失败感和内疚感增加，形成一种紧张不安、带有恐怖的情绪反应。适度的焦虑情绪能使个体思考能力增强，反应速度加快，因而能提高工作效率和学习效果。但长期持续的高度焦虑，会使人情绪紊乱，影响心理健康。

3. 动机冲突。人在生活中经常遇到各种动机冲突。如果处理不得当，就会使人产生消极情绪，影响正常的工作和学习。如果动机冲突长期得不到妥善解决，就会严重影响人的身心健康，使人产生心理障碍或行为失常。

4. 挫折。人人都会遇到挫折，人在遇到挫折后的反应也存在差别。积极的态度和对待方式有助于身心健康；消极的态度和对待方式有害于身心健康，经常受挫或挫折太大，会使人情绪低落消沉，行为发生偏差，甚至会导致某些心理疾病。

三、青少年心理不健康的表现

（一）不良情绪

不良的情绪主要表现为下述几点。

1. 情绪冷漠。对周围一切事物都没有兴趣，思维迟钝、麻木淡漠等。

2. 情绪反常。一方面表现为对环境的变化不能作出相应的情绪反应，另一方面表现为情绪反应的强度与刺激的强度不一致，对强的刺激作出弱的反应，而对弱的刺激则作出强的反应。

3. 高度焦虑。适当的焦虑是正常的，它有利于提高学习和工作效率。但长期的高度焦虑则会引起忧虑、烦恼、紧张、抑郁等消极情绪，容易形成抑郁症。

（二）意志力薄弱

表现为失去自我控制的能力，明知自己的某种行为不对，但不能自制，遇事惊慌失措，经常失态。

（三）不良个性品质

青少年不良的个性品质主要有：偏激、狭隘、嫉妒、敌对、暴躁、依赖、孤僻、怯懦、自卑、猜疑、抑郁、神经质等。

1. 偏激。偏激是青少年常见的不良个性品质。表现为看问题绝对、片面，全盘肯定或否定，缺乏理智的态度和客观的标准。容易感情用事，行为莽撞，不计后果。

2. 狭隘。狭隘俗称“小心眼”，表现为心胸狭窄，把个人利益看得很重，患得患失，常为一点小事而斤斤计较，耿耿于怀。感情脆弱，易受暗示，谨小慎微。

3. 嫉妒。嫉妒是看到别人在某些方面优于自己而产生的一种恼怒和不平衡的心理。表现为试图排挤、打击，贬低对方，千方百计、不择手段地为对方设置障碍，抬高自己，表现自己。

4. 敌对。敌对是在个人遭受挫折引起强烈不满时所产生的一种反抗心理。表现为把他人善意的帮助和批评看做是恶意行为而不予理睬，认为别人都在轻视自己、伤害自己，与自己过不去，甚至采取报复、破坏、打人等手段，发泄自己不满的心理。

5. 暴躁。暴躁是一种不良的个性品质，主要表现是容易发火，易激怒，缺乏自我控制能力，因一件小事就会火冒三丈，唇枪舌剑，拳脚相加。

6. 依赖。依赖主要表现为对自己的能力缺乏信心，处事优柔寡断，处处依靠他人，希望得到他人的帮助。若不及时纠正，可能发展为依赖型人格障碍。

7. 孤僻。孤僻多见于内向型的人。表现为不愿与人交往，对周围的人抱有厌烦、鄙视或戒备心理，喜欢独来独往。

8. 怯懦。怯懦表现为胆怯和懦弱，怯懦者胆小怕事，意志薄弱，退缩，害怕别人讥笑或伤害，人际关系比较冷漠。

9. 自卑。自卑是一种消极的自我评价，表现为对自己的能力和品质评价偏低，缺乏信心，悲观失望、无所追求，自暴自弃。

10. 猜疑。猜疑表现为极度的神经过敏，思虑过度，情绪不稳，遇事疑神疑鬼，常因外界的微小变化而苦恼不安，闷闷不乐。

11. 抑郁。抑郁表现为心境忧郁、落落寡合、孤独沉默，对一切事情都缺乏兴趣，自怨自艾，认为自己是不幸的人。常感精神不振，倦怠无力，没有食欲和入睡困难，甚至会出现轻生念头。

12. 神经质。神经质是一种不良的个性品质，表现为对刺激反应强烈、敏感，容易紧张，焦虑，易激动，情绪波动大，多愁善感，遇事消极。

不良的情绪及个性品质严重影响青少年的身心健康，不利于学生健全个性的培养。若不及时纠正，发展下去可能导致某种心理障碍和疾病。

四、青少年常见的心理症状

（一）神经衰弱

神经衰弱是一种最常见的神经症。其症状是：①精神易兴奋，回忆及联想增多，无法控制，对声光敏感，怕响声；②精神疲劳，脑力迟钝，注意力难以集中，记忆困难，学习和工作不能持久，效率低，学习成绩下降；③情绪易激怒、紧张、烦恼；④睡眠障碍，如入睡困难，多梦易醒；⑤头晕、紧张性头疼、紧张性肌肉疼痛，等等。

神经衰弱是由于长期存在的精神因素引起大脑机能活动过度紧张造成的。如长期紧张的学习生活，学习负担过重，教师和家长教育方法不得当，家庭气氛沉闷、压抑等都有可能使青少年精神紧张。另外，易感素质和不良的个性特征也是诱发此症的原因。

神经衰弱是能够治愈的。教师和家长应注意学生的行为表现，争取及早发现，及时治疗，以便尽早消除其消极影响。对患有神经衰弱的学生，要帮助他们合理安排日常的学习生活，指导他们适当参加体育锻炼。同时，了解学生产生精神紧张的原因，减轻并解除其精神负担和压力。

（二）癔症

癔症又称歇斯底里，是神经症的常见类型之一。多见于女性。其症状可分为精神症状和躯体功能障碍两方面。①精神症状主要表现为：情感爆发、极不稳定、大喊大叫、时哭时笑、说唱谩骂、捶胸顿足、撕衣咬物、在地上打滚等，有的患者表现出意识障碍，如突然昏倒，全身僵直，呼之不应，等等；②躯体功能障碍主要表现为：痉挛发作、肢体瘫痪、失音、失明、耳聋、躯体感觉缺失等。

癔症的发生与个性有直接关系。具有自我中心、好表现自己、暗示性强、情绪不稳定、好幻想等性格特征的人易患此症。强烈的精神刺激，剧烈的心理冲突和挫折，周围人、物或环境气氛的暗示，自我暗示等，对癔症的发生也产生重要的影响。

暗示性强是癔症患者的特点，因此，暗示和疏导是减轻或消除症状的较好方法。教师和家长要帮助患者正确认识并纠正自身的性格缺陷，增强对待挫折和刺激的承受能力。同时，还要消除心理创伤的因素，减轻患者的顾虑和思想负担，树立治愈此症的信心。

（三）强迫症

强迫症是一种神经症性障碍。特征是重复出现缺乏现实意义的、不合理的观念、情绪、意向或行为。患者力图克制，但又无法摆脱，因而情绪焦虑，心情痛苦。强迫症主要是在思维、情绪、意向和行为等方面表现出强迫症状。①强迫观念。主要表现为强迫性回忆、强迫性联想、强迫性思维、强迫性怀疑等。对刚做完或已过去的事进行反复的回忆，叫强迫性回忆，如一首歌反复回旋于脑海之中。强迫性思维是指总是想一些没有现实意义的自然或日常生活中的一般性事情。如"为什么人的鼻孔总是朝下而不是朝上?"怀疑自己做过的事情没有做好，虽然反复检查仍不放心，这是强迫性怀疑。如，锁门后，总是担心没有锁好，反复检查。②强迫情绪。是指在情绪方面出现一种无法控制的恐怖状态。如担心自己丧失自制，做出不道德行为，或精神失常等。③强迫意向。是指经常产生与正常心理相反的意向。虽从不表现为行为，却使患者极为紧张、担心和痛苦。例如，自己不想死，却总想去撞汽车。④强迫行为。是指患者屈从或对抗强迫观念而表现出来的重复进行的动作或仪式行为。强迫行为的表现多种多样，有强迫计数，强迫洗手，强迫检查，强迫刷牙等。

一定的人格特征，如主观任性、犹豫不决、谨小慎微、刻板退缩、多疑胆小等，对强迫症的形成有重要作用。强迫症与个体以往的生活经历、精神创伤也有一定联系。

认知疗法、注意力转移、人格调整和系统脱敏疗法对治疗此症有一定疗效。在治疗中，应着重提高患者对本病的认识，引导患者不要过多地关注个人症状，以减轻心理上的焦虑和痛苦。同时，要使患者了解自身在人格特征方面的缺点，适当调整、控制自己的行为。必要时可在医生的指导下服用一定的药物。

（四）焦虑症

焦虑症是一种常见的神经症。是指持续性精神紧张或发作性惊恐状态，常伴有头晕、胸闷、心悸、呼吸困难、口干、尿频、尿急、出汗、震颤和运动性不安等症状。

焦虑症的发病形式有急性和慢性两种。

慢性焦虑的主要症状为：①精神性焦虑。经常感到无明显原因、无明确对象的紧张不安、焦虑烦躁；经常提心吊胆；经常处于高度警觉状态，如过分关心周围事物，注意力难以集中，易激怒。②躯体焦虑。运动性紧张，如肌肉紧张、颤抖、摇晃、坐立不安等；植物性神经功能亢进，如出汗、心动过速、口干、恶心、尿急、尿频等。

急性焦虑又称惊恐症。起病突然，患者突然产生一种莫名的惊恐感、濒死感、窒息感、失控感或大祸临头感。同时伴有呼吸困难、胸闷、胸痛、头晕心悸、手脚发麻等感觉。

焦虑症的产生与人格特征和环境影响有直接关系。胆小怕事、过分自我关注、自卑、依赖性强、适应能力差的人，如果遇到精神刺激，很容易得焦虑症。

治疗焦虑症多采用抗焦虑药与心理治疗相结合的方式。认知疗法、行为治疗技术可帮助患者消除痛苦、缓解症状。自我松弛训练、催眠疗法、生物反馈疗法对治疗焦虑症有较好效果。改善患者的人格特征、努力克服自卑、敏感、疑虑等性格弱点，对治疗焦虑症也有积极作用。

（五）恐怖症

恐怖症是一种常见的神经症。是指人体对某一特定事物、人际交往或情境产生异常的强烈恐惧或紧张不安的内心体验，从而出现回避反应。恐怖症的中心症状是恐怖，并引起强烈的焦虑，严重时达到惊恐程度。主要表现为：①动物恐怖，对某类动物的恐怖；②社交恐怖，在人际交往中局促不安、拘束、害羞、手足无措、面红耳赤、说话不流畅；③对特定情境的恐怖，包括恐高症、恐校症；④疾病恐怖，害怕染上某种疾病，如癌症、结核、心脏病等；⑤广场恐怖，如对广场、商店等公共场所和车船、飞机等的恐怖。恐怖症的产生与遗传因素有关。某些个性特点，如胆小、内向、羞怯、依赖性强等，对恐怖症的形成也有一定影响。早期创伤性体验和社会学习是诱发此症的主要因素。

行为疗法对治疗恐怖症具有较好效果，能帮助患者面对刺激情况，克服不必要的恐惧心理，作出适当的反应。心理分析法能帮助患者回忆并找出早期创伤性的生活体验和遇到的重大挫折，对治疗恐怖症也有积极作用。

（六）抑郁性神经症

抑郁性神经症是一种心境低落状态，常伴有焦虑、躯体不适和睡眠障碍。主要症状是：①情绪长期低落、忧郁、苦恼、沮丧、压抑；②对生活和活动的兴趣显著减退；③对未来悲观、失望，感到生活没有意义；④对学习缺乏热情和信心，感到乏力疲惫，精神不振；⑤自我评价下降，自我贬低；⑥不愿主动与人交往；⑦有轻生念头，但内心很矛盾。上述症状虽不严重影响生活能力，却使工作或学习效率下降。

慢性躯体疾病，长期的精神紧张，如生活中的不幸事件、挫折等，对抑郁性神经症的发生有重要影响。某些性格特征也与此症的发生有一定关系。通常，多愁善感、不开朗、敏感、多虑、依赖性强的人，在精神因素的诱发下易患此症。

治疗此症应将药物治疗和心理治疗相结合。在心理治疗中，对患者所面临的各种困扰及不适给予积极的解释和开导，帮助患者提高认识水平及适应能力，培养其坚强的意志、乐观的情绪和健全的个性，对治疗此症具有重要作用。指导患者合理安排学习和生活，进行体育锻炼，参加文娱活动，对增强自信，改善症状也有积极影响。

（七）神经性厌食症

神经性厌食症是青少年女性常见的一种进食障碍。主要特点是严重厌食、消瘦、呕吐、闭经、脱发。起初是为了减肥而节制饮食、挑食，后来采取增加运动、引吐、导泻等方式以减轻体重，最后发展到缺乏食欲、拒绝进食、厌食、呕吐、体重明显下降，严重时会危及生命。怕胖、追求苗条是患病的主要原因。

此症若及早发现，及时治疗，效果较好。若症状发展到严重程度，则不易治疗。对厌食者进行心理治疗时，一般采用认知疗法和行为疗法。采用“饮食强化”的行为疗法的具体做法是，把进食与奖励相结合，为患者制定每天体重增加的标准和饮食要求，天天检查督促，达到要求即给予奖励。同时还要采用认知和行为疗法相合的形式，纠正患者的观念，使患者认识到饮食与健康的关系及厌食行为对个人身心健康的不良影响。也可以进行药物治疗。

（八）经前综合症

经前综合症是青春期女性在月经期或月经前常有的短暂的症状。主要特征是烦躁、易怒、焦虑、注意力不易集中、头痛、困倦、乏力、腹胀等，症状严重时对学习和工作产生一定影响。症状一般在月经来潮前一周出现，经前两三天加重，经期过后症状自然消失或明显减轻。经前期所遇到的情绪困扰和不良的人格因素是此症产生的原因。防治的方法是，加强青春期性心理卫生的教育，排除不良诱因的刺激。同时可通过行为治疗加以调控。症状严重时应在医生指导下服用止痛或镇静药剂。

（九）学校适应不良综合症

学校适应不良综合症是学习障碍在中学生心理与行为上的反应。主要症状是患者有主动学习的愿望，学习也很用功，但在学习中遇到极大困难，表现为学习成绩差，跟不上学习进度，经常失眠、头晕、头昏脑胀，情绪紧张、心慌、厌烦、食欲不振等。

学校适应不良综合症的发生受到两方面因素的制约。首先，此症受到不良心理和社会因素的影响。父母不和，家庭破裂，父母不良的教养态度和方式都会对学生产生不良影响。另一方面，个体因为自身的心理缺陷或身体疾病而产生紧张和压抑情绪，从而导致学习不适。

治疗此症应注意改善教育措施，排解患者的焦虑、紧张和压抑的情绪，积极帮助患者排除学习障碍。及时治疗躯体疾病，以减轻患者的思想负担和精神压力。

（十）人格障碍

人格障碍是指人格在发展和结构上明显偏离正常，以致不能适应正常的社会生活。人格障碍是从童年或少年期开始发展起来的。主要表现为情感和意志活动的障碍，而思维和智力活动并无异常。

人格障碍是在先天素质缺陷的基础上，在后天不良的环境因素的影响下形成的。童年的精神创伤，不正确的教养态度以及学校教育、社会环境的不良影响是人格障碍产生的主要因素。

具有人格障碍的人心理活动紊乱不定，与人难以相处，性格极端反常，行为与社会不相适应，表现为怪僻、反常、不通人情、损人利己、猜疑、仇视、偏颇。人格障碍的主要类型有：偏执型、情感型、强迫型、衰弱型、反社会型、癔症型等。

1. 反社会人格障碍

主要特点是行为不符合社会规范。对于青少年来说，其主要表现是：①经常逃学；②被学校开除过，或因行为不轨至少停过一次学；③被拘留过，或被公安部门管教过；④反复说谎；⑤习惯性的吸烟、喝酒；⑥反复偷窃；⑦反复挑起或参与斗殴；⑧反复违犯常规或校规；⑨过早有性活动，等等。反社会人格障碍一旦形成即难缓解，在少年后期达到高潮。随着年龄的增长，社会经验的丰富，情况有所缓和。

2．偏执型人格障碍

主要特点是猜疑和偏执。具体表现是：自我评价过高，好胜心强，固执己见，多疑敏感，过分警惕，易嫉妒，好争辩，过分自负，总认为自己正确，记恨、不宽容。

3．衰弱型人格障碍

主要特点是缺乏信心和主动精神。具体表现是：被动地服从别人的愿望，精力不足，易疲劳，常为小事伤感，缺乏生活的乐趣。这种人易患神经衰弱和焦虑性神经症。

4．癔症型人格障碍

主要特点是过分做作、夸张。具体表现是：通过戏剧性的行为而引人注意；过分关注别人的赞赏；暗示性强，既易受外界影响，也易自我暗示；依赖性强；情感肤浅，易变化，易激动；有高度的幻想性。

五、学校心理健康教育的目标

学校心理健康教育的目标是传播心理健康知识，传授心理健康维护的技能和技巧，促进青少年学生心理和人格的健康发展。具体说来有以下几个方面。

（一）帮助青少年树立科学的世界观和正确的人生观

教育者应帮助青少年树立科学的世界观和正确的人生观，使他们以实事求是的态度看待周围的一切，并处理好个人与社会的关系。只有具有正确的世界观、人生观及远大理想的人，才能适应环境和改造现实，有效地解决个人与客观现实之间的矛盾和冲突，减少或消除由于消极的动机冲突和挫折而导致的紧张状态。

（二）培养青少年的情绪自我调节技术

积极愉快的情绪能促进青少年的身心健康，而消极的情绪则不利于身心健康，尤其是强烈的、持续的消极情绪对身心健康极为有害。因此，培养青少年的积极情绪，防止或消除消极情绪，同时使青少年学会调节、控制自己的情绪，对保持身心健康具有重要意义。教育者应该做到如下几点。

1. 为青少年创设能产生积极情绪的情境，增加他们积极的情绪体验。教师应充分发挥情绪感染力的作用，正确地控制和表达自己的情感，关心学生，热爱学生，为青少年提供和谐愉快的环境。此外，积极开展文体活动，培养青少年广泛的兴趣和爱好，对培养积极情感、克服消极情绪、增进身心健康、促进个性全面发展，均有积极作用。

2. 帮助青少年学会调节控制自己的消极情绪，合理宣泄，尽量减轻心理压力，避免消极情绪的不良影响。近代药理学提供了很多镇静剂、抗忧郁剂和抗焦虑剂来帮助人们抵抗不良情绪。然而，心理学家却发现非药物改善心情的方法也能有效地把人们从坏心情中解脱出来。这就是情绪的自我调节。调节控制消极情绪的具体做法是：

（1）发挥理智的作用

情绪、情感也和其他的心理现象一样是由客观事物所引起的，但它却是伴随着认识过程而产生。人们对同样客观事物的认识不同，情感反应也就不一样。有人曾举过一个例子：在森林里看到一只熊引起恐怖情绪，而在动物园里看到一只笼子里的熊就不产生恐怖，这个区别就在于对情境的认识，在于人的理智。愤怒也是这样，同样的事件、同样的情境，理智的人便能冷静对待之，能从正面、反面、前因、后果、自身因素和他人因素等多方面考虑问题。因此发挥理智的作用，保持冷静，无论在什么情况下，不管发生什么事，都能泰然处之，平息愤怒。

（2）运动

一个极有效地驱除不良心境的自助手段是健身运动。哪怕只是散步十分钟，对克服坏心境都能收到立竿见影之效。

研究发现，健身运动能使身体产生一系列的生理变化，其功效比那些能提神醒脑的药物更胜一筹的是，它有百利而无一害。不过，要做到效果明显，最好是从事耗氧运动——跑步、体操、骑车、游泳和其他有一定强度的运动。在各种改变心情的自助技术中，以耗氧运动最能消除坏心情，像家务劳动等耗氧量小的体力活动的效果则很差。

（3）走近大自然

许多专家认为与自然亲近有助于心情愉快开朗。如不可能总到户外活动，那么走到窗前眺望一下青草绿地也对心情有所裨益。美国一位心理学家斯蒂芬·开普勒做过一个有趣的实验，他分别让两组人员在不同的环境中工作，一组的办公室窗户靠近自然景物，另一组的办公室则位于一个喧闹的停车场，结果他发现，前者比后者对工作的热情更高，更少出现不良心境，其效率也高得多。

在接近自然的时候，要注意利用颜色来调整心理。颜色心理学家指出：为消除烦躁与愤怒、避免接触红色是有好处的；为了抗忧郁，不要穿黑色、深蓝色等使心情沉闷的颜色的衣服，也不要置身于这种颜色的环境之中，应该寻找温暖、明亮、积极的颜色，可使心情轻松；为减轻忧虑与紧张，应选择中性的颜色，以取得镇定、平静的效果。例如，医院常用柔和的主色——白色和天蓝色以使病人安静。

（4）控制情绪的影响因素

我们许多人都仅仅是将自己的情绪变化归之于外部发生的事，却忽视了它们很可能也与身体内在的“生物节律”有关。我们吃的食物、健康水平及精力状况，甚至一天中的不同时段都能影响我们的情绪。

食物与心情有着重要的联系，糖类食品是有安慰作用的食品，适当的糖类食品有镇静作用，但是过量糖类食物可以引起兴奋等效应。低热量糖果食品、增肥食品也有镇静作用。蛋白类食品使人维持警戒状态和精力充沛。

另一项研究发现，睡眠不足对我们的情绪影响极大，那些睡得很晚的人更可能情绪不佳。此外，我们的精力往往在一天之始处于高峰，而在午后则有所下降。一件坏事并不一定在任何时间都能使你烦心，它往往是在人精力最差时产生影响。

了解了这些影响因素并努力加以控制，就可最大限度地避免不良情绪的发生。

（5）写动怒日记

在发怒之后，写一篇动怒日记，记下动怒的时间、地点、对象和原因，并如实地记录下所有的动怒行为。事后仔细阅读自己的日记，会发现在动怒的过程中有不少想法和做法令自己感到后悔。再遇到类似的情境，将有可能提醒自己不要动怒。写动怒日记不仅会帮助息怒，而且对身体健康有很大的好处。

（6）言语调节

言语调节法是指自己利用语言的暗示作用，来调适和放松心理的紧张状态，使不良情绪得到缓解的方法。语言是人类独有的心理功能，是人们交流思想和感情的工具。语言暗示对人的心理乃至行为都有着奇妙的作用。

如一个人打电话，尽管对方看不到他的举动，但他仍然会一边对着话筒讲话，一边做手势。这种手势并非有意举动，纯粹是语言暗示所引起的。当对着话筒讲话时，所讲的词语通过听觉器官对大脑皮层的运动区起了暗示作用，于是，手势就发生了。心理学实验表明：当一个人静处时，默默地想像“勃然大怒”、“暴跳如雷”等情景，那么心跳就会加剧，呼吸就会加快，生理上、心理上都会呈现出一些似乎是真发怒的征候。相反，如果连续默念“喜笑颜开”“开怀大笑”等词语，并且想像这些令人愉快的情景，那就会洋溢着一种似乎是很高兴的感觉。在生活中我们还可以看到，精彩的相声、小品令人捧腹大笑，污言秽语却使人不快乃至愤怒。由此可见，言语活动既能唤起人们愉快的体验，也能唤起不愉快的体验；既能引起某种情绪反应，也能排除克制某种情绪反应。因此，在日常生活中，可通过言语的暗示作用，来松弛心理上的紧张状态，使消极情感得到缓解，保持心理平衡。实践表明，只要是在松弛平静、排除杂念、专心致志的情况下进行这种自我暗示，都可以对消极情感起到良好的调控作用。

(7) 宣泄

遇有不良情绪时，最简单的办法就是“宣泄”——痛痛快快地表达出来，比如说悲痛欲绝时，放声大哭一场，或向至亲好友倾诉，一旦发泄完毕，心情也就随之平静下来了。这并不是多愁善感、软弱而没有出息的自我怜惜。事实上，这是排遣不良情绪的一个无害而有效、简单的方法。当某人因为挫折压力过大不能忍受而失声痛哭时，我们总是立即前去安慰他，劝他不要哭。但这样的效果不一定好。有时候，我们需要让其“好好哭上一场”，等他的被压抑在内心的痛苦得到宣泄后，再进行排解，效果就可能好得多。因为，有些对象从认知方面是能够应付挫折的，但情感方面却“一时转不过弯”，这时候，仅让其进行一定的宣泄，就可以不同程度地代替“他人排解”，使其消释情感压力。

应注意的是，作为一种消释心理压力，避免心理失衡的方法，宣泄的效用总是暂时的。宣泄本身并未深入态度结构特别是认知因素的深处，并未涉及真正的态度形成和转变。因此，宣泄只能作为引导的辅助手段。此外，具有象征性侵犯行为的宣泄只适于那些极端郁闷、苦恼、愤怒的个体，而对于那些并未处于极端不良情绪状态的对象，过度宣泄反而会增加侵犯性。此外，宣泄也不能作为一种经常性的手段，因为其本质是一种自欺欺人、掩耳盗铃的方式，偶尔用一下作为调控消极情感的权宜之计，对于帮助人们在挫折面前接受现实和接受自己，避免精神崩溃，均不无益处。但如果用得过多，以致成为个人的主要防卫手段，则容易使个体形成消极的“动力定型”，动辄发泄牢骚、迁怒他人，因一点挫折便滋生、发展不良情绪，缺乏必要的自控能力与自控意识，从而妨碍自己去追求真正需要的东西。

（8）幽默

笑是人的情绪积极愉快的反应。曾有人对笑的作用进行分析研究，总结出笑有增加肺的呼吸量、清洁呼吸道、抒发健康的情感、消除精神紧张、使肌肉放松、散发多余的精力、驱散愁闷、减轻各种精神压力、克服羞怯情绪、困窘的感觉以及各种烦恼等好处。

愉快而平稳的积极情绪状态，能提高大脑及整个神经系统的张力，能充分发挥机体的潜能，使人精力旺盛，食欲良好，睡眠安适。在愉快的积极情绪状态下，人体内各个器官系统的活动协调一致，肾上腺素分泌适量，整个内分泌系统和体内化学物质处于稳定的平衡状态。不仅如此，保持乐观愉快的情绪状态，还能增强人体对疾病的抵抗力，使之更有效地适应环境。

俄国心理学家巴甫洛夫曾说：“愉快可以使你对生命的每一跳动，对于生活的每一印象易于感受，不管躯体和精神上的愉快都是如此，可以使身体发展，身体强健。”国外有人统计了部分音乐指挥的寿命，平均为73.4岁，而且几乎与心血管病无缘。研究者认为，这是因为美妙动听的音乐能够陶冶人的情操，防止紧张情绪出现的缘故。所以，保持乐观、愉快、恬静、奋发的情绪，对健康极为重要。

（9）升华

将挫折引起的敌对、愤懑、抑郁、焦虑等消极情绪，及时转化为激励自己奋发图强、积极向上、努力拼搏的积极情绪就是升华。它是对消极情感的一种较高水平的宣泄，是将情感激起的能量引导到对人、对己、对社会都有利的方向去。当人遇到不公平之事又无法改变时，一味生气、憋气，或颓废绝望，都是无济于事的；作出违反法律的报复行为更是下策。正确的态度是将挫折变为动力，热爱工作，全身心地投入工作，做生活中的强者。

（10）音乐调控

心理学家通过研究证实，音乐能通过物理和心理的两条途径对人发生影响。音乐的物理作用是通过音响来影响人体的生理功能。音乐通过人的听觉器官和听神经传入人体中，和机体的某些组织结构发生共鸣作用。美妙的音乐通过被人体吸收，使人体的能量被激发起来，从静态变为动态。音乐的心理作用在于，优美的音乐能促使人体分泌一些有益于健康的激素、酶和乙酰胆碱等物质，起到调节血液流量和神经细胞兴奋的作用；另外，音乐对边缘系统、脑干网状组织等主管情感的神经机构能发生直接作用。由于每首乐曲的节奏、速度、音调等都不尽相同，从而可以表现出不同的情绪调控效果。

近年来，国外一些学者通过实验证实，节奏明快的音乐，具有兴奋作用，能使人心跳加快、肌肉绷紧，情感振奋；节奏缓慢、音调幽雅的音乐，具有镇静、降压、镇痛和安定情感的作用；旋律优美的音乐，能使人产生欢乐、恬静的情感，并有改善皮层功能的作用。我国的民间乐曲同样对各种不良情绪具有调节作用：对情感忧郁、沮丧、精神萎靡的人，应选用情调欢乐、节奏明快、旋律流畅且音色优美的乐曲等；对情绪不安、焦虑烦闷的人，宜选用情调悠然、节奏徐缓、旋律清逸、高雅、风格娟秀的协奏曲；对情绪激惹性较高的人，宜听一些旋律优美、恬静悦耳、节奏婉转的乐曲；对患有神经衰弱或失眠严重的人，则应多听节奏少变、旋律缓慢、清幽典雅的乐曲。

（11）放松技术

通过训练，人们还可以用“放松技术”来调控消极情感。所谓“放松技术”，即按一套特定的程序，以机体的一些可控制的反应去改善机体的另一些不可直接控制的反应，用心理过程来影响生理过程，从而达到松弛入静的效果，使紧张、焦虑等消极情感得以解除。我国的气功、印度的瑜伽、日本的禅宗以及西方的种种放松练习法，均属于此类。

一般来说，简单的放松技术是很容易就学会的，关键在于坚持。

①坚持深度呼吸练习。有意识地进行深度呼吸练习可有效地解除疲乏、头痛、头晕等由于紧张而导致的症状。令人神清气爽、精神焕发，练习的方法很多，最简单的操作程序是尽可能深吸一口气，气沉腹底，然后屏气，感到有点憋闷时再缓缓呼出。呼气要尽可能彻底些。如此循环 20 次左右，一般就可起到平缓紧张情绪的作用。

②渐进性肌肉放松训练。情绪状态与肌肉活动之间通过神经系统的作用存在着互为因果的关系。情绪紧张的同时伴随着肌肉的绷紧，而绷紧的肌肉会通过神经系统的作用导致情绪的紧张。如能主动地放松肌肉，便会使紧张情绪得到缓解。

此训练要求患者在安静状态下想像一幅记忆清晰的令人松弛和愉快的自然风景，同时自我暗示，依次放松全身的每一块肌肉。训练要领是先收紧某一部位的肌肉（如紧握拳头），并体会紧张的感觉，持续 10 秒钟左右，然后放松，并体会放松时的感觉。如果做了一遍还达不到平静情绪的效果，可再做一遍。经过一段时间的练习，便能够在很短时间内进入全身放松状态，达到自我调节的目的。

（三）帮助青少年建立良好的人际关系

青少年的人际关系主要包括与父母的关系、兄弟姐妹的关系、师生关系和同学关系等。良好和谐的人际关系能使青少年轻松愉快，充满信心；不良的人际关系，则会使青少年孤独寂寞，心境郁闷。教师应帮助青少年建立良好的人际关系，教育学生待人要真诚、宽容，向学生传授与人交往的知识和技能。以身作则，热爱学生，尊重学生，树立良好的班风，为他们创造愉快和谐的交往环境。及时发现青少年在人际交往中出现的问题，排除交往障碍，使他们健康发展。

（四）教育青少年正确认识自己，培养自我接受的态度

研究表明，自我认识与本身的实际情况愈接近，个体所表现的自我防卫行为愈少，社会适应能力就愈强。个体自我接受的态度与防卫行为和行为适应也有密切关系。为进一步提高青少年的社会适应能力，就要教育学生正确地认识自己，培养其自我接受的态度。要做到这一点，教师首先要帮助学生正确分析自己的优缺点，了解自己的长处和不足，提高其自我评价和自我认识的水平，使学生既不能低估自身的能力，又不盲目夸大自身的能力。同时教育学生发扬优点，克服缺点，以己之长补己之短，不断完善自己。其次，要帮助学生确定适当的抱负水平。抱负水平过高，学生即使付出努力也难以达到，容易产生挫折感；而抱负水平过低，又不利于调动学生的积极性。适当的抱负水平使学生经过努力能够实现的目标，并从中能体验到成功的喜悦和满足。

（五）注意在教学中促进学生的心理健康

在教学过程中，要更新教育观念，端正教育思想，克服由于片面追求升学率而带来的不良影响，注意在教学中促进学生的心理健康。目前，采取措施，减轻或防止学生的学习疲劳是最为迫切的任务。

疲劳是指人们因连续学习而使学习效率下降的一种现象，包括生理疲劳和心理疲劳。生理疲劳表现为动作失调，姿势不正确、痉挛、感觉迟钝等等。心理疲劳表现为思维迟钝、反应速度降低、注意力不能集中、情绪烦躁、焦虑、厌倦、感到无聊等。二者交互影响，并同时对学习发生作用。学生如果学习负担过重，大脑皮层长期处于紧张状态，就极易产生学习疲劳。如果学习疲劳长期得不到缓解，就会产生神经衰弱症状，严重影响青少年的身心健康。为减轻或防止青少年的学习疲劳，教师应该做到以下几点。

1. 注意学习材料的数量、质量及教学方法。学习材料过难或过易，容易使学生产生厌倦情绪，降低学生学习的兴趣。因此，在教学过程中，应量力而行，因材施教，由浅入深，循序渐进。同时，教师应注意改善教学方法，调动学生学习的积极性。

2. 教师要善于激发学生的学习动机，使学生明确学习的目的及意义，还要注意培养学生的学习兴趣，变“厌学”为“乐学”使其保持愉快的学习情绪。

3. 指导学生合理安排作息制度，保持充足的睡眠，组织丰富多彩的课外活动，积极参加体育锻炼，对防止学习疲劳也有积极作用。

（六）加强青少年的性心理卫生教育

随着身体的发育和性的成熟，青少年逐渐产生性意识，开始对性知识发生兴趣和好奇心。但是，由于缺乏必要的性知识，青少年往往不能正确对待自身的生理变化和反应，容易产生害羞、忧虑、忧郁、恐惧、不安等消极情绪，甚至会出现自伤、自杀行为和犯罪行为，严重影响青少年的心理健康。因此，对青少年及时进行适当的性心理卫生教育是十分必要的。

1. 向青少年传授青春期生理卫生知识，让青少年了解自身生理发育的正常变化，消除困惑和不安，打破神秘感。

2. 对青少年进行性道德观念教育，加强道德意志锻炼，提高自我控制的能力。

3. 丰富青少年的精神生活，积极开展文体活动，满足青少年的需要，把青少年的精力引导到学习上来。

4. 正确引导男女同学的交往。妥善解决青少年的早恋问题。既不能强行压制，生硬粗暴，又不能放任自流。而要向他们讲清道理，晓以利害，提高学生的认识水平。

第二节　心理卫生

一、什么是心理卫生

正如保持身体健康要注意生理卫生一样，保持心理健康要注意心理卫生。

心理卫生译自英文 Mental Health，也称精神卫生。心理卫生一词具有以下三种涵义：①指心理卫生学，即研究如何维护、保持和促进人的心理健康，预防和治疗心理异常和心理疾病，提高社会适应能力的一门科学；②表示健康的精神状态，即心理健康；③指心理保健的服务工作。这三者相互联系，密不可分。一般情况下，我们可以把心理卫生理解为为保持和改善心理健康而采取的有效措施。

过去人们普遍偏重身体健康，忽视心理健康，没有认识到心理卫生的重要性。心理卫生工作由不受重视到蓬勃开展经历了一个较长的过程。近代心理卫生运动是由美国的比尔斯（G. W. Beers）在本世纪初倡导的。比尔斯有个哥哥患有癫痫症，他担心自己也得这种病，终日忧心忡忡，惶恐不安，终因心理负担过重而精神失常。自杀未遂后，被送进了精神病院，三年后病愈出院。在此期间，他目睹并亲身体验到精神病患者所遭受的极为残酷、痛苦、粗暴的折磨和虐待，1908 年 3 月，比尔斯根据自己的悲惨经历和切身感受写成名著《一颗失而复得的心》，呼吁全社会都来关心精神病问题，改善精神病人的待遇。此书受到当时的心理学家、精神病学家及社会各界人士的重视。在各方面的赞助和支持下，比尔斯于同年 5 月在康涅狄克州成立了世界上第一个心理卫生协会，推动他所计划的心理卫生运动。1909 年美国成立全国心理卫生委员会。1917 年，出版《心理卫生》季刊，大力宣传心理卫生知识。此后世界各国相继成立心理卫生组织。1930 年 5 月在华盛顿召开了有 53 个国家参加的第一届心理卫生大会，正式成立国际心理卫生委员会，1948 年改组为世界健康联合会，1959 至 1960 年，该会与联合国世界健康组织及联合国教科文组织共同举办国际心理健康年，呼吁人们重视心理卫生，积极开展心理卫生工作。目前，世界各国都很重视心理卫生工作，成立了多种心理卫生机构，采用各种方式帮助人们解决在生活和工作中所面临的心理卫生问题，提高心理健康水平。中国心理卫生协会于 1936 年 4 月在南京成立，后因抗日战争爆发，被迫停止工作。1985 年 9 月，中国心理卫生协会在山东省泰安市重新举行了成立大会。我国的心理卫生工作从此进入了一个新的发展时期。

二、心理卫生的目的和任务

心理卫生的目的是：保持并增进个人和社会的心理健康，发展健全人格，提高人的社会适应能力，预防和矫正心理疾病和不良适应行为，维持心理平衡，保持心理健康。

心理卫生的任务主要包括以下四个方面。

1. 研究并揭示影响人的心理健康的因素及其作用的规律。影响人的心理健康的因素通常有生理因素、家庭因素、学校因素、社会因素及心理因素。研究这些因素对心理健康的影响及其作用规律，有助于我们设法改善社会环境及人际关系，改善并消除危害人们心理健康的因素，提高心理健康水平。

2. 研究并找出维护和增进人类心理健康的有效措施和方法。不同个体的发展阶段、个性特征和生活环境不同，产生的心理卫生问题亦有其特殊性。而不同群体因其组织形式、服务对象和工作条件的差别，也会产生独特的心理卫生问题。因此研究这些问题，找到解决问题的相应措施及方法，是心理卫生的主要任务之一。

3. 开展心理卫生工作，提高人民群众的心理健康水平。心理卫生工作者可以通过各种途径和渠道，广泛宣传心理卫生知识，解答人们提出的心理卫生问题，使人们掌握一定的心理卫生知识，明确心理卫生的重要性，学会自我调控，懂得怎样预防各种病态心理或心理疾病。

4. 将心理卫生工作贯彻到中小学素质教育中去。当前我国正在深化教育改革，全面推进素质教育，改善中小学生的心理健康状况，提高他们的心理修养，正是素质教育的重要内容。所以，中小学应大力开展心理健康教育，普及心理卫生知识。

三、我国青少年心理卫生状况

所谓心理卫生问题是指正常心理和重症精神疾病之间存在的过渡性问题和临界性问题。1992 年在南京召开的“首届全国危机干预暨自杀研讨会”上，中国社会科学院社会学研究所的单光鼎作了一个统计：中国大陆每年死于自杀的人数达 14 万～16 万之多，即每天约有 400 人提前结束自己的生命。自杀者既有成年人、老人，也有大学生、中学生，甚至还有小学生。

上海虹口区曾对 6 所重点中学学生的心理健康调查表明，22.66%的学生程度不同地存在着心理健康问题，其中有

10.66%的学生存在着较明显的心理障碍。杭州市对7所不同类型的学校2961名大中学生进行了三年的追踪调查，分析出有心理障碍的初中学生占13.76%，高中学生占18.79%，大学生占25.3%。而且近年来，各类学校学生中心理不健康的人数呈逐年上升趋势。1994年，《中共中央关于进一步加强和改进学校德育工作的若干意见》中首次明确指出，应“通过各种方式对不同年龄层次的学生进行心理健康教育和指导，帮助学生提高心理素质，健全人格，增强遭受挫折、适应环境的能力”。

青少年心理卫生问题主要表现在几个方面：（1）学习方面，大约有10%～15%的学生存在程度不同的学习功能障碍；（2）情绪方面，比较明显的情绪失调的青少年约占总数的10%～15%；（3）社会适应方面，明显的社会适应不良的青少年占总数的10%左右；（4）行为问题方面，各种行为问题的检出率为10%～20%，其中城市高于农村，男生高于女生。

同其他问题相比而言，青少年的行为问题检出率较高。近年来，由于学习负担过重，社会应激事件增多，使青少年承受的精神压力过大，这种情况如不得到解决，将对青少年的身心发展产生严重影响。尽快采取措施减轻学生负担，开展学校心理健康教育，维护学生心理健康，提高学生的心理素质已是一项十分紧迫的工作。

四、心理卫生工作的意义

在现代社会中，一方面，社会生活的各方面都呈现高速发展的趋势；另一方面，由于生活节奏加快带来的紧张，社会竞争带来的压力，观念转变带来的困惑以及都市化引起的复杂的人际关系等各种内外因素的影响，使人类面临着前所未有的心理应激，使得人们在不同程度上产生的心理障碍和精神疾患增多了。而且随着年龄增长，心理问题也增多了。正如美国一位心理学家所预言的：21 世纪最突出的问题是心理问题。由此，我们每一个人都应该学会自我心理保养，以健康的身心状况在自己的人生轨道上运行。

心理卫生有助于增进身心健康。人作为一个整体，其生理与心理相互影响，彼此制约。身体不健康会影响心理健康；反之，心理不健康或心理失常也会危害人的身体健康，使人患病，从而影响工作和生活。美国的统计资料表明，美国每 4 人中有 1 人在其一生中将因心理方面的原因而引起生理方面的疾病；每 12 个人中有 1 人将因心理方面的困难而住入医院；每 22 人中有 1 人在其一生中会得比较严重的心理疾病，并会因此而无法进行正常的工作和生活。美国全国所有医院的病床总数，有半数以上被精神病患者所占用。近代医学也证明，人的许多身体疾病，如高血压、哮喘、胃溃疡等，常常是由心理因素引起的，被称为心身疾病。注意心理卫生有助于对这类疾病及心理疾病的预防和治疗。

心理卫生有助于培养健全的个性，发展良好的品格，提高人的心理承受能力和社会适应能力。随着社会的发展，人们经济生活水平的不断提高，生活和工作节奏日益加快，由此产生的各种紧张刺激不断增多。科学技术越发展，社会物质文明越高，给人们的心理带来的困扰和压力越大，危害人们身心健康的因素也越多。升学、就业、婚姻、家庭、人际交往、社会地位、经济安全、患病以及各种不测事件都有可能使人受挫，从而影响人的身心健康，引起心理异常，导致心理疾病。加强心理卫生工作有助于缓解人们的紧张情绪，防止和减少高度紧张的刺激，提高人们的心理承受能力和社会适应能力，保持心态平衡，适应飞速发展的社会的需要。

心理卫生是人们正常的工作和生活的重要保证。健康的心理是每个人正常的生活和工作的必备条件。要维持正常的智力活动，更好地学习知识，必须以心理卫生为保证。心理健康的人，能够有效地学习和工作，保证活动的效率。心理失常的人则无法进行正常的工作和生活，给个人和家庭带来极大的痛苦，给社会带来沉重的负担。

第三节 心理咨询

一、心理咨询概述

（一）心理咨询的涵义

在汉语里“咨”是指商量的意思，“询”指询问的意思。“咨询”从字面上理解是指与人协商、征求意见。“咨询”一词源于拉丁语 consultatio，其涵义为协商、商讨。今天我们对咨询的理解已经超出了这个范围，它还有指导、交流、干预等涵义。

心理咨询是咨询者运用心理学理论和技术，借助语言文字等媒介与咨询对象进行信息交流并建立某种人际关系，帮助咨询对象消除各种心理障碍，正确认识自我及社会，充分发挥自身潜能，有效地适应社会生活环境。

（二）心理咨询的对象

心理咨询的内容包罗万象，广义上讲，所有人们生活、工作的活动都是心理咨询的对象。心理咨询涉及医学心理、教育心理、发展心理、工程心理、管理心理、社会心理等诸多心理学分支范围，在这些范围内的各种心理活动都是咨询的对象。从人员上分类，心理咨询的对象包括了从事各种职业、不同年龄、不同性别的所有正常人和能够接受咨询指导的轻度精神疾患病人。幼儿以及无法自诉、丧失理智的精神病患者不能作为心理咨询的直接对象，但可通过其周围的亲属等进行间接咨询。中学生心理咨询以中学生为直接咨询对象、以学生家长及教师为间接咨询对象。

（三）心理咨询的种类

对心理咨询种类的划分可以从不同角度进行，因而有多种分类方法。

1. 根据心理咨询对象的数量分为个别咨询与团体咨询；

2. 根据咨询内容的学科性质可以分为发展心理咨询、社会心理咨询、临床心理咨询和管理心理咨询；

3. 根据咨询的途径可将心理咨询分为门诊咨询、书信咨询、电话咨询、宣传咨询和现场咨询；

4. 按照接受咨询者与需要咨询者的关系可以分为直接咨询和间接咨询。

（四）心理咨询与心理治疗的关系

心理治疗又称精神治疗，是指医生运用心理学的理论、方法和技术，在医生与患者相互交往、相互作用的过程中，通过语言、表情、姿态、行为及其他环境因素的作用使患者的情绪、人格或行为发生变化，消除或减轻导致患者痛苦的各种心理因素和由此引起的各种躯体症状，促进患者的精神康复。

心理咨询与心理治疗的关系一直是存在争议的问题。一般认为，二者的关系十分密切，在许多方面存在相似或相同之处。首先，心理治疗是医生与患者之间相互交往和相互作用的过程，心理咨询也是咨询双方相互交往相互作用的过程；其次，这两种活动都是以语言、文字、表情、姿态及交往环境作为相互作用媒介的；再次，两种活动所采用的心理测量和检测手段也是基本相同的；最后，两种活动的最终目的都是为了促进患者的心理康复。在实际生活中二者常常结合在一起，互相渗透、交汇融合，治疗中有咨询，咨询中也含有治疗。

另一方面，心理咨询与心理治疗仍是可以加以区分的。心理治疗的对象主要是患有身心疾病，特别是有明显的心理或行为障碍的患者。心理咨询的对象主要是存在某种心理、行为问题，需要帮助指导的个体。因此有人把心理咨询与心理治疗的区别概括为“前者以发展性咨询为主，后者以障碍性治疗为主；前者内容以疑虑、不适为主，后者以障碍、疾病为主；前者是轻度的心理问题，后者在程度上相对重些；前者可以在非医疗情况中开展，后者一般在医疗情况中进行。”

（五）心理咨询与思想教育工作的联系与区别

心理咨询与思想教育工作有密切联系。尤其是在高等院校和各类中等学校开展面向学生的心理咨询和教育工作的联系更为密切。教育是学校一切工作的出发点，在学校开展心理咨询的目的与教育的总体目标是一致的，都是为国家培养德才兼备、身心健康的社会主义建设者和新世纪的接班人。背离了这个目标，就失去了心理咨询在学校的存在价值。但是，心理咨询与一般的思想教育工作又有明显的区别，它有特定的理论、方法与任务，这些也是一般思想教育工作所不能取代的。一般认为，学校心理咨询和思想教育工作的联系有以下两个方面。

第一，思想上的一致性。学校思想教育的一个重要目的是帮助学生树立正确的人生观、世界观和价值观，形成良好的思想品格和道德风貌。心理咨询是促进来询者自强自立的过程，自强自立过程便是人格健康发展的过程。两者的目标具有一致性。心理咨询和思想教育都以促进青少年学生健康成长为目标，这个共同目标是这两项工作的交叉处和重合点。心理咨询工作者在对青少年来询者从心理上进行疏导和帮助的时候，必须坚持正确的教育方向，把心理上的启发、疏导和帮助学生树立正确的人生观、世界观和价值观有机地结合起来。

第二，组织上的联系性。学校心理咨询是学校整体工作的一个组成部分，在组织机构上应纳入学校工作的组织系统，成为学校学生工作的一个方面。学校心理咨询工作不能以开业营利为目的，重在为学生身心健康服务。因此，在机构设置、经费开支、活动组织等方面都需要学校及各级教育领导部门的认可和支持，工作方能开展起来。因此，学校心理咨询在组织上应隶属于所在学校的相关部门，与学校各项工作取得协调一致。

那么，心理咨询与思想教育工作存在哪些区别呢?

第一，工作目标和范围不同。心理咨询的主要目标是解决来询学生的心理问题，主要任务是排除心理障碍、恢复心理平衡。思想教育的目标是从客观上解决学生的政治立场、方向，提高学生的思想政治觉悟和道德素养，其工作范围相当广泛。如，正确人生观、世界观和价值观的确立，爱国主义、集体主义观念的培养，理想前途教育、学习目的教育、遵纪守法教育等等。心理咨询和思想教育的任务和内容有一定交叉，但工作目标的侧重点各不相同。在实际工作中，不能把政治立场、思想觉悟和道德品质问题仅仅从心理角度解决；也不能把心理问题错误地当做政治思想和道德品质问题来对待。混淆二者的区别不仅不能顺利地解决问题，有时甚至适得其反。

第二，工作方法、手段、技巧不同。思想教育的工作方法和手段是多种多样的，如开设思想修养课程，组织报告会，进行参观、访问、座谈，开展讲演比赛、辩论会、讨论会等形式多样的活动，还可以进行批评、表扬和个别谈心。心理咨询以个别咨询为主，同时配合心理健康教育课程，团体咨询，心理测验等方式。在思想教育过程中，教育者运用的是说服教育的技巧，在咨询过程中咨询者的最重要的技术是倾听。

第三，遵循的理论原则不同。心理咨询的理论体系属于心理科学的范畴。咨询心理学是心理学的一个分支学科和应用领域，咨询工作的开展要在一系列心理学理论的指导下进行，并且要遵循心理咨询工作的原则和方法，不是一般的思想工作和谈心活动。思想教育工作属于社会意识形态的领域和范畴，它的指导思想是马列主义、毛泽东思想、邓小平理论，以及政治学、伦理学、教育学等社会科学，与心理咨询的理论体系分属两种体系和范畴。

第四，工作人员的专业方向不同。思想教育工作者的专业方向属于政治学和德育。从事思想教育的人员除了掌握有关的知识理论以外，还需要有相当好的政治思想觉悟、工作能力和组织能力，可以从各级干部中选拔。心理咨询工作者需要有丰富的心理学知识，经过心理咨询专业的培训和考核。没有这方面的知识，未经专业考核的人不能上岗咨询。从我国目前的情况来看，因为高校心理系的开设尚不普遍，受过咨询心理学高等教育的专业人员为数甚少，有不少心理咨询机构的从业人员是从德育工作者改行而来，或由相近的专业人员兼职。这种咨询员由于其双重甚至多重的身份，很难遵守例如“保密”等原则。这样很容易让学生把心理咨询混同于一般的思想教育，从而对心理咨询产生偏见。

第五，工作效果的评估标准不同。对心理咨询工作的评估是依据心理咨询的目的任务来衡量的。主要从心理问题的解决与否和解决程度的角度来衡量。如，失衡的心态是否恢复了平衡，心理障碍是否得到克服，心理疾病是否得到确诊和治疗，心理危机干预是否成功等等。思想教育工作是从思想素质的高度来衡量，主要看是否把受教育者培养成有理想、有道德、有文化、守纪律的四有新人。

（六）学校心理咨询的意义

心理咨询是中学教育工作的重要组成部分。实践证明，开展心理咨询工作对于促进和保证学生身心全面发展，全面提高学校教学质量，提高全民族身心健康素质具有十分重要的意义。具体来讲，开展这项工作的意义有以下几点。

1. 促进和保证学生的身心发展

从学生发展的角度讲，心理咨询是一项直接服务于学生，指导学生解决身心发展问题的经常性活动。通过心理咨询，教师可以及时、准确、全面地了解学生身心发展各个方面存在的缺陷和障碍，帮助学生客观认识自己的身心特点，了解影响身心发展的各种主、客观因素及其作用，协同其他教师、学生家长共同采取措施，促进学生顺利完成各项发展任务。

2. 有助于提高教育质量

教师在教学过程中必须及时了解学生的学习、困难等。心理咨询可以在帮助教师了解学生方面发挥重要作用，咨询工作本身就是了解学生的过程。咨询人员通过心理咨询将学生心理活动、学习活动和其他方面存在的特点及时反馈给各科教师，并协助教师结合教学工作的具体要求制定或修改教学计划和教学方法，对存在问题的学生进行有针对性的个别教学，使每个学生都能得到适应自身特点的指导和帮助，从而真正实现因材施教的要求。

3. 有助于提高家庭教育的科学性

学生和学生家长同为心理咨询的对象。对家长来说，通过心理咨询可以了解中学生学习活动的特点，掌握家庭教育的基本要求和技能技巧，针对自己孩子存在的问题，在咨询人员的指导下，对孩子进行科学教育。实际上，许多学生的心理问题是由于家长不懂心理学知识，采取简单粗暴的管教办法而产生的，因此，家长接受心理咨询，对于避免教育失误，提高家庭教育的实效具有重要意义。

二、学校心理咨询的原则和方法

（一）学校心理咨询的原则

学校心理咨询工作遵循以下基本原则。

1. 诚恳待人。主动来进行咨询的学生，已经意识到自己在心理上存在某种问题，想要通过咨询来得到帮助。他们对咨询人员抱有很大的希望，同时也可能存有某种担心和疑虑。担心咨询人员不能诚恳相待，不能理解他们的苦衷，因而初次咨询者容易心存疑虑。咨询人员要热情诚恳地接待来询者，向他们讲明心理咨询的基本精神和原则，鼓励他们消除顾虑畅所欲言。咨询人员热情诚恳而又自然的态度，有助于形成和谐的交谈气氛，建立相互信任的咨访关系，心理咨询才能取得理想的成效。

2. 保密性原则

保密性原则，是心理咨询中最重要的原则。它是鼓励来询者畅所欲言的心理基础，同时也是对来询者人格及隐私权的最大尊重。当建立了相互信任的咨访关系以后，来询者可能谈出自己未向任何人泄露过的内心隐秘，这表明了他对心理咨询工作的信任，同时也是真正治愈心理疾病的开始。心理咨询的保密范围包括为来询者的谈话内容保守秘密，不公开来询者的姓名，拒绝关于来询者情况的调查以及尊重来询者的合理要求等内容。

保密性是心理咨询工作者应当认真坚持的一条重要原则。因为它不仅是咨访双方相互信任的基础，也是咨询成功的必要前提，同时，来询者个人的隐私权也是受到法律保护的。我国宪法保护公民的隐私权，来询者向咨询人员谈论的个人情况，属于隐私权范围，受到法律的保护。咨询人员随意泄露来询者的私人秘密，不仅应受舆论谴责，而且要负法律责任。只有在下述两种情况下可以突破，一是有明显自杀意图者，应与有关方面联系，尽最大可能加以挽救；二是存在伤害性人格障碍或精神病患者，为免于使别人受到伤害，也应做一些预防工作。即使如此，也应在一定范围内保密，更不允许扩大范围公开，以免增加患者心理压力而使心理问题激化。

3. 耐心倾听和细致询问的原则

心理咨询不是由咨询工作者向来询者讲述心理学知识，而是启发来询者自己讲述问题。倾听是心理咨询中的重要原则，只有认真倾听才能了解对方存在的心理问题。不仅如此，认真听取来询者的诉说还可以起到帮助来询者解除心理重负，放松紧张情绪的作用。当一个人为心理重负压得透不过气来的时候，当他的感情和行为不能被人理解的时候，如能有人耐心地听他诉说，并帮他理清问题头绪，他会感到如释重负。现代心理学研究中所谓“心理呕吐”的说法，就是将使自己感到压抑的问题以适当的方式，找一个适合的听者对他讲诉。这种讲述是交流和治疗的首要步骤。

咨询工作者在听取来询者讲述问题的时候，不要过早地进行评价，要让来询者把话讲完。倾听过程中要集中注意力，关注的态度也是一种支持。在倾听过程中可有适当的应答活动，如点头、简要的重复或适当的简短插话都是必要的。在来询者的述说告一段落的时候，咨询人员可以提出问题。细心询问是为了澄清问题，而澄清问题只是为了把握来询者心理问题的实质。只有把握了来询者心理问题的实质，才能更好地帮助来询者理清问题的头绪，进行有的放矢的支持和帮助，做到对症下“药”。

4. 疏导和启发教育的原则

心理咨询过程中要对来询者在情绪上进行疏导和适当的抚慰与鼓励。因为来询者有心理负担、情绪低沉，他们需要理解、同情、支持与安慰。咨询工作者应尽力给予热情的关怀，要通过自己的工作，使有心理重负的学生感到温暖和力量，使他们逐步摆脱消沉的情绪进而精神振作起来。帮助来询者树立自信心是很重要的，咨询人员要善于发现来询者心态中的积极因素，及时给予肯定，使他们看到自己在克服障碍，增强适应能力中的有利因素。对于他们心中的郁闷，要进行积极的疏导，帮助他们理清思绪，找到问题症结之所在并积极寻求解决问题的对策。

在疏导和抚慰的同时应重视正面的启发和教育。来询者的问题虽然是多方面的，但较多的是人际关系问题，中学生更容易在交友、恋爱以及与青春期心理生理等方面产生问题。无论是一时的挫折还是长期的不安，都可能造成来询者的消极厌世心态或与周围环境的对立情绪。他们中有的人存有不正确的人生观、价值观和婚恋观。对于这些情况，咨询工作者不应随声附和，更不能无原则的迁就，而应给予积极正面的启发和教育。在认真耐心听取他们倾诉内心苦闷的基础上，与他们共同分析问题、帮助他们调整看问题的角度和方法，学会正确对待自己和他人，从而建立新的认知结构、提高适应环境的能力。实践证明，来询者通过和咨询人员推心置腹的交谈，他们会从多方面受到启示，悟出许多道理，从而以积极的态度调整情绪、面对现实。

5. 非指示性原则

心理咨询或心理治疗中的非指示咨询与非指导性治疗的原则是美国人本主义心理学家罗杰斯提出的。他认为，心理咨询应以咨询员和来访者双方的真诚关系为基础。因为心理咨询和心理治疗的任务在于启发和鼓励来访者理解自己、趋向成熟的巨大潜能，而不是把任何解决问题的方案强加给来访者。也就是说，咨询人员不应主观地指示来询者一定要怎样做或一定不怎样做，而是与来询者共同分析、讨论、设想有助于问题解决的各种方案及不同方案可能导致的不同后果，但究竟采取哪一种方案去解决问题，则应由来询者自己进行选择，咨询人员不能替代。

为什么在心理咨询中要坚持非指示性原则呢？首先，非指示性原则体现了咨询人员对来询者人格的尊重与信任。因为每一个人对自己的行为方式具有自主选择的权力，他人无权加以摆布，咨询人员也同样不能把自己的意见强加于来询者；其次，人的生活环境是复杂多变的，咨询人员对来询者的问题和处境只是一种间接的了解，因而其判断的客观性会受到一定的局限，所选方案未必是最合适的；再次，心理咨询中制订的任何方案所导致的结果都是由来访者独自承担的，所以为了公平起见，咨询人员只能充当“参谋”的角色帮助来询者分析问题、提出建议，而不是替来访者选择方案。

非指示性原则并不说明心理咨询工作无足轻重或可有可无。事实上心理咨询在帮助来询者缓解消极情绪、恢复心理平衡，改组认知结构、提高分析问题的能力，以及治疗心理创伤、增强适应环境的能力等方面都有十分重要的作用。在咨访双方磋商和讨论过程中所提出的见解和设想的行动方案，对来询者也会产生重要的启发和教育作用。在心理咨询中坚持非指示性原则比起早期的指示性咨询更具科学性。

6. 发展性原则

这一原则要求心理咨询工作必须适应学生发展的特点，并促进学生身心发展。中学生正处在身心迅速发展的时期，身心发育尚不成熟，自我意识的发展尚不完善，心理活动易受外界环境因素的影响，心理变化快，可塑性大。因此，心理咨询活动要充分考虑中学生心理发展的特点，从发展的角度分析中学生心理障碍的产生和变化，及时纠正各种心理偏差和障碍，同时注意引导学生不断提高自我意识水平，提高自我修养能力，自主调节自己的心理活动，配合教师解决各种问题。咨询人员要正确区分中学生心理活动各种心理障碍的性质及产生原因，明确中学生在各个年龄上面临的发展任务及各种心理活动（如认知活动）的重要特点。在咨询中切实针对学生身心发展的特点进行指导。

7. 协调性原则

这一原则要求心理咨询工作必须与学校、家庭及社会各方面协调配合，共同开展心理指导矫正工作。中学生心理活动受到主、客观多种因素的影响，心理障碍的形成一般也与多种因素有关。因此，心理咨询只是解决学生心理问题的一种途径，要使学生身心健康发展，单纯依靠心理咨询是远远不够的。心理咨询工作应与学校其他教育工作相配合，协调各科任课教师、学生家长、社会有关部门共同努力，对学生进行矫正指导，改善学生的生活环境，消除各种不良影响。只有学校、家庭、社会多方面共同采取措施，协调步调、要求，才能最大限度地发挥心理咨询的作用。否则，单纯依靠心理咨询是难以改变学生的心理和行为的。

（二）学校心理咨询的方法

中学心理咨询的方法主要有以下几种。

1．访谈法

访谈法又称会谈法，是由学校心理咨询人员同咨询对象就特定问题进行交谈，以了解咨询对象心理特点的一种方法。访谈法是中学生心理咨询常用的方法之一。

访谈法有三种形式：结构式访谈、自由式访谈和半结构式访谈。结构式访谈是在访谈之前准备好谈话纲要，确立访谈的问题，访谈时按固定的程序进行。这种访谈形式具有重点突出、省时省力、规范标准的优点，有人又称之为标准化访谈。结构式访谈的缺点主要是方式单调刻板，缺乏深度，不利于发挥咨询双方的主动性、积极性。自由式访谈的特点是无固定的程序或结构，交谈双方可自由进行交流。这一形式的优点是灵活、自然，易于了解深层的心理感受，其缺点是费时费力，容易偏离主题，不易控制交谈的进程和内容。半结构式访谈是介于上述两种形式之间的访谈形式。其特点是既是先确定访谈内容，又不过分强调固定的程序和方式，在自由漫谈的气氛中控制谈话主题，重点了解事先计划好的问题。在具体咨询活动中，咨询人员应根据咨询双方及解决问题的具体情况，灵活采用访谈形式。

2．测验法

测验法是凭借标准化心理测量工具对咨询对象的心理和行为进行客观测定的一种方法。

3．观察法

观察法是通过对咨询对象的表情、言谈、举止等表现进行观察，以了解其心理活动的一种方法。

观察法可分为自然观察和实验观察两种。自然观察是观察者在自然情境下对咨询对象进行观察，实验观察是通过控制某些因素而引起情境变化，从而观察咨询对象的各种反应。

采用观察法时，首先要制定明确的计划（包括观察的目的、重点、要求等），其次应进行全面细致的记录，最后要认真分析记录材料，力求做出切合实际的推断。

4. 个案法

个案法是通过收集与咨询对象有关的个案资料，全面、深入地了解其心理特征的方法。

个案法所收集的个案材料可由本人提供，也可以由与其关系密切的家属、同学、邻居、教师、同伴等提供。咨询人员应尽量全面地收集各种有关材料，并对材料进行整理分类。

个案材料应包括以下内容：咨询对象的姓名、年龄、性别、家庭背景、目前的身体健康状况、学习成绩、学习态度、个性品质、心理健康状况等。在了解这些内容之后，对个案材料进行具体分析，从中推断出咨询对象的心理特征或心理变化特点，为进行心理咨询提供参考依据。

三、心理咨询的步骤

心理咨询是由若干个相互联系的步骤组成的。每个咨询人员都应该了解各个步骤上的任务、工作重点、难点及注意事项等。一般认为心理咨询的基本步骤包括建立咨访关系、收集咨询资料、分析诊断、制定咨询方案、实施行动、检查反馈等。

（一）建立咨访关系

咨访关系是咨询人员与来访的咨询对象之间建立的一种人际关系。心理咨询是建立在一定咨访关系基础上的一种活动，借助于咨访关系，咨询人员对咨询对象进行咨询，提供帮助。任何心理咨询都离不开咨访关系的建立，只有在咨询活动一开始就建立良好的咨访关系，咨询对象才能打消疑虑、畅所欲言，才能对咨询人员产生信任感和可靠感。

咨访关系的建立取决于双方的人格、态度及行为方式等因素，建立良好的咨访关系是进行心理咨询的首要条件。

(二) 收集资料

在建立了良好的咨访关系之后，咨询人员面临的任务就是了解咨询对象的有关情况，为下一步进行问题分析做好准备。收集资料的内容可因咨询对象或咨询问题不同而不同。一般而言，咨询人员应着重收集下列几方面的资料。

1. 咨询对象的基本情况：姓名、性别、年龄、文化水平等。

2. 前来咨询的主要原因及要求。包括咨询对象自己陈述的心理问题的表现、产生时间、危害或影响、希望得到何种帮助等。

3. 咨询对象的家庭环境。包括主要社会关系（父母、祖父母、兄弟姐妹等）的基本情况及家庭关系的特点等。

4. 受教育情况。在学校学习情况、学习成绩、学习兴趣和特长、学习困难的科目等。

5. 身体发育与健康状况。发育是否正常、有无严重疾病、体质状况等。

收集资料的形式主要采用交谈法和心理测验，咨询人员应根据具体咨询工作中的实际情况和需要灵活确定收集资料的内容和收集方式。

(三) 分析诊断

分析诊断就是对收集到的各种资料进行归纳、整理、分析和判断，对咨询对象存在的问题进行诊断，为制定完整的方案做好准备。分析资料过程包含了几个具体环节。

1. 评估资料的真实性

资料的真实性直接影响着诊断的可靠性，因此在分析资料时必须对资料的真实性进行评估。首先要对通过交谈或心理测验收集的资料进行评估。虽然心理测验已是广泛使用的心理诊断方法，但在具体应用时应充分考虑这一方法的局限性，将其作为一种辅助手段而与其他方法协调使用往往更为有效。其次，可以通过分析咨询对象的社会文化背景材料进行估价，从侧面验证通过交谈或心理测验所收集到的资料的真实性。这些社会文化背景材料可以通过各种间接途径获得，在某种程度上更具客观性。最后，可以通过了解咨询对象日常生活中的文字材料来进行评估，如日记、书信、文字作品等。但是，采取这种形式时要注意为当事人保密，避免给咨询对象带来心理压力。

2. 对资料进行归纳

在确认资料的真实性之后，咨询人员必须将各种资料归纳整理。根据咨询问题将资料进行分类，根据资料内容与咨询问题的联系选择出最重要的资料。

3. 诊断

诊断就是依据已收集并经过评估和归纳之后的资料对咨询对象的问题进行分析、判断，并做出初步结论。在心理咨询中，诊断过程包括以下几方面内容。(1) 确定主要问题，即明确咨询对象当前面临的主要心理问题是什么，如学习障碍，情绪障碍，交往障碍等。也可以先明确一个主要问题，再明确一二个伴随问题，如学习障碍伴随交往障碍等。(2) 分析问题的主要因素，即分析问题的产生原因。一般应首先确定问题产生原因是心理社会因素还是器质性因素，然后再进一步分析具体原因。分析心理问题的严重程度，一般可分为二类：一类是属于基本正常状况下出现的轻微心理障碍（又称为心理困扰），这类患者其心理状况仍然是健康的，经过一般心理咨询和自我调节后即可消除其心理上的不适；另一类是心理疾病，这类患者的心理状态已不再是健康的，而是出现了严重的病症，需进行心理治疗才能解决。

（四）制定咨询方案

咨询方案是咨询人员针对已做出的诊断采取具体咨询行动的计划。它主要包括咨询活动的目标、咨询活动的主要形式、环节、手段，在各个环节上所应进行的具体活动和应达到的目的，咨询中可能出现的问题及解决方法等。制定咨询方案是整个咨询工作中最重要的环节，要求咨询人员全面分析诊断结果和具体咨询对象的特点，根据咨询目的创造性地设计整个咨询工作的具体计划。可以说，咨询方案的制定直接决定了咨询的效果。

在咨询方案中必须对咨询对象的各种情况及可能出现的反应作出详细说明，如咨询对象受哪些特殊的社会环境因素影响，采取某种咨询方式后会做出什么样的反应，应如何加以控制等。另外咨询方案应该随着咨询进程而不断进行修改，以适应不断变化的新情况。

（五）实施行动与检查反馈

按照咨询方案对咨询对象实施具体咨询，通过各种方法改变咨询对象的认知结构和行为模式，建立新的认知结构和行为模式，实现最终的咨询目标。

在完成某一环节的咨询行动之后，应该检查咨询结果，并将结果反馈到下一个环节的咨询活动中。全部咨询结束后，应对咨询结果进行检查评定，并采取措施巩固咨询结果。

四、中学心理咨询的内容

中学心理咨询的内容可以大致划分为四方面，即学习心理咨询、发展心理咨询、社会适应咨询和心理保健咨询。

（一）学习心理咨询

学习是中学生的主要活动，在学习活动中学生会产生各种心理障碍和行为问题。学习心理咨询的任务就是帮助学生正确认识和克服各种心理障碍，改进学习方法，激发学习热情，最终提高学习效率。这是心理咨询人员的主要工作内容。具体来讲，学习心理咨询包括学习态度、学习方法、学习环境和学习能力几方面。

1. 学习态度咨询

学生的学习态度是推动学习活动的重要力量，它直接影响学习活动的成效。因此，培养正确的学习态度对提高教学质量是十分重要的。通过心理咨询，教师可以及时、准确地了解学生学习态度的基本特点及发展变化情况，使教师能够及时改进教学工作，采取措施纠正学生的不良态度，培养正确、积极的学习态度。学习态度的咨询包括学习目的、学习动机和学习兴趣咨询三部分。

2. 学习方法咨询

学习方法是学生在学习活动各个环节上所采用的方式、方法的总称。与学习态度一样，学习方法也是影响学生学习效率和成绩的重要因素。学习方法的咨询包括制定学习计划的方法、听课的方法、读书和记笔记的方法、记忆的方法、思维方法、应试方法的咨询等等。

3. 学习环境因素咨询

学生的学习活动受到周围环境因素的影响，其中，家庭、学校和社会生活环境是三种主要因素。这也是心理咨询的重要内容。

(二) 发展心理咨询

中学生正处在身心迅速发展的关键阶段，在这一时期会产生各种心理发展障碍，遇到大量与身心发展有关的疑难问题。如果这些心理障碍和问题不能及时得到排除和解决，就会严重损害中学生的身心发展。在心理咨询工作中，发展心理咨询是仅次于学习心理咨询的一项重要内容。

中学生发展心理咨询的内容很多，在此，我们着重阐述几项重点内容。这些是心理咨询中最常见，也是对中学生影响最大的问题。

1. 性心理问题

中学阶段是性器官和性机能迅速发育成熟的时期，性生理的发育成熟必然带来性心理的发展变化。由于中学生心理过程和个性心理发展的限制，许多中学生的性心理发展表现出相对的幼稚性，由此导致了心理上的困惑感和行动上的盲目性。他们迫切需要通过心理咨询得到指导和帮助。

中学生性心理咨询主要包括如下问题。

（1）性生理的自我认识和教育

在现有教育条件下，大多数中学生对性心理的知识是非常缺乏的，对迅速出现的心理感受缺少足够的准备。由于对性生理卫生缺少认识，相当多的学生对月经初潮和遗精感到惊恐不安。有的学生对自己的思春行为迷惑不解，甚至把个人的性冲动、性欲望看做是可耻的事。

心理咨询工作的任务是配合学校和家长及时对学生进行性知识教育。中学性教育有如下主要内容。①性生理教育。使学生正确认识人类性发育的基本规律，了解性是人类的自然属性，消除在性问题上的神秘感。②性心理教育。帮助学生正确认识自身性心理的变化，了解性意识的表现，正确对待性心理冲动及其他行动表现。③性卫生教育。帮助学生了解性器官的卫生保健知识，养成良好的性卫生习惯。④性道德教育。帮助学生树立高尚的性道德观，正确处理交友、恋爱等异性交往关系，把主要精力用于学习，用于实现自己远大的人生理想。⑤性法律教育。帮助学生正确认识性罪错的性质和危害，在性问题上保持严肃、认真、负责的态度，树立牢固的守法观念。

（2）手淫问题

手淫是指通过自我抚弄及刺激生殖器以获得性快感和性满足的行为。国外对青少年的调查表明，约有70%～90%的男性和50%左右的女性有过手淫行为。国内的一项调查指出，中学生中有手淫行为的约占35%。

手淫是性自慰的一种，它不是病，也不是反道德的可耻行为。手淫对学生身心健康带来的影响主要来自此种行为形成习惯后所造成的心理创伤和消极体验。手淫过后普遍有一种莫名其妙的懊悔感、羞耻感、恐惧感和负罪感。相当多的人接受了手淫有害身体健康的观点，一方面担心自己的身体会受到损害，另一方面又不能自我控制。正是这种痛苦的心理反应，严重危害着学生的身心健康。因此，心理咨询人员必须向学生讲明手淫所带来的损害主要是心理上的。有人曾用“不以好奇而尝试，不以发生而懊恼”来引导中学生认识手淫问题，这是非常恰当的。

(3) 早恋问题

有关的抽样调查表明，我国初中学生约有15%、高中生约有19%发生早恋行为。对学生中已经出现的早恋问题，教师既不能放任不管，听之任之，也不能采取简单的压制手段，而应通过心理咨询，耐心地进行教育，帮助学生正确地认识早恋对自身和他人身心发展所产生的影响，妥善地克服早恋现象。对于大多数学生，也应进行这方面教育，避免出现早恋现象。在心理咨询中，应特别注意对学生的说服教育一定要以尊重、信任学生为前提，切实从学生自身的长远利益出发，帮助学生分析早恋的消极影响。使其认识到如在时间上、精力上过多地投入早恋活动势必对正常的学习产生严重影响，对身心发展也会产生消极作用。

2. 不良生活习惯的矫正

在不良环境的影响下，一些中学生形成了不良的生活习惯，如吸烟、饮酒等。这些习惯严重损害着青少年的身心健康。如果不及时矫正，将会使学生未来的生活受到影响。

(1) 中学生吸烟习惯的矫正

近年来，有关部门的抽样调查表明，我国成年人吸烟的比率逐渐有所下降，而青少年吸烟的比率却逐渐上升。在成年男子吸烟者中，75.6%的人是在15至24岁开始吸烟的，青少年的吸烟率已高达20%。

导致青少年吸烟的原因主要有四点。一是模仿心理。青少年有意去模仿在生活中、影视作品中的吸烟行为，认为只有会抽烟才像一个真正的男子汉。二是好奇心理。许多少年吸烟的起因就是觉得吸烟好玩，吞云吐雾，总想亲自尝试一下。三是为了解闷消愁。遇到烦恼后吸上支烟，用以驱散心中的郁闷和不快。四是为了交际。见面先敬一支烟，彼此能很快缩短人际间距离，建立亲近感。

矫正中学生的吸烟习惯，一方面要帮助他们认识吸烟的各种危害，如对身体健康、对学习能力和智力发展、对心理活动效率等的危害；另一方面，可采取心理矫正手段和技术帮助已形成吸烟习惯的学生克服这种不良习惯，如可采用角色扮演游戏等矫正技术。

(2) 中学生饮酒习惯的矫正

随着生活水平的提高，中学生饮酒的现象日益增多，少量、偶尔饮酒对身心并无损害，但经常过量的饮酒，即饮酒却是有百害而无一利的。一次饮酒过量会导致急性酒精中毒，长期饮酒则可导致慢性酒精中毒。会引起消化系统、循环系统、呼吸系统等多种疾病，同时对人的注意力、记忆力、思维判断力等均有不同程度的损害。对青少年，这种损害尤为严重。

中学生饮酒习惯的矫正同样也是从两个方面采取措施：一是提高学生的认识；一是采取心理矫正措施，帮助已经形成饮酒习惯的学生尽早克服这种不良习惯。

(三) 社会适应咨询

中学生面临着许多社会适应问题，如处理各种人际关系，学习社会生活的一些基本知识和技能，为中学毕业后的生活选择专业方向或职业方向等。这些问题往往成学校心理咨询的重点内容。

1．中学生人际交往咨询

中学生人际交往咨询的内容主要包括帮助学生了解人际交往的基本特点、类型，掌握人际交往的基本技能；帮助学生正确处理生活中遇到的各种人际交往问题，对少数严重的人际交往障碍进行心理矫正。中学生人际交往的范围远远大于小学生。他们已开始同社会上各种人进行接触，并且交往的形式、内容、深度等同小学生相比也都有质的变化，因此，人际交往问题是中学心理咨询的重要内容。咨询人员应同教师、家长协同努力，帮助学生正确处理同家长、教师、同伴及其他社会成员的关系，学习掌握人际交往的知识、技能，通过各种交往活动认识社会、认识自我，更好地适应社会生活的要求。

2．中学生的职业指导

中学生面临着如何选择自己的发展方向的问题，即中学生必须基本确定自己的专业发展方向或将来所从事的职业方向。由于这一选择过程关系重大，同时又涉及到主、客观诸多因素，因此成为中学生心理咨询的重点内容。

职业指导（或专业定向指导）是指咨询人员根据学生身心发展特点及个人的职业志向，帮助学生选择最适合学生自身特长、最符合其职业志向的职业（或专业）。职业指导工作一般包括以下几项内容：（1）对学生的身心特点进行评估，如学生的能力、个性特征、知识结构、学科成绩、学习兴趣、身体发育特点等；（2）了解学生的职业愿望和志向；（3）了解各种职业（或专业）对从事这一职业的人员在身心各方面的要求；（4）帮助学生对各种信息进行比较、分析，确定最佳的职业方向。

（四）心理保健咨询

中学生心理保健咨询的内容由两大部分构成。第一，开展预防工作，向学生传授心理卫生知识，纠正各种不良行为习惯。消除可能导致心理偏常或心理疾病的主客观因素，为使学生身心健康发展创设良好的工作、生活环境。第二，对学生中已经产生的各种心理卫生问题进行矫正和治疗。如对学生个性品质发展中出现的缺陷（如偏激、敌对、孤僻、自卑等）进行矫正。对由于学习或其他原因引起的心理障碍（如焦虑症、强迫症、恐怖症、癔病等）进行心理治疗，对于已经比较严重的心理疾病在确诊以后应及时送医疗部门进行治疗。

五、心理咨询的主要流派及其技巧

（一）行为疗法

行为疗法又称行为治疗，其理论基础是行为主义心理学。行为疗法把治疗的着眼点放在可观察的外在行为或可以具体描述的心理状态上。

行为疗法与其他心理疗法的区别在于：行为疗法是以心理学中有关学习过程的理论和实验所建立的证据为基础的。与传统的心理治疗相比，它具有更高的科学性和系统性，可以进行客观的科学检验、演示和量化，具有可重复性，有一整套定型化的治疗形式，有坚实的理论根据和大量的实验证明。所以临床效果更为显著和稳定。

行为疗法理论认为，人的行为，不管是正常的或病态的，都经学习而获得，而且也能通过学习而更改、增加或消除。学习的原则就是受奖赏的、获得令人满意结果的行为，容易学会并且能维持下来；相反，受处罚的、获得令人不悦结果的行为，就很难维持下来。因此，掌握了奖赏和处罚的条件，就可控制行为的增减或改变其方向。在此基础上，行为疗法提出了相应的以下两点基本假设：第一，如同适应性行为一样，非适应性行为也是习得的，即个体是通过学习获得了不适应的行为。但要注意，并非所有行为变化都是学习得来的。第二，个体可以通过学习获得所缺少的适应性行为。

行为疗法主要包括系统脱敏疗法、厌恶疗法、满灌或冲击疗法、阳性强化疗法、发泄疗法、逆转意图疗法、阴性强化疗法、模仿疗法、生物反馈疗法等。

行为疗法的实施，首先应通过选择，明确认定想更改、除去或养成的行为，如社交恐怖、广场恐怖、焦虑症等，然后就其治疗目标的行为性质，选择一套可描述的事先拟定的治疗策略与方法进行治疗。治疗目标一经确定，新的学习过程就可以开始进行了。

在此以系统脱敏疗法为例作一简单介绍。

系统脱敏疗法又称交互抑制法，这种方法主要是把导致求治者焦虑或恐怖的情境缓慢地暴露出来，并通过训练患者的心理放松状态来对抗这种焦虑或恐怖情绪，从而达到消除焦虑或恐怖反应目的。系统脱敏疗法是由美国的沃尔帕创立和发展的。沃尔帕认为，人和动物的肌肉放松状态与焦虑情绪状态，是一种对抗过程，一种状态的出现必然会对另一种状态起抑制作用。例如，在全身肌肉放松状态下的肌体，各种生理生化反应指标（如呼吸、心率、血压、肌电、皮电等）都会表现出同焦虑状态下完全相反的变化。这就是交互抑制作用。根据这一原理，在心理治疗时便应从能引起个体低程度的焦虑或恐怖反应的刺激物开始进行治疗。一旦某个刺激不会再引起求治者焦虑和恐怖反应时，施治者便可逐渐增加刺激强度。如果一个刺激所引起的焦虑或恐怖状态在求治者所能忍受的范围之内，经过多次反复的呈现，他便不会对该刺激感到焦虑和恐怖，治疗目标也就达到了。

采用系统脱敏疗法进行治疗应包括三个步骤。

1. 放松训练。

2. 建立恐怖或焦虑的等级层次。

3. 分级脱敏练习。在完成以上两项工作之后，即进入系统脱敏练习。系统脱敏在求治者完全放松的状态下进行，这一过程分为三个步骤进行。

（1）放松。

（2）想像脱敏训练。由施治者做口头描述，让求治者进行想像。从等级层次中最低的一个恐惧或焦虑事件开始，像演员一样进入角色，从低到高逐步想像，要求在想像时出现恐惧紧张情绪后尽量忍耐，不允许有回避停止行为产生，一般忍耐一小时左右视为有效。实在无法忍耐而出现严重恐惧时，采用放松疗法对抗，直到达到最高级的恐怖事件的情景也不出现惊恐反应或反应轻微而能忍耐为止。

（3）实地适应训练。这是治疗的关键步骤，也是从最低级到最高级，逐级训练，以达到脱敏。比如对一个过分害怕猫的人，先让她看猫的照片、录像，谈猫的事情；等到看惯了，不害怕了，再让她接触形象逼真的玩具猫，再让她靠近笼子里的猫，接着慢慢伸手去摸，最后去抱猫，逐渐除去怕猫的情绪反应。

（二）精神分析疗法

精神分析又称心理分析、心理动力学，创始人是弗洛伊德。弗洛伊德第一次对神经症等心理疾病的病因进行了心理学的探索，使人们的注意力由外部转向了对人的内心的研究。他的精神分析的理论使得心理治疗领域中第一次有了自己完整的理论体系和工作方法。下面我们着重介绍一些精神分析的心理治疗方法。

1. 自由联想

自由联想法是弗洛伊德 1895 年创造的。具体做法是，让病人舒适地躺着或坐好，把自己想到的（进入头脑中的）一切都讲出来，不论其如何微不足道、荒诞不经，如何违背社会的道德规范，都要如实报告出来。精神分析家则对患者所报告的材料加以分析和解释，直到从中找出病人无意识之中的矛盾冲突，即病的起因为止。在弗洛伊德看来，浮现在脑海中的任何东西都不是无缘无故的，都是有一定因果关系的，借此可发掘出无意识之中的症结所在。

2. 释梦

弗洛伊德 1900 年出版了《梦的解析》一书。他在给神经症病人治疗时发现梦的内容与被压抑的无意识幻想有着某种联系。他认为睡眠时自我的控制减弱，无意识中的欲望乘机向外表现。但因精神仍处于一定的自我防御状态，所以这些欲望必须通过化装变形才可进入意识成为梦象。因此梦是有意义的心理现象，梦是人愿望的替代性的满足。

在梦中所出现的几乎所有物体都具有象征性，成为性器官和性行为的象征。梦者能回忆起来的显梦。显梦的背后是隐梦，隐梦的思想，梦者是不知道的，要经过心理分析家的分析和解释才能了解。对梦的解释和分析就是要把显梦的重重化装层层揭开，寻求其隐义。

3. 解释

解释是心理分析中最常使用的技术。解释对于揭示病人症状背后的无意识动机，消除阻抗和移情的干扰，使病人对其症状的真正含义达到领悟，都是必不可少的。解释的目的是让病人正视他所回避的东西或尚未意识到的东西，使无意识之中的内容变成意识的。

解释是一个缓慢而又复杂的过程，要在病人有接受的思想准备时进行。较有效的方法是在一段时间内渐渐地接近问题，从对问题的澄清逐步过渡到解释。通过解释，治疗者可以不断向病人指出其行为、思想或情感背后的潜藏意义。

（三）咨客中心疗法

人本主义心理疗法是20世纪60年代兴起的一种新型心理疗法，其理论基础是人本主义心理学。这个疗法不是由某个学派的杰出代表人物所创的，而是由一些具有相同观点的人实践得来的，其中有患者中心疗法、存在主义疗法、完形疗法等。在各派人本主义疗法中，以罗杰斯（C. R. Rogers）开创的患者中心疗法影响最大，是人本主义疗法中的一个主要代表。

患者中心疗法也称为咨客中心疗法、来访者中心疗法，它所依据的基本观点是：任何人在正常情况下都有着积极的、奋发向上的、自我肯定的无限的成长潜力。如果人的成长潜力受到削弱或阻碍，就会表现为心理病态和适应困难。如果创造一个良好的环境使他能够和别人正常交往、沟通，便可以发挥他的潜力，改变其适应不良行为。

罗杰斯的人际关系理论是他的心理治疗思想的基础。贯彻到心理治疗中有三个原则。

（一）倾听

罗杰斯认为，与人交往时首先要认真地“听”。因为只有认真地倾听才能真正地理解别人。况且每个人都有“被倾听”的需要，当一个人感到自己真正被理解时就会缓解和放松原有的紧张状态，进而谈出更多的心里话，这便是治疗要做到的第一步。

（二）真诚

真诚是人际交往中最重要的基础。治疗者要持真实而不是虚假的态度，和来访者公开讨论自己的感情和态度，这样会使来访者能接触到治疗者的真实情感，从而产生满足感。这是建立良好的咨访关系的前提。

（三）给与爱和接受爱

人际交往中每个人都有爱和被爱的需要。当一个人感受到被爱时，就会增强自信，促进自我的积极发展；当一个人给与他人爱时，自己也会感到充实。反之，不被人欣赏或对他人缺乏爱心都会导致心理失衡。

罗杰斯指出："治疗的成功主要并非依赖治疗者技巧的高低，而依赖于治疗者是否具有某种态度"。他提出以真诚、无条件积极关注和同情的态度对待来访者是治疗者必备的素质。他认为治疗者的主观态度影响着治疗关系的质量，而治疗关系对来访者人格的改变所产生的影响远远大于治疗者所采用的治疗技术的作用。

思 考 题

1. 什么是心理健康？你是如何理解心理健康的？

2. 开展心理健康教育有什么现实意义？

3. 什么是心理卫生？在中小学开展心理卫生有什么作用？

4. 中学心理咨询的目的、任务、内容是什么？

5. 中学心理咨询的原则是什么？

6. 试述心理咨询主要流派的基本理论，并探讨一下这些理论对我们的心理咨询工作有什么启发意义？